Swoboda/Stepan/Zechner

•

Kostenrechnung und Preispolitik

Kostenrechnung und Preispolitik

Eine Einführung
mit Beispielen und Lösungen

22. Auflage

von

Univ.-Prof. Dr. Peter Swoboda
Univ.-Prof. Dr. Adolf Stepan
Univ.-Prof. Dr. Josef Zechner

LINDE
international

Bibliografische Information der Deutschen Bibliothek

Die Deutsche Bibliothek verzeichnet diese Publikation in der Deutschen Nationalbibliografie; detaillierte bibliografische Daten sind im Internet über http://dnb.ddb.de abrufbar.

ISBN 3-7143-0005-8

1210 Wien, Scheydgasse 24, Tel.: 01 / 24 630
www.lindeverlag.at

Druck: Hans Jentzsch & Co. GmbH., 1210 Wien, Scheydgasse 31

Vorwort zur 10. Auflage

Bei jeder Neuauflage dieser Einführung in die Kostenrechnung war ich versucht, das Buch einerseits hinsichtlich der Fundierung in der betriebswirtschaftlichen Produktions- und Kostentheorie und andererseits bezüglich der Diskussion praktischer Detailprobleme zu erweitern. Welche Möglichkeiten einer Ausweitung bestehen, zeigt etwa Kilgers Standardwerk über die flexible Plankostenrechnung, das 770 Seiten umfaßt; diese Kostenrechnungsform wird hier in rund 10 Seiten abgehandelt! Ich habe auch anläßlich der 10. Auflage dieser Versuchung widerstanden. Dies ist mir um so leichter gefallen, als gerade in den letzten Jahren eine Reihe ausgezeichneter ausführlicher Darstellungen der Kostenrechnung erschienen ist. Der Charakter einer Einführung in die Systeme der Kostenrechnung mit besonderer Berücksichtigung des Einsatzes für Preisentscheidungen blieb daher gewahrt. Es wurden lediglich Präzisierungen der Darstellung, insbesondere hinsichtlich der Kostenbewertung, vorgenommen und einige Hinweise auf Neuentwicklungen aufgenommen.

Graz, September 1978 Peter Swoboda

Vorwort zur 19. Auflage

Das Vorwort zur 10. Auflage gilt immer noch, wenn auch Kilgers Standardwerk über die flexible Plankostenrechnung (von Vikas neu bearbeitet) inzwischen auf fast 1000 Seiten gewachsen ist und der Plankostenrechnung in dieser Einführung nunmehr etwas mehr als 10 Seiten gewidmet sind. Nachdem die 16. Auflage zum Anlaß genommen wurde, auf einige neuere Entwicklungen der Kostenrechnung für betriebliche Funktionen bzw. Branchen aufmerksam zu machen (Logistikkostenrechnung; Verwaltungs- und Vertriebskostenrechnung; Kostenrechnung in Dienstleistungsbetrieben), wird in der 19. Auflage – neben einigen Aktualisierungen – ein Kapitel über „Moderne Ausprägungen bzw. Sonderformen der (Plan)Kostenrechnung" eingefügt. In diesem Abschnitt werden in kurzer Form in den letzten Jahren vorgestellte neue Formen der Kostenrechnung charakterisiert: die Prozeßkostenrechnung, die konstruktionsbegleitende Kostenrechnung, die Lebenszyklus-Kostenrechnung und die Zielkostenrechnung (target costing).

Ich möchte darauf verweisen, daß ab der 12. Auflage dieses Buches ein von Prof. Dr. Stepan und Prof. Dr. Zechner verfaßtes „Arbeitsbuch" zur Verfügung steht, das die vorliegenden Kostenrechnungs-Methoden und -Konzepte an Hand zahlreicher Übungsbeispiele mit Lösungen demonstriert. Dadurch wird die Eignung dieser Publikation als studienbegleitendes Lehrbuch und für das Selbststudium entscheidend verstärkt.

Graz, Jänner 1997 Peter Swoboda

Vorwort zur 21. Auflage

Die guten Erfahrungen mit der 20. Auflage und eine fällige 7. Neuauflage des Arbeitsbuches zur Kostenrechnung und Preispolitik waren der Anlass, das Arbeitsbuch in die neue Auflage zu integrieren und als selbständige Publikation aufzugeben. Inhaltlich wurden die gesetzlichen Sozialaufwendungen sowie die lohn- und gehaltsabhängigen Abgaben und Steuern aktualisiert, die Auswirkungen der Auflassung des Entgeltfortzahlungsfonds für die Ermittlung der Arbeitskosten berücksichtigt, kleinere textliche Änderungen vorgenommen und Druckfehler eliminiert.

Jochberg und Wien, Jänner 2001 — Adolf Stepan, Josef Zechner

Vorwort zur 22. Auflage

Die erste Neuauflage der integrierten Fassung von Lehrbuch und Arbeitsbuch gibt uns die Gelegenheit, kleinere Revisionen und eine Erweiterung bei den Beispielen vorzunehmen. Die Veränderungen, die sich durch das Betriebliche Mitarbeitervorsorgegesetz per Jänner 2003 beim gesetzlichen Sozialaufwand ergaben, wurden berücksichtigt und die Sätze aktualisiert.

Jochberg und Wien, Jänner 2004 — Adolf Stepan, Josef Zechner

Inhaltsverzeichnis

I. Einleitung

A. Die Bedeutung von Kosten und Kostenrechnung für die Preisbildung. Zielsetzung der Einführung

In dieser Publikation sollen die wichtigsten Formen der Kostenrechnung (Istkostenrechnung zu Voll- und Teilkosten, einschließlich Deckungsbeitragsrechnung und Plankostenrechnung) dargestellt und ihre Eignung für Zwecke der Preispolitik untersucht werden. Die Publikation ist als Einführung für Studium und Praxis gedacht.

Unter den von der Unternehmung verfolgten Zielsetzungen kommt dem Gewinnstreben besondere Bedeutung zu. Gewinn sei definiert als Differenz zwischen Erlösen und Kosten. Kosten entstehen durch den Einsatz von Produktionsfaktoren zur Erzeugung von Gütern und Leistungen. Die (meisten) Kostenarten lassen sich darstellen als Produkt aus Einsatzmenge und Preis eines Produktionsfaktors (z. B. 3 kg Rohmaterial à 3,– ergeben Materialkosten von 9,–). In der Kostenrechnung werden die in der Unternehmung entstehenden Kosten oder wesentliche Teile dieser Kosten aufgezeichnet und den einzelnen Produktarten und den in der Unternehmung ablaufenden Prozessen zugeordnet. Im ersten Fall erhält man Produktkosten, im zweiten Fall Prozesskosten bzw. Kosten von Produktionsverfahren. Die Kostenrechnung ist somit eine rechnerische Abbildung von Teilaspekten des Unternehmensgeschehens. Die Ermittlung von Produkt- und Prozesskosten kann im Wesentlichen vier Zwecksetzungen dienen:

1. Die Produktkosten können als Entscheidungsgrundlage für die Festsetzung von Preisen und die Zusammenstellung von Produktionsprogrammen dienen. Wie später ausführlich behandelt wird, gibt es verschiedene Möglichkeiten zur Ermittlung von Produktkosten. Es können z. B. alle in der Unternehmung entstehenden Kosten (Vollkosten) oder nur ein Teil der Kosten (Teilkosten) den Produkten zugerechnet werden. Hauptaufgabe dieser Publikation ist die Untersuchung, welche Bedeutung unterschiedlich ermittelte Produktkosten als Entscheidungsgrundlagen für die betriebliche Preispolitik haben.

2. Die Prozesskosten können als Entscheidungsgrundlage für die Auswahl von Produktionsprozessen und damit auch für Investitionsentscheidungen herangezogen werden. Dieser Aufgabe der Kostenrechnung soll nur am Rande nachgegangen werden.

3. Ein weiterer Zweck der Kostenrechnung ist es, zu einer Minimierung der Kosten der gewählten Prozesse beizutragen, indem sie es ermöglicht, die Istkosten mit Normvorstellungen (Plankosten, branchenüblichen Kosten usw.) zu vergleichen. Dadurch werden sowohl die Arbeitnehmer zu einer plangerechten Durchführung der Produktionsverfahren angeregt als auch Möglichkeiten der Kostensenkung aufgezeigt (Kontrollwirkungen). Dieser Zweck wird in den folgenden Ausführungen ebenfalls nicht im Vordergrund stehen.

4. Ein vierter Zweck der Kostenrechnung – die Ermöglichung der Bewertung der Halb- und Fertigerzeugnisse gemäß handels- und steuerrechtlichen Richtlinien – interessiert für diese Publikation nicht.

Die Relevanz der Produktkosten für die Preispolitik hängt vom Wirtschaftssystem des Staates und der für eine Unternehmung relevanten Marktform ab. Bei von staatlichen Instanzen vorgeschriebenen oder genehmigten Preisen (z. B. Kartellpreise) kommt der Ermittlung von Produktkosten besondere Bedeutung zu. Sie dienen der Preisrechtfertigung und – falls die Preise zu weit von den Kosten abweichen – der Festlegung von Subventionen oder Preisabgaben (z. B. Verbrauchsteuern). Ähnliches gilt auch, wenn die Preise zwar nicht staatlich festgesetzt werden, jedoch die Unternehmungen Preiserhöhungen von einer „Paritätischen Kommission" der Wirtschaftspartner genehmigen lassen müssen oder sollen (wie z. B. in Österreich). Auch hier dienen Ergebnisse der Kostenrechnung zur Rechtfertigung geänderter Preise.

Aber auch für Unternehmungen, die in marktwirtschaftlichen Systemen die Preise autonom festsetzen können, ist die Kostenrechnung eine wichtige Entscheidungsgrundlage. Zwar hängen die jeweiligen Preise von Angebot und Nachfrage ab, das Angebot wird aber vom Verhältnis der Kosten zu den erwarteten Preisen abhängen. In langer Sicht bestimmen wohl in jeder Branche die Kosten den durchschnittlichen erzielbaren Preis. Dies soll an einem Beispiel aus der Landwirtschaft demonstriert werden. Wenn in dem Zeitraum nach der Ernte das Angebot an einer Obstsorte im Verhältnis zur Nachfrage sehr groß ist, wird der Preis entsprechend sinken. Oberflächlich gesehen hängt der Preis allein von der Relation des Angebots zur Nachfrage ab. Ein im Vergleich zu den Produktionskosten sehr niedriger Preis wird aber dazu führen, dass Obstbauern zum Teil reifes Obst nicht ernten und damit das Angebot verringern, wodurch der Preis wieder steigt bzw. die Preisminderung sich verringert. In langer Frist wird der gegenüber den Kosten niedrige Preis dazu führen, dass der Anbau dieser Sorte eingeschränkt wird, indem vorhandene Obstplantagen eingestellt, jedenfalls aber kaum neue Plantagen zur Produktion dieser Sorte errichtet werden. Dies bewirkt eine Minderung des Angebots und Preiserhöhungen in den nächsten Saisonen. Wenn durch die Minderung des Angebots der Preis wesentlich über die Kosten steigt, so ergibt sich ein verstärkter Anreiz zum Anbau dieser Sorte, wodurch das Angebot wieder erhöht und der Preis verringert wird. In langer Frist wird also der erzielbare Preis um die Kosten schwanken.

Bei obiger Argumentation wurde implizit angenommen, es herrsche eine vollkommene Konkurrenzsituation und die Produzenten bzw. Händler hätten das betreffende Produkt zum gleichen Preis zu verkaufen. In den meisten Fällen jedoch haben Produzenten und Händler einen gewissen Preisspielraum. Ein Händler kann ein und dieselbe Ware teurer anbieten als ein anderer Händler und dennoch nicht seinen gesamten Absatz verlieren, weil die Kunden über die Preise anderer Händler schlecht informiert sein können, die Kunden eventuelle Qualitätsunterschiede nicht ausreichend beurteilen können, die Entfernung zu den billigeren Händlern zu groß ist oder weil einfach persönliche

Präferenzen bestehen. Der Kostenrechnung kommt nun für die Wahl des günstigsten Preises innerhalb eines bestehenden Preisspielraums große Bedeutung zu.

Bis jetzt wurde – wenn auch zuletzt unvollkommene – Konkurrenz unterstellt. Ein Monopolist hat selbstverständlich einen größeren Preisspielraum als ein Verkäufer, der sich in einer Konkurrenzsituation befindet. Je größer aber der Preisspielraum ist, desto wichtiger wird es, mit Hilfe einer gut ausgebauten Kostenrechnung und von Untersuchungen über die Reaktion des Absatzmarktes auf unterschiedliche Preise Fehlentscheidungen auf dem Gebiete der Preispolitik zu vermeiden.

Besondere Bedeutung kommt der Kostenrechnung bei Preisdifferenzierungen zu: Hier werden auf räumlich getrennten Märkten unterschiedliche Preise gefordert (Inlands-, Exportpreise); oder es werden Rabatte gewährt, die von den nachgefragten Mengen abhängen; auch können zu unterschiedlichen Zeiten und/oder von unterschiedlichen Personen verschiedene Tarife gefordert werden (z. B. Eisenbahnunternehmungen).

Nun sind die Absatzmengen nicht nur von den Preisen, sondern auch von der Werbung, der Absatzorganisation und der Produktqualität abhängig. Eine Absatzsteigerung kann man durch verschiedene Mittel erreichen: so z. B. durch eine Preissenkung (a), durch erhöhte Werbung, durch verstärkten Einsatz von Verkaufspersonal, durch Errichtung von Filialen (also durch erhöhte Verkaufskosten) (b) oder auch durch eine bessere Qualität bzw. Aufmachung der Ware (also durch erhöhte Fertigungskosten) (c). Preisminderungen und Kostenerhöhungen sind daher in einem gewissen Bereich substituierbar. Für die Entscheidung über die Kombination absatzpolitischer Mittel (Preispolitik, Werbung, Vertriebsorganisation usw.) können ebenfalls Daten der Kostenrechnung herangezogen werden.

In Marktwirtschaften werden zweckmäßigerweise Preise nicht kalkuliert, sondern beurteilt.

B. Kosten- und Kostenrechnungsformen

Wie in Abschnitt I. A angeführt, lassen sich die meisten Kostenarten als Produkt aus Einsatzmenge und Preis eines Produktfaktors definieren. Je nach Festlegung der einzubeziehenden Faktoreinsatzmengen und Faktorpreise unterscheidet man unterschiedliche Kostenrechnungsformen.

Istkostenrechnungen liegen vor, wenn vornehmlich die in der letzten Periode eingesetzten Faktoren und deren Tages- oder Anschaffungspreise verrechnet werden. Allerdings gehen auch in Istkostenrechnungen für bestimmte Kostenarten durchschnittliche Faktoreinsatzmengen ein (kalkulatorische Wagnisse, kalkulatorische Abschreibungen).

In Durchschnittskostenrechnungen (Normalkostenrechnungen) werden durchschnittliche (als normal beurteilte) Faktoreinsatzmengen und/oder -preise der letzten Perioden ausgewiesen.

Prognosekostenrechnungen beruhen auf in der nächsten Periode erwarteten Plankostenrechnungen (Standardkostenrechnungen), auf in der nächsten Periode erstrebten bzw. als Maßstab gesetzten Faktoreinsatzmengen und -preisen.

In allen genannten Kostenrechnungsformen können die Faktoreinsatzmengen vollständig erfasst und den Produkten zugerechnet werden; dann bezeichnet man sie als Vollkostenrechnungen (z. B. Istkostenrechnung zu Vollkosten). Werden jedoch den Produkten nur Teile der Faktoreinsatzmengen zugerechnet (z. B. etwa nur diejenigen, die proportional zur Produktmenge sind), liegen Teilkostenrechnungen vor (z. B. Istkostenrechnung zu variablen Kosten, Deckungsbeitragsrechnung, Grenzplankostenrechnung).

Welche Faktoreinsatzmengen in die Kostenrechnung einbezogen und wie sie bewertet werden, hängt vom jeweils verfolgten Zweck der Kostenrechnung ab. Es ist daher der Versuch abzulehnen, mittels einer deduktiv gewonnenen Kostendefinition (z. B. Kosten sind Werteinsatz oder bewerteter Güterverbrauch für betriebliche Leistungen) entscheiden zu wollen, welche Daten in die Kostenrechnung aufzunehmen sind.

Die Kostenermittlung wird erleichtert, wenn man nicht direkt von den Faktoreinsatzmengen ausgeht, sondern die ohnehin vorhandenen Aufzeichnungen der Buchführung als Ausgangsbasis benutzt. Kosten werden dann durch Transformation von Aufwendungen (Aufwendungen sind jene periodenbezogenen Auszahlungen [Ausgaben], die handelsrechtlich als gewinnschmälernd anerkannt werden) gewonnen. Der Anschaffungspreis von Rohstoffen z. B. wird in dem Jahr als Aufwand verrechnet, in dem die Rohstoffe eingesetzt werden – nicht aber in der Periode der Bezahlung der Lieferantenrechnung. Vor allem für die Ermittlung von Istkosten wird dieser Weg gewählt. Folgende Schritte werden meist vorgeschlagen, um Aufwendungen in Istkosten zu transformieren:

1. Betriebsfremde Aufwendungen (z. B. Aufwendungen für Wohngebäude mit betriebsfremden Mietern, die somit mit der eigentlichen Betriebstätigkeit nicht in Zusammenhang stehen) sind auszuscheiden.

2. Aufwendungen, die wegen unzweckmäßiger Periodisierung überhöht oder zu niedrig sind, sind zu korrigieren. So kann in der Buchführung der Anschaffungspreis eines geringwertigen Wirtschaftsgutes mit z. B. dreijähriger Nutzungsdauer im Jahr der Anschaffung zur Gänze als Aufwand verrechnet werden. In der Kostenrechnung werden dagegen Abschreibungen von z. B. 33% des Anschaffungspreises in den drei Jahren nach der Anschaffung verrechnet. Ähnliches gilt für Sonderabschreibungen und Schadensfälle (siehe später).

Beispiel:

Ein Einproduktunternehmen hatte in einem Jahr Aufwendungen von 1,800.000,–. Darin sind betriebsfremde Aufwendungen von 20.000,– und um 80.000,– überhöhte Aufwendungen enthalten. Die Erzeugungsmenge betrug 1.000 Stück.

Gesamtkosten des Betriebes: 1,800.000,– minus 100.000,– = 1,700.000,–.
Stückkosten: 1,700.000,– : 1.000,– = 1.700,–.

3. Meist wird vorgeschlagen, als Preisfaktor der Kosten nicht den Anschaffungspreis, sondern den Tagesbeschaffungspreis zum Zeitpunkt der Kostenermittlung oder den Wiederbeschaffungspreis zum Zeitpunkt der Ersatzbeschaffung der Produktionsfaktoren zu wählen. In Perioden steigender Preise führt eine solche Umwertung zu höheren Produktkosten und damit potentiell zu höheren Preisforderungen. Die Umwertung auf Tagespreise ist besonders für die Abschreibungskosten infolge des oft großen zeitlichen Abstandes zwischen Ausgabe und Verrechnung als Aufwand von Bedeutung.

Beispiel:

Im Aufwand des obigen Betriebes sind Abschreibungen von 500.000,– enthalten. Der Preis der Anlagen ist um 10% gestiegen. Man rechnet, dass er bis zur Wiederbeschaffung des Aggregates um weitere 10% steigen wird.

	Ansatz zu	
	Tagespreisen	Wiederbeschaffungs-preisen
Gesamtkosten Stückkosten	1,750.000,– 1.750,–	1,800.000,– 1.800,–

4. Für bestimmte Faktoreinsätze dürfen in der Buchführung keine Aufwendungen verrechnet werden. So enthalten die Aufwendungen keine Zinsen für das Eigenkapital und bei Personengesellschaften und Einzelunternehmen keine Gehälter für mitarbeitende Unternehmer. In vielen Kostenrechnungen werden daher kalkulatorische Zinsen auf das Eigenkapital und kalkulatorische Unternehmerlöhne den Aufwendungen hinzugefügt.

Beispiel:

Obige Angaben werden dadurch erweitert, dass das Eigenkapital 2,000.000,– beträgt. Zinssatz 5%. Unternehmerlohn 50.000,–.

	Ansatz zu	
	Tagespreisen	Wiederbeschaffungs-preisen
Übertrag + Eigenkapitalzinsen 5% + Unternehmerlohn	1,750.000,– 100.000,– 50.000,–	1,800.000,– 100.000,– 50.000,–
Gesamtkosten Stückkosten	1,900.000,– 1.900,–	1,950.000,– 1.950,–

Statt Zinsen auf das Eigenkapital hinzuzurechnen, können zunächst die Zinsen auf das Fremdkapital ausgeschieden und dann neu berechnete Zinsen auf das

Gesamtkapital (= Eigen- und Fremdkapital) hinzugerechnet werden. Ebenso können die bilanziellen Abschreibungen zur Gänze ausgeschieden und durch neu berechnete, den Zwecken der Kostenrechnung entsprechende Abschreibungen ersetzt werden – anstatt die bilanziellen Ansätze durch Zu- oder Abschläge zu korrigieren.

Aufwendungen, die man bei Ermittlung der Kosten ausscheidet, heißen neutrale Aufwendungen. Die den Aufwendungen hinzugefügten Kosten heißen kalkulatorische Kosten. Die umseitige Abbildung fasst die Ableitung der Kosten aus den Aufwendungen zusammen (vgl. Kloock, J., Sieben, G., Schildbach, Th., Kosten- und Leistungsrechnung, 7. Aufl., Düsseldorf 1993).

Der grundsätzliche Aufbau und die Organisation der Kostenrechnung werden im nächsten Kapitel behandelt.

Es wurde gezeigt, dass man unter Kosten sehr verschiedene Größen verstehen und dass die Kostenrechnung sehr unterschiedliche Formen annehmen kann. Man könnte nun versuchen, eine Kostenrechnungsform zu konstruieren, die der Zielsetzung, Unterlagen für die Preispolitik zu liefern, möglichst gerecht wird. Dieser Weg wird hier nicht eingeschlagen, weil die Unternehmungen in der Regel auch andere Zwecksetzungen mit der Kostenrechnung verbinden. Daher soll untersucht werden, in welcher Weise, mit welchen Vorteilen und Nachteilen und unter welchen Bedingungen sich die bestehenden älteren und die modernen Formen der Kostenrechnung in den Dienst der Preispolitik stellen lassen bzw. zu diesem Zwecke verbessert werden könnten.

<table>
<tr><td colspan="3">AUFWAND</td><td colspan="2"></td></tr>
<tr><td colspan="2">NEUTRALER AUFWAND
(Aufwand, nicht zugleich Kosten)</td><td rowspan="2">ZWECKAUFWAND
(Aufwand,
zugleich Kosten)</td><td colspan="2" rowspan="2"></td></tr>
<tr><td>Aufwand, dem keine Kosten gegenüberstehen, z. B. betriebsfremder Aufwand</td><td>Aufwand, dem Kosten in anderer Höhe gegenüberstehen, z. B. Abschreibungen</td></tr>
<tr><td colspan="2" rowspan="3"></td><td colspan="3">KOSTEN</td></tr>
<tr><td rowspan="2">GRUNDKOSTEN
(Kosten,
zugleich Aufwand)</td><td colspan="2">KALKULATORISCHE KOSTEN
(Kosten, nicht zugleich Aufwand)</td></tr>
<tr><td>Anderskosten (Kosten, denen Aufwand in anderer Höhe gegenübersteht, z. B. Abschreibungen)</td><td>Zusatzkosten (Kosten, denen kein Aufwand gegenübersteht, wie z. B. Unternehmerlohn)</td></tr>
</table>

II. Die Istkostenrechnung zu Vollkosten (Vollkostenrechnung)

Der Vollkostenrechnung liegt der Gedanke zugrunde, sämtliche betrieblichen Kosten den Erzeugnissen (Leistungen) möglichst „verursachungsgerecht“ zuzuordnen. Obwohl die Vollkostenrechnung (nicht nur) für Zwecke der Preisbildung erhebliche Nachteile aufweist, soll sie dargestellt werden. Erstens lässt sich an ihr das formale System der Kostenrechnung gut studieren; und zweitens ermöglicht erst eine Kenntnis der Vollkostenrechnung, ihre Nachteile gegenüber Teilkostenrechnungen bezüglich preispolitischer Zwecke einzusehen.

Die erste Stufe der Vollkostenrechnung besteht in einer möglichst vollständigen Aufzeichnung der Kosten, gegliedert nach Kostenarten, wie Arbeitskosten, Materialkosten, Energiekosten (Kostenartenrechnung). Manche Kostenarten lassen sich eindeutig und einfach einem einzelnen Erzeugnis zurechnen, so z. B. das für ein Produkt aufgewendete Material bzw. der dafür aufgewendete Lohn. Solche direkt zugerechneten Kosten heißen Einzelkosten. Andere Kostenarten weisen keinen direkten Zusammenhang zu einem bestimmten Erzeugnis auf. Wie will man z. B. feststellen, welcher Teil der Gebäudekosten oder des Gehalts des Portiers für die Erstellung einer Schraube oder einer Rolle Draht eingesetzt wurde? Nicht direkt den Produkten zugerechnete Kosten heißen Gemeinkosten.

Die Gemeinkosten, oft auch die Einzelkosten, werden in der zweiten Stufe der Kostenrechnung zunächst auf diejenigen Abteilungen oder Leistungsbereiche (z. B. Materialbereich, Schlosserei, Dreherei, Gebäudeverwaltung, Lohnverrechnung) verteilt, in denen sie entstehen bzw. für die sie eingesetzt werden (= Kostenstellen). Die zweite Stufe der Kostenrechnung ist daher die Kostenstellenrechnung. Die Kostenstellenrechnung ermöglicht auch eine Kontrolle der einzelnen Leistungsbereiche.

Die letzte Stufe der Kostenrechnung besteht darin, die Einzelkosten direkt und die Gemeinkosten über die Kostenstellen den Produkten oder Leistungen zuzurechnen. Diese Stufe wird Kostenträgerrechnung genannt, da die betrieblichen Erzeugnisse und Leistungen letztlich die Kosten „zu tragen“ haben. Die Gemeinkosten der Kostenstellen werden auf die Produkte nach dem Ausmaß verteilt, in dem die Produkte die Kostenstellen in Anspruch genommen haben.

Als Grundmodell der Vollkostenrechnung, das später noch ausgebaut werden soll, ergibt sich daher:

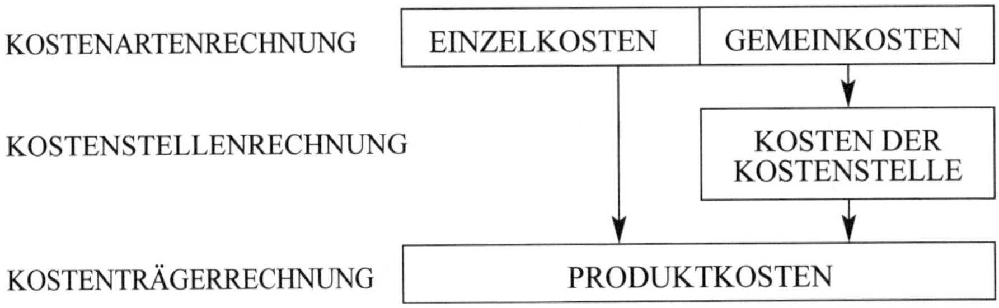

A. Die Kostenartenrechnung

Der Besprechung der Kostenarten liegt folgende Gliederung zugrunde:

1. Arbeitskosten
2. Vermögenskosten; sie enthalten jene Kosten, die entweder durch das Vorhandensein von Vermögensbeständen (Anlagevermögen, Umlaufvermögen) oder durch den Einsatz von Gegenständen des Anlagevermögens verursacht sind (Zinskosten, Abschreibungskosten, kalkulatorische Wagnisse, Versicherungskosten, Instandhaltungskosten, vermögensabhängige Steuern)
3. Materialkosten (Kosten für eingesetzte Roh-, Hilfs- und Betriebsstoffe)
4. Sonstige Kosten (einschließlich Steuern, soweit sie nicht zu den Kosten der Gruppen 1–3 zählen)

1. Die Arbeitskosten

Zu den Arbeitskosten zählen:
Fertigungslöhne
Hilfslöhne
Nichtleistungslöhne
Gehälter
Personalnebenkosten (Überstundenzuschläge, Prämien)
Reisekosten (Fahrgelder und Diäten)
Gesetzlicher und freiwilliger Sozialaufwand (einschließlich der Dotierung der Abfertigungs- und Pensionsrückstellungen)
Von Löhnen und Gehältern abhängige Steuern und Gebühren
Unternehmerlohn

Fertigungslöhne sind den Erzeugnissen direkt zurechenbar. (Beispiel: Ein Arbeiter bearbeitet ein Werkstück 2,5 Stunden an der Drehmaschine und erhält dafür 100,– Akkordlohn.) Nicht direkt zurechenbare Löhne für Instandhaltungsarbeiten, für das Einstellen und Kontrollieren von Automaten usw. bezeichnet man als Hilfslöhne.

Für eine Kostenrechnung für Preisbildungszwecke ist sicherlich ein Akkordlohnsystem von Vorteil, bei dem die Leistung maßgebend für die Lohnhöhe ist und somit die Lohnkosten je Bearbeitungsvorgang stabiler sind als bei Zeitlöhnen. Alle Arbeitsvorgänge, erfolgen sie nun nach Akkordlohn, Zeitlohn oder einer Zwischenform, sind zu erfassen. Diese Erfassung dient zwei

Zwecken: der Lohnverrechnung und der Kostenrechnung. Für die Kostenrechnung ist es notwendig, die Fertigungslöhne nach Kostenträgern (Erzeugniseinheiten, Leistungen) zu erfassen und sie den Kostenstellen, in denen sie anfallen, zuzurechnen. Für Hilfslöhne und Gehälter sowie Personalnebenkosten genügt meist eine Erfassung nach Kostenstellen. Es sind daher für jeden Arbeitsvorgang Aufzeichnungen zu führen, die etwa folgende Daten enthalten:

(1) Name (Nummer) des Arbeiters (für die Lohnverrechnung)
(2) Name (Nummer) der Kostenstelle (für die Kostenrechnung)
(3) Bezeichnung der durchgeführten Arbeit (für die Kostenrechnung)
(4) Bezeichnung (Nummer) des bearbeiteten Auftrages (nur bei Fertigungslöhnen; die Nummer des Auftrages kann die Art der Aufträge und den Termin der Fertigstellung verschlüsseln) (für die Kostenrechnung)
(5) Leistungsmenge (Stück, Gewicht) (für die Kostenrechnung)
(6) Tatsächlich verwendete Zeit
(7) Vorgabezeit (nur bei Zeitakkord)
(8) Lohnsatz je Zeit- oder Mengeneinheit
(9) Bruttolohnbetrag

Die nach Arbeitern geordneten Daten dienen der Lohnverrechnung, die nach Kostenträgern sortierten Aufzeichnungen der Ermittlung der Einzelkosten je Erzeugnis, und eine Sortierung der Aufzeichnungen nach Kostenstellen lässt die Lohnkosten je Kostenstelle (gegliedert nach Fertigungs- und Gemeinkostenlöhnen) ermitteln.

Wenn Lohnauszahlungsperiode und Kostenrechnungsperiode nicht übereinstimmen, müssen die Lohnkosten abgegrenzt werden. Bei wöchentlicher Lohnzahlung und monatlicher Kostenrechnung müssen z. B. die Wochen, die zwei Monaten angehören, entsprechend aufgeteilt werden.

Neben den Leistungslöhnen (Fertigungslöhne, Hilfslöhne) und den Gehältern fallen zahlreiche lohn- und gehaltsabhängige Zahlungen an. Folgendes Beispiel soll einen Überblick über die Berechnungsmöglichkeiten des Nichtleistungslohnes, des gesetzlichen Sozialaufwandes und sonstiger lohnabhängiger Aufwendungen geben.

Die nachfolgende Ermittlung ist strukturell, also was die getrennte Erfassung und Darstellung von Leistungslohn, Nichtleistungslohn und lohnabhängige Aufwendungen betrifft, für alle Länder zweckmäßig und anwendbar. Im Beispiel beziehen sich die quantitativen Angaben über den gesetzlichen Anspruch von Nichtleistungstagen und lohnabhängigen Aufwendungen jedoch auf die Situation in Österreich. Für Deutschland bzw. andere Staaten finden Sie konkrete Zahlen (Urlaubsanspruch, PV, KV etc.) auf einschlägigen Homepages und in den entsprechenden Gesetzeswerken.

Beispiel:

Ein Arbeiter erhält einen Brutto-Stundenlohn von 80,–. Die Arbeitswoche zählt 40 Stunden (Fünftagewoche). Er hat jährlich Anrecht auf fünf Wochen Urlaub, vier Wochenlöhne Urlaubszuschuss und vier Wochenlöhne Weihnachtsremuneration. Im Durchschnitt fallen zwei Krankheitswochen an. Das Jahr zählt 8 bezahlte Feiertage und zwei sonstige bezahlte Nichtleistungstage. Freiwilliger Sozialaufwand: 10.000,–.

(1) Wie viele Wochen werden tatsächlich geleistet (Errechnung des Leistungslohns)?

	52 Wochen
–	5 Urlaubswochen
–	2 Krankheitswochen
–	2 Wochen Feiertage und sonstige bezahlte Nichtleistungstage
	43 Arbeitswochen

Lohn für 43 Arbeitswochen (Leistungslohn): 43 × 40 (Std.) × 80,– = 137.600,–

(2) Wie viele Wochen müssen zusätzlich bezahlt werden (Errechnung des Nichtleistungslohns)?

5 Urlaubswochen
4 Wochenlöhne Urlaubszuschuss
4 Wochenlöhne Weihnachtsremuneration
2 Krankheitswochen
2 Wochenlöhne für Feiertage und sonstige bezahlte Nichtleistungstage

17 Wochenlöhne Nichtleistungslohn

Der Nichtleistungslohn beträgt: 17 × 40 (Std.) × 80,– = 54.400,–.

(3) Wie hoch sind der gesetzliche Sozialaufwand und die lohnabhängigen Aufwendungen von Leistungslohn und Nichtleistungslohn?

Gesetzliche Sozialversicherung (Arbeitgeberanteil)[1]), umfassend Kranken-, Arbeitslosen-, Pensions- und Unfallversicherung)	20,45%
Beitrag zum Familienlastenausgleichsfonds[2])	5,00%
Insolvenzentgeltsicherungs-Zuschlag	0,70%
Wohnbauförderungsbeitrag	0,50%
Kommunalsteuer (vormals Lohnsummensteuer)	3,00%
Beitrag zur betrieblichen Mitarbeitervorsorge	1,53%
	31,18%

Der gesetzliche Sozialaufwand und die lohnabhängigen Abgaben von Leistungs- und Nichtleistungslohn betragen 31,18% von 137.600,– + 54.400,– = 31,18% von 192.000,– = 59.865,60.

In diesem Fall ist somit der Leistungslohn von 137.600,– mit 54.400,– Nichtleistungslohn, 59.865,60 gesetzlichem Sozialaufwand und lohnabhängigen Beiträgen und Steuern und 10.000,– freiwilligem Sozialaufwand belastet. Die Gesamtbelastung beträgt 124.265,60, d. s. ca. 90,3% des Leistungslohns.

Bei einer genauen Berechnung dieser Belastung tauchen wohl mannigfaltige Schwierigkeiten auf, so die unterschiedlichen Urlaubs- und Krankheitstage ein-

[1]) Stand Jänner 2004; die Arbeitnehmeranteile dürfen nicht berücksichtigt werden, da sie im Bruttolohn enthalten sind; www.sozvers.at.

[2]) Dienstgeberbeitrag zum Familienlastenausgleich inklusive 0,5 Prozentpunkte Zuschlag für Mitglieder der Wirtschaftskammer; www.bmf.gv.at/steuern/.

zelner Arbeitnehmer oder die Höchstgrenzen der Sozialversicherung. Es genügt jedoch, für das Personal einer Kostenstelle bzw. einer Gruppe von Kostenstellen durch die Gegenüberstellung von Leistungslöhnen zu Nichtleistungslöhnen und Sozialaufwendungen des vergangenen Jahres (unter Berücksichtigung zukünftiger Änderungen) einen durchschnittlichen Belastungssatz zu ermitteln, der zur Verrechnung durchschnittlicher Nichtleistungslöhne und Sozialaufwendungen heranzuziehen ist. Ein solcher zeitlicher Ausgleich ist umso wichtiger, je unregelmäßiger Nichtleistungslöhne (z. B. Urlaubslöhne) und Sozialaufwendungen anfallen. Der zeitliche Ausgleich wird erleichtert, wenn in der Buchhaltung die Bruttolöhne in Leistungs- und Nichtleistungslöhne getrennt werden.

Seit 1. Jänner 2003 werden Abfertigungen nach dem Betrieblichen Mitarbeitervorsorgegesetz (BMVG) als Prozentsatz vom Bruttolohn dotiert. Für Mitarbeiter, die vor diesem Stichtag angestellt wurden, ist, so nicht auf die neue Regelung umgestellt wurde, der Lohnnebenkostenzuschlag um anteilige künftige Abfertigungszahlungen zu erhöhen. Die steuerlich zulässige Dotierung der Abfertigungsrücklage hat wenig mit einer verursachungsgerechten Periodenbelastung zu tun. Daher sollte für eine exakte Kostenrechnung eine eigene versicherungsmathematische Berechnung erfolgen. Die Dotierung von betrieblichen Zusatzpensionen sollte für eine exakte Berücksichtigung in der Kostenrechnung ebenfalls nach versicherungsmathematischen Grundsätzen erfolgen.

Eine Periodisierung ist auch für Reisekosten notwendig, falls sie unregelmäßig anfallen. Problematisch ist die Frage, ob Überstundenzuschläge als Einzelkosten der in Überstunden gefertigten Aufträge oder als Gemeinkosten der Kostenstelle zu erfassen sind. Der erste Weg wird sich anbieten, wenn Zusatzaufträge mit der Absicht akzeptiert werden, ihre Fertigung durch Überstunden zu ermöglichen. Wo eine solche Zurechnung nicht möglich ist, ist eine Verrechnung als Gemeinkosten angebracht.

Ein Unternehmerlohn kann in der Regel nur bei Personengesellschaften und Einzelunternehmungen verrechnet werden, dann also, wenn für mitarbeitende Unternehmungseigner kein Lohnaufwand verrechnet wird. Seine Höhe sollte den Bezügen eines gleichwertigen Managers einschließlich aller Nebenkosten entsprechen.

2. Die Vermögenskosten

a) Die kalkulatorischen Zinsen

Dem betrieblichen Vermögen stehen Eigen- und Fremdkapital gegenüber. Zinsen auf das Fremdkapital werden generell zu den Kosten gezählt. Die meisten Autoren halten es aber auch für zweckmäßig, Zinsen auf das Eigenkapital in die Kostenrechnung aufzunehmen, aus der Erwägung, dass die Eigentümer ihr Kapital anderweitig zinsbringend anlegen hätten können. Auch können bei Verrechnung von Eigenkapitalzinsen die Kosten von Unternehmungen unterschiedlicher Kapitalstruktur eher verglichen werden.

Bei der Ermittlung des Gesamtkapitals, das als Basis der Zinsberechnung heranzuziehen ist (zinsberechtigtes oder betriebsnotwendiges Kapital genannt), geht man von der Aktivseite der Bilanz aus und nimmt folgende Korrekturen vor:

(1) Nicht betriebsnotwendige Vermögensgegenstände sind auszuscheiden (betrieblich nicht genutzte Gebäude, überhöhte Kassen- und Bankbestände, Darlehen an Familienangehörige usw.). Reserveanlagen gelten als betriebsnotwendig.

(2) Ein besonderes Problem stellt die Bewertung der Vermögensgegenstände dar. Nach herrschender Meinung sind sie nicht mit ihrem Buchwert, sondern mit ihrem Tagesbeschaffungspreis (bei abnutzbaren Gütern: Tagesbeschaffungspreis minus Normalabschreibung) anzusetzen (siehe dazu aber auch den Exkurs S. 28). Dies gilt insbesondere für jene Güter, für die Sonderabschreibungen verrechnet wurden, die so genannten „geringwertigen Wirtschaftsgüter", und für Güter, deren Anschaffung weit zurückliegt. Man ermittelt somit den Reproduktionswert der Unternehmung, also jenen Betrag, um den der Betrieb in seiner gegenwärtigen Ausstattung reproduziert werden könnte. Zum Reproduktionswert zählen auch in der Bilanz nicht enthaltene immaterielle Vermögensgegenstände, soweit sie isoliert bewertbar sind, die jedoch häufig nicht angesetzt werden. Abnutzbare Anlagen werden oft aus Vereinfachungsgründen in allen Jahren der Nutzungsdauer mit einem Durchschnittswert (50% des Tagesbeschaffungspreises) angesetzt.

(3) Das gemäß Punkt (2) ermittelte „betriebsnotwendige Vermögen" ist insoweit zu reduzieren, als Vermögensgegenstände gesonderte Erträge in Höhe des kalkulatorischen Zinssatzes erbringen, es sei denn, die gesonderten Erträge werden direkt von den kalkulatorischen Zinsen abgezogen. Solche gesonderte Erträge erbringenden Vermögensgegenstände sind:

a) Beteiligungen, Wertpapiere, Patente, vermietete Reserveanlagen und ähnliche Objekte. Wenn etwa Wertpapiere eine Rendite von 4% – bezogen auf den Ansatz unter dem betriebsnotwendigen Vermögen – erbringen und der kalkulatorische Zinssatz 8% beträgt, so sind 50% der Wertpapierbestände aus dem betriebsnotwendigen Vermögen auszuscheiden. Die meist transparentere Alternative ist, zwar die Wertpapierbestände im betriebsnotwendigen Vermögen zu belassen, jedoch die Zinserträge von den kalkulatorischen Zinsen abzusetzen.

b) Kundenforderungen, insoweit im Rahmen der Produktkalkulationen Zinskosten für die Zielgewährung einkalkuliert werden, die bei Barzahlung in Form eines Skontoabzugs nachgelassen werden. Jener Teil der Kundenforderungen, der auch dann entstehen würde, wenn alle Kunden innerhalb der Skontofrist zahlten, ist aber jedenfalls im betriebsnotwendigen Vermögen zu belassen.

(4) Das gemäß Punkt (3) korrigierte betriebsnotwendige Vermögen ist um jenes Fremdkapital (Abzugskapital) zu korrigieren,

- das die Unternehmung entweder zinslos erhält, es sei denn, die „Zinslosigkeit" ist auf die Gefälligkeit von Freunden oder Verwandten zurückzuführen;
- oder das nur scheinbar zinslos ist, da die Zinsen in anderen Aufwendungen oder Erlösminderungen versteckt sind und daher an anderer Stelle ohnehin in die Kostenrechnung eingehen. Wenn man für dieses Kapital kalkulatorische Zinsen berechnete, würde man zweimal Zinsen in der Kostenrechnung ansetzen.

a) Kundenzahlungen, insoweit für sie keine expliziten Zinsen bezahlt werden müssen. Es ist anzunehmen, dass in diesem Fall als Entgelt für Kundenzahlungen entsprechend niedrigere Produktpreise vereinbart werden.

b) Lieferantenverbindlichkeiten, wobei folgende Fälle zu unterscheiden sind:

aa) Die Materialzugänge und damit -einsätze werden zu Zielpreisen verbucht, enthalten also Zinszuschläge. Die Lieferantenverbindlichkeiten sind abzusetzen, da die Zinsen im Rahmen der Materialkosten verrechnet werden. Insoweit die Lieferantenrechnungen in der Skontofrist bezahlt werden, also Skontoerträge entstehen, sind diese zusätzlich von den kalkulatorischen Zinsen oder den Materialkosten in Abzug zu bringen.

bb) Die Materialzugänge und damit -einsätze werden zu Barpreisen verbucht. Hier ist nur der Teil der Lieferantenkredite zum Abzugskapital zu rechnen, der auch bei Bezahlung aller Rechnungen in der Skontofrist entstanden wäre. Jener Teil der Lieferantenkredite, der durch die Inkaufnahme des Verlustes des Skontoabzuges zusätzlich entsteht, zählt nicht zum Abzugskapital. Die Zinsen (der entgangene Skontoertrag) für den letzteren Teil der Lieferantenkredite sind bei der Ermittlung des kalkulatorischen Zinssatzes entsprechend zu berücksichtigen.

Eine alternative Möglichkeit besteht darin, auch im Fall bb) sämtliche Lieferantenkredite als Abzugskapital zu behandeln, jedoch die entgangenen Skontoerträge den kalkulatorischen Zinsen hinzuzuzählen.

cc) Falls Lieferantenkredite etwa wie Bankkredite verzinslich sind, zählen sie nicht zum Abzugskapital.

c) Sonstige zinslose Verbindlichkeiten (Mieten, Steuern, Beiträge zur Sozialversicherung usw.), Posten der passiven Rechnungsabgrenzung, Rückstellungen einschließlich (kostenrechnerischer) Abfertigungs- und Pensionsrückstellungen und zinslose „Steuerkredite" infolge von Unterbewertungen des Vermögens (z. B. durch noch nicht aufgeholte vorzeitige Abschreibungen) bzw. Überbewertungen der Passiva.

Die Österreichischen Kostenrechnungsrichtlinien geben daher nur eine sehr ungefähre Richtlinie, wenn sie vorschlagen, zum Abzugskapital Lieferantenkredite, Kundenanzahlungen und PRA zu rechnen.

Wenn das benötigte Vermögen während des Jahres schwankt (z. B. bei Saisonbetrieben wie Zuckerfabriken), ist bei der Berechnung des zinsberechtigten Kapitals von durchschnittlichen Ansätzen auszugehen.

Beispiel zur Errechnung der kalkulatorischen Zinsen:

Die folgende vereinfachte Bilanz soll Ausgangspunkt sein:

Aktiva		Passiva	
Gebäude	300.000,–	Wertberichtigung zu	
Maschinen	600.000,–	Maschinen	300.000,–
Beteiligungen	100.000,–	Lieferverbindlichkeiten	80.000,–
Vorräte	100.000,–	Kundenanzahlung	60.000,–
Halb- und Fertig-		Bankverbindlichkeiten	320.000,–
erzeugnisse	120.000,–	Eigenkapital	600.000,–
Kassa/Bank	20.000,–		
Lieferforderungen	100.000,–		
Sonst. Forderungen	20.000,–		
	1,360.000,–		1,360.000,–

Zusätzliche Angaben:

(a) Ein Gebäude zum Buchwert von 50.000,– wird nicht betrieblich genutzt. (b) Der Tageswert der betrieblich genutzten Gebäude beträgt 310.000,–. (c) Der Bilanzansatz der Maschinen enthält infolge von Sonderabschreibungen stille Reserven von 100.000,–. (d) Es sind geringwertige Wirtschaftsgüter von 20.000,– vorhanden. (e) Die Beteiligungen sind betriebsnotwendig und bringen einen Gewinnanteil von 6% vom Nominale. Sie sind zum Tageskurs (= Anschaffungskurs) von 200% bilanziert. (f) Die Vorräte werden zu Zielpreisen eingebucht. Die Hälfte ist zu Spekulationszwecken angeschafft worden. (g) Bei Barzahlung wird ein Skonto an die Kunden gewährt. Zinssatz: 4%.

Ermittlung des betriebsnotwendigen Kapitals:

Vermögens-gegenstand	Buchwerte	betriebs-fremd	betriebs-notwendig	Umwertung	Tageswerte
Gebäude	300.000	50.000 (a)	250.000	+ 60.000 (b)	310.000
Maschinen	300.000		300.000	+ 100.000 (c)	400.000
geringwertige Wirtschaftsgüter				+ 20.000 (d)	20.000
Beteiligg.[1])	100.000		100.000	– 75.000 (e)	25.000
Vorräte	100.000	50.000 (f)	50.000		50.000
Halb- und Fertigerz.	120.000		120.000		120.000
Kassa/Bank	20.000		20.000		20.000
Lieferford.	100.000		100.000	– 100.000 (g)	–
Sonst. Ford.	20.000		20.000		20.000
	1,060.000	100.000	960.000	+ 5.000	965.000
– Lieferverbindlichkeiten (f) } Abzugskapital					– 80.000
– Kundenanzahlung } Abzugskapital					– 60.000
Betriebsnotwendiges Kapital					825.000
Die kalkulatorischen Zinsen betragen daher 4% von					825.000
					= 33.000

Der bei der Berechnung der kalkulatorischen Zinsen anzusetzende Zinssatz kann mit dem (durchschnittlichen) Zinssatz für Fremdkapital angesetzt werden, gleichgültig, ob das zinsberechtigte Kapital nun aus Eigen- oder aus Fremdkapital besteht. In diesem Fall würde man nicht berücksichtigen, dass die Eigentümer im Allgemeinen ein höheres Risiko tragen als die Kreditgeber. Das Eigentümerrisiko müsste dann im Rahmen eines allgemeinen Unternehmungswagnisses oder im Rahmen des Gewinnzuschlages verrechnet werden. Das Eigentümerrisiko kann aber auch in den kalkulatorischen Zinsen berücksichtigt werden, indem man den Zinssatz für das Eigenkapital entsprechend höher ansetzt als den Zinssatz für das Fremdkapital. Der Zinssatz für die Berechnung der kalkulatorischen Zinsen errechnet sich dann wie folgt (Weighted Average Cost of Capital –

[1]) Von den Beteiligten werden deshalb 75.000,– ausgeschieden, weil der Gewinnanteil (6% von 50.000,– = 3.000,–) eine vierprozentige Verzinsung von 75.000,– ergibt. Für 25.000,– werden daher noch Zinsen in der Kostenrechnung angesetzt.

WACC): Fremdkapitalanteil am zinsberechtigten Kapital in % mal (durchschnittlicher) Fremdkapitalzinssatz + Eigenkapital am zinsberechtigten Kapital in % mal Eigenkapitalzinssatz. (Um allerdings die Anteile von Eigen- und Fremdkapital am zinsberechtigten Kapital ermitteln zu können, muss zuvor angenommen werden, in welcher Weise die ausgeschiedenen nicht betriebsnotwendigen bzw. einen gesonderten Ertrag erbringenden Vermögensgegenstände durch Eigen- bzw. Fremdkapital finanziert sind.) Die Frage, ob der Zinssatz zur Berechnung der kalkulatorischen Zinsen eine Geldentwertungsprämie enthalten soll, wird im Exkurs nach Kapitel II. A. 2 .b (S. 28) behandelt.

Es wurde bereits oben betont, dass die Bewertung des betriebsnotwendigen Vermögens problematisch ist und die Mehrzahl der Autoren eine Bewertung zum Reproduktionswert vorschlägt. Statt der Reproduktionswerte können aber auch die geschätzten maximalen Veräußerungspreise der Vermögensgegenstände angesetzt werden. Sie können höher oder niedriger sein als die Reproduktionswerte. Diese Art der Errechnung kalkulatorischer Zinsen wird man wählen, wenn zwischen (kurzfristigem) Weiterbetrieb und Liquidation der Unternehmung zu entscheiden ist. Die kalkulatorischen Abschreibungen sind dann analog (als Differenz zwischen Liquidationspreisen zu Beginn und am Ende der jeweiligen Periode) anzusetzen. Wenn die Produkterlöse die Zinsen auf den Liquidationswert der Unternehmung und die Minderung des Liquidationswertes überdecken, ist ein Weiterbetrieb der Unternehmung günstig. Eine Vermögensbewertung zu Anschaffungspreisen ist dagegen für Preisrechtfertigungen vorzuziehen (vgl. Exkurs S. 28).

b) Die kalkulatorischen Abschreibungen

Die kalkulatorischen Abschreibungen sollen die Wertminderung der Gegenstände des Anlagevermögens während einer Periode erfassen. Der Werteverlust ist verursacht durch den nutzungsbedingten und nicht nutzungsbedingten Verschleiß sowie die technische und wirtschaftliche Überholung. Um die Entwertung eines Anlagegegenstandes während einer Periode zu ermitteln, müssten der Wert des Gegenstandes zu Beginn der Periode und der Wert zu Periodenende gegeben sein, wobei wieder unterschiedliche Bewertungskonzeptionen in Frage kommen. Bei der zumeist angewandten Bewertung zu Reproduktionskosten müsste man, um den Wert zu einem bestimmten Zeitpunkt festzulegen, folgende Frage beantworten: Wie viele Währungseinheiten würde man maximal für den zu bewertenden Vermögensgegenstand zu diesem Termin zahlen? Dieser Wertansatz ist umso niedriger, je abgenutzter der zu bewertende Vermögensgegenstand ist und je günstiger die am Markt angebotenen alternativen Anlagen sind. Für bestimmte Fragestellungen ist eine Bewertung zu Veräußerungspreisen (siehe oben) oder zu Anschaffungspreisen (siehe nachfolgender Exkurs) vorzuziehen.

Welche Aussagen lassen sich – bei Reproduktionskostenbewertung – über den Verlauf der Abschreibungsquoten ableiten? Ist man der Auffassung, dass die Einnahmenüberschüsse z.B. aus einem Aggregat im Zeitablauf stark abnehmen (wegen zunehmender Reparaturkosten oder abnehmender Erlöse), so ist meist die Wertminderung in den ersten Jahren höher als in den späteren. Es wird eine degressive Abschreibung (z. B. mit gleichbleibendem Prozentsatz von dem jeweils abnehmenden Buchwert) der Wertentwicklung entsprechen. Im entgegengesetzten Fall ist eine progressive Abschreibung angezeigt. Eine lineare Abschreibung ist nutzungsbedingt, wenn die Einnahmenüberschüsse einer Anlage konstant sind bzw. wenig sinken. Bei stark schwankenden jährlichen Leistungsmengen (Einnahmenüberschüssen) einer Anlage wird eine Ausrichtung der Abschreibungen an der Leistungsmenge naheliegen. Eine leistungsabhängige Abschreibung, die zugleich steigende Reparaturkosten in späteren Jahren berücksichtigt, liegt z. B. dann vor, wenn für die ersten 50.000 km eines Lkw 0,70 je km, für weitere 50.000 km 0,60 je km usw. abgeschrieben werden (vgl. dazu die Ausführungen über die Variabilität der Abschreibungen in Kapitel III. A. 3.).

In der Praxis der Kostenrechnung wird zumeist die lineare Abschreibung angewandt. Der Abschreibungsprozentsatz wird aus der wahrscheinlich optimalen Nutzungsdauer unter eventueller Berücksichtigung eines Restwertes ermittelt. Die meisten Autoren sind der Meinung, dass dieser Prozentsatz nicht auf den Anschaffungspreis, sondern auf den Tagesbeschaffungspreis der Anlagen anzuwenden ist. Die Ermittlung des Tagesbeschaffungspreises bereitet dann Schwierigkeiten, wenn der technische Fortschritt zu immer verbesserten und daher schwer vergleichbaren Modellen führt. Man verwendet zur Schätzung des Tagesbeschaffungspreises in diesem Fall einschlägige Preisindizes. Hinzuweisen ist darauf, dass bei Fehlschätzung der Nutzungsdauer und der Wertansätze eine Korrektur stattfinden soll. Wenn vom jeweiligen Tagesbeschaffungspreis z. B. durch 10 Jahre je 10% abgeschrieben wurden, das Aggregat aber noch einen erheblichen Wert besitzt, sollten in der Kostenrechnung weiterhin Abschreibungen verrechnet werden. Insofern unterscheidet sich die kalkulatorische Abschreibung grundsätzlich von der buchmäßigen. Wenn die Abschreibungskosten in der Vergangenheit falsch (zu hoch oder zu niedrig) angesetzt wurden, so soll das kein Hindernis darstellen, sie in Zukunft richtig anzusetzen. Diese Argumentation ist aber problematisch, wenn die Abschreibungsdauer generell zu niedrig (oder zu hoch) angesetzt wird, z. B. weil man in der Kostenrechnung die steuerlich gestatteten Normnutzungsdauer ansetzt. Dann würde man nämlich auf Dauer zu hohe (zu niedrige) Abschreibungskosten verrechnen. Werterhöhende Reparaturen werden zu einer Neuberechnung von Abschreibungsquoten führen.

Zur Berechnung der Abschreibungen ist die Führung einer Anlagenkartei (für jedes Anlagegut eine Karteikarte) oder eines Anlagenverzeichnisses erforderlich, die die benötigten Daten (Anschaffungspreis, Preisindex, Nutzungsdauer, Restwert usw.) enthalten.

Beispiel:

Eine Maschine wird zu Beginn des Jahres 1990 um 200.000,– angeschafft. Sie soll fünf Jahre genutzt werden. Der Restwert entspricht den Abbruchkosten. Der Preisindex für Maschinen dieses Typs beträgt für Ende 1995 und 1996 100%, Ende 1997 105%, Ende 1998 110%, Ende 1999 105%.

Die kalkulatorischen Abschreibungen betragen daher:

1995: 20% von 200.000,– = 40.000,–
1996: 20% von 200.000,– = 40.000,–
1997: 20% von 210.000,– = 42.000,–
1998: 20% von 220.000,– = 44.000,–
1999: 20% von 210.000,– = 42.000,–

Wenn sich am Ende des vierten Jahres herausstellt, dass die Maschine noch einen Wert von 90.000,– hat und noch drei weitere Jahre genutzt werden soll, dann wird man in den Jahren ab 1999 je 30.000,– an Abschreibungskosten mit entsprechenden Valorisierungen für 2000 und 2001 verrechnen. Stellt man andererseits bereits nach drei Jahren fest, dass das Aggregat für den Betrieb nur noch Schrottwert besitzt, sind im vierten und fünften Jahr keine Abschreibungen mehr zu verrechnen.

Erwähnenswert ist ferner, dass auch die Anlagegüter, die steuerlich als „geringwertige Wirtschaftsgüter" im Anschaffungsjahr zur Gänze abgesetzt werden können, in der Kostenrechnung ordnungsgemäß während der Nutzungsdauer abgeschrieben werden.

Exkurs: Der Ansatz kalkulatorischer Abschreibungen und Zinsen im Zusammenhang mit einer laufenden Geldentwertung in Kostenrechnungen, die der Preisrechtfertigung dienen

Es soll noch einmal zum Problem der Berücksichtigung der Preisentwicklung beim Ansatz kalkulatorischer Abschreibungen und kalkulatorischer Zinsen Stellung genommen werden. Die meisten betriebswirtschaftlichen Autoren und die Praxis fordern einen Ansatz dieser Kostenarten auf Basis der Tagesbeschaffungspreise der Vermögensgegenstände; politische Instanzen, die Preise zu genehmigen haben, lehnen dies häufig ab. Welcher Standpunkt ist eher vertretbar?

Dazu sei anhand eines Beispiels Stellung genommen. Eine Unternehmung kauft eine Maschine mit einem Anschaffungspreis von 100.000,–, der Maschinenpreis steigt in den nächsten Jahren stark an. Vorerst soll weiter angenommen werden, dass die Maschine voll fremdfinanziert wird, wobei der Kredit in Jahresraten zurückzuzahlen ist, die den bilanziellen Abschreibungsquoten entsprechen. Der Kreditzinssatz beträgt 8%. Der Kredit ist nicht wertgesichert. In einem solchen Fall erscheint es nicht vertretbar, Abschreibungen vom jeweils gestiegenen Tagespreis und Zinskosten von einem an die Preisentwicklung angepassten Buchwert zu berechnen. Denn mit den vom Anschaffungspreis berechneten und in den Erlösen vereinnahmten Abschreibungen ist der Betrieb in der Lage, den Kredit zurückzuzahlen. Ebenso ermöglichen von den Buchwerten berechnete Zinskosten zum Zinssatz von 8% die Zahlung der Kreditzinsen.

Nun könnte man versuchen, eine Aufwertung von kalkulatorischen Abschreibungen und Zinsen damit zu begründen, dass eine Nachbeschaffung der betreffenden Maschine zu erhöhten Preisen zu erfolgen habe und man dafür aus den kalkulatorischen Abschreibungen „Rücklagen" bilden müsse. Das Argument geht aber hier ins Leere, denn die vorhandene Anlage wurde vollständig fremdfinanziert, so dass zwecks Vergleichbarkeit wohl angenommen werden muss, dass dies auch für die Nachfolgeanlage gilt.

Nun sei zweitens angenommen, die Maschine werde eigenfinanziert. Aber auch hier gilt prinzipiell nichts anderes. Die Anteilseigner einer Unternehmung erwarten eine dem Risiko angemessene Rendite. Diese Rendite kann ebenso wie der Kreditzinsfuß von der in einem Lande herrschenden Geldentwertung beeinflusst sein. Ebenso wie der Kreditzinssatz für nicht wertgesicherte Kredite wird daher der Eigenkapitalzinssatz gegebenenfalls eine Prämie für die Geldentwertung enthalten. Es ist durchaus zu vertreten, wenn im Rahmen staatlich festgelegter Preise den Kapitaleignern eine solche dem Risiko und der Geldentwertungsrate entsprechende Rendite nebst den Abschreibungen, berechnet vom Anschaffungspreis, vergütet wird. Ein Ersatz von vom Tagesbeschaffungspreis errechneten Abschreibungen würde dagegen zu einer nicht gerechtfertigten Bereicherung derjenigen Kapitaleigner führen, die an Unternehmungen beteiligt sind, deren Produktionsfaktoren starken Preiserhöhungen unterliegen. Das soll an einer Erweiterung des obigen Beispiels demonstriert werden. Die Maschine zum Anschaffungspreis von 100.000,– werde voll eigenfinanziert. Sie möge kurz nach der Anschaffung durch die Unternehmung infolge der Einführung von Importabgaben usw. 200.000,– kosten. Der Preis der Produkte dieser Unternehmung wird durch die Preisbehörde nun so festgelegt, dass diese Unternehmung in den Erlösen der nächsten Jahre Abschreibungsquoten von insgesamt 200.000,– refundiert erhält. Folge davon ist, dass das Vermögen der Kapitaleigner der Unternehmung um 100.000,– zunehmen wird (unabhängig von einer eventuellen Geldentwertung!). Nun kann man dies wohl mit dem Argument begrüßen, dass die Unternehmung dadurch in der Lage ist, diese Maschine, die weiterhin 200.000,– kosten möge, zu ersetzen. Es bleibt aber der Tatbestand bestehen, dass die Eigentümer der Unternehmung durch diese Preisfestsetzung um 100.000,– reicher wurden, was sich besonders deutlich bei einem Verkauf der Anteile an der Unternehmung zeigen würde. Die Berechnung von Abschreibungen und Zinsen auf Tageswertbasis führt somit zu einer ungleichmäßigen, nicht an der Geldentwertung orientierten Vermögensvermehrung der Kapitaleigner.

Es wird somit hier die Meinung vertreten, dass man in einer der Preisrechtfertigung dienenden Kostenrechnung Abschreibungen und kalkulatorische Zinsen auf Anschaffungspreisbasis errechnen sollte, dabei aber bei der Berechnung der kalkulatorischen Zinsen einen Marktzinssatz anwenden sollte, der zumeist die Geldentwertungsquote enthält. Wenn die Preissteigerungen der Produktionsgüter einer Unternehmung in etwa der Geldentwertungsrate entsprechen, kommt man zum gleichen Ergebnis, wenn wohl Abschreibungen und Zinsen auf Tagespreisbasis errechnet werden, dafür aber bei der Zinsberechnung ein entsprechend niedrigerer Zinssatz für wertgesicherte Anlagen angesetzt wird. Auf jeden Fall liegt eine nicht begründbare Doppelverrechnung vor, wenn man Abschreibungen und Zinsen sowohl auf Tagespreisbasis berechnet als auch bei der Zinsberechnung einen Marktzinsfuß (der ja eine Geldentwertungsprämie enthält) ansetzt. Vgl. die ausführlichere Begründung dieser Auffassung in: Swoboda, P., Die Kostenbewertung in Kostenrechnungen, die der betrieblichen Preispolitik und der staatlichen Preisfestsetzung dienen, in Zeitschrift für betriebswirtschaftliche Forschung 1973, S. 353 ff.

c) Die kalkulatorischen Wagnisse

Die Höhe mancher Aufwandsarten, vor allem von Schadensfällen, ist zufallsabhängig. In diesen Fällen werden nicht die Aufwendungen, sondern aktualisierte, durchschnittliche Aufwendungen als Kosten verrechnet (kalkulatorische Wagnisse).

Beispiel für die Errechnung des Gewährleistungswagnisses für die Jahre 1997 und 1998 (Risikowälzverfahren):

Der tatsächliche Gewährleistungsaufwand betrug im Jahre 1992 3%, 1993 2%, 1994 2,1%, 1995 3,5%, 1996 1,2% und 1997 2% des Umsatzes. Der Berechnung des kalkulatorischen Wagnisses wird der Durchschnitt der letzten fünf Jahre zugrunde gelegt. Im Jahre 1997 verrechnet man daher den Durchschnitt der Jahre 1992 bis 1996, d. s. (3% + 2% + 2,1% + 3,5% + 1,2%) : 5 = 11,8% : 5 = 2,4%, im Jahre 1998 den Durchschnitt der Jahre 1993 bis 1997, d. s. 2,2%.

Schwierig wird eine Ermittlung kalkulatorischer Wagnisse dann, wenn die Schadensfälle sehr selten eintreten. Einen Anhaltspunkt bietet hier die Versicherungsprämie, die man im Fall einer Versicherung gegen das betreffende Risiko zu zahlen hätte, abzüglich der Gewinnmarge der Versicherungsgesellschaft. Zu den in der Kostenrechnung angesetzten Wagnissen zählen insbesondere das Bestände-, Anlagen-, Ausschuss-, Gewährleistungs-, Debitoren- und Valutawagnis. Das Beständewagnis betrifft die Gefahr des Schwundes, der Güterminderung und des Preisverfalls von Rohmaterialien und Halb- und Fertigerzeugnissen. Es ist entweder im Materialbereich (Rohmaterial) oder im Vertriebsbereich (Fertigerzeugnisse) zu verrechnen. Das Anlagenwagnis ergibt sich aus der Gefahr der Zerstörung bzw. außerordentlichen Wertminderung von Anlagegütern und wird am günstigsten im Zusammenhang mit den kalkulatorischen Abschreibungen verrechnet. Das Ausschusswagnis enthält die durchschnittlichen Ausschusskosten. Die Gefahr, manchen Kunden in der gesetzlichen oder vertraglichen Garantiefrist kostenlose Reparaturen bzw. Umtausch mangelhafter Waren leisten zu müssen, wird durch das Gewährleistungswagnis berücksichtigt. Hier dürfen, ebenso wie beim Debitorenwagnis, auch steuer- und handelsrechtlich Rückstellungen gebildet werden. Seit einigen Jahren ist zu erwägen, auch ein Wagnis aus der Produkthaftung in die Kostenrechnung einzusetzen. Das Debitorenwagnis dient der Berücksichtigung der Verluste, die dem Betrieb dadurch entstehen, dass Kunden gänzlich oder teilweise zahlungsunfähig werden. Das Valutawagnis schließlich bezieht sich auf die Verlustgefahr, der sich der Betrieb aufgrund von Kursänderungen (bezüglich Forderungen und Verbindlichkeiten in ausländischer Währung) gegenübersieht. (Sowohl das Debitoren- als auch das Valutawagnis sind in der Vertriebskostenstelle zu verrechnen.)

Neben den besprochenen quantifizierbaren Wagnissen existiert noch das „allgemeine Unternehmerwagnis". Bei der Besprechung der kalkulatorischen Zinsen wurde vorgeschlagen, es im Kalkulationszinsfuß (im Rahmen der von den Anteilseignern „geforderten" Rendite) zu berücksichtigen. Manche Richtlinien für die Kalkulation öffentlicher Aufträge erlauben einen expliziten Ansatz des allgemeinen Unternehmerwagnisses neben dem Ansatz kalkulatorischer Zinsen zum landesüblichen Zinsfuß (z. B. Berliner Leitsätze aus dem Jahre 1946: Das allgemeine Unternehmerwagnis kann mit 1% vom betriebsnotwendigen Vermögen und 1% vom Umsatz, jedoch höchstens 3% vom betriebsnotwendigen Vermögen angesetzt werden).

d) Sonstige Vermögenskosten

Zu den sonstigen Vermögenskosten zählen besonders die Instandhaltungskosten, die vermögensabhängigen Steuern und die Versicherungskosten.

Die Instandhaltungskosten können oft größere Bedeutung haben als die Abschreibungskosten (Bergwerke, eisenschaffende Industrie). Sie werden in tatsächlich anfallender Höhe verrechnet, soweit sie nicht für eine werterhöhende Reparatur (Instandsetzung) anfallen, deren Kosten aktiviert und durch die Abschreibung auf mehrere Jahre verteilt werden sollen. Falls notwendige bzw. übliche Instandhaltungen in spätere Perioden verschoben werden, können neben den tatsächlichen Instandhaltungskosten entsprechende Vorsorgen in die Kostenrechnung eingesetzt werden. Die Reparaturkosten werden infolge ihrer Bedeutung häufig auf eigenen Hilfsstellen erfasst (in den Erhaltungsbetrieben der Hüttenwerke sind oft 20 bis 25% der Belegschaft tätig).

Zu den vermögensabhängigen Steuern zählt in Österreich nur mehr die Grundsteuer.

Im Versicherungsfall treten an die Stelle der kalkulatorischen Wagnisse die Versicherungskosten.

3. Die Materialkosten

Zu den Materialkosten zählen die Einsätze an Rohstoffen (= Fertigungsmaterial), Hilfs- und Betriebsstoffen. Rohstoffe sind jene Materialien, aus denen das Erzeugnis hauptsächlich aufgebaut ist (z. B. Holz und Eisen in der Möbelerzeugung). Hilfsstoffe sind unwesentliche Bestandteile des Endprodukts (Nägel, Leim bei der Möbelerzeugung). Betriebsstoffe dienen der Fertigung (Schmieröl für Maschinen, Reinigungsmittel), gehen aber nicht in das Erzeugnis ein. Rohstoffeinsätze werden als Einzelkosten den Produkten direkt zugerechnet. Hilfsstoffe sowie Betriebsstoffe und Büromaterialien werden meist nicht pro Erzeugnis erfasst und sind daher als Gemeinkosten den Kostenstellen zuzurechnen (Gemeinkostenmaterial).

Daraus ergibt sich die Forderung, jede Rohstoffentnahme aus dem Materiallager so zu erfassen, dass der Kostenträger ersichtlich ist, für den das jeweilige Material eingesetzt wird. Für eine wirksame Kostenrechnung ist daher eine geordnete Lagerbuchführung zumindest für das Fertigungsmaterial notwendig.

Nur in Sonderfällen wird es angezeigt sein, aus den erzeugten Mengen retrograd auf den Materialeinsatz zu schließen.

Die Materialentnahmescheine müssen somit mindestens umfassen:

(1) Materialbezeichnung
(2) Mengenangabe (Stück, Meter, Kilogramm)
[(3) Wertangabe]
(4) Nummer der Kostenstelle (bei Fertigungsmaterial und Gemeinkostenmaterial)
(5) Nummer (Bezeichnung) des Kostenträgers (nur bei Fertigungsmaterial)

Für eine Kontrolle der Materialeinsätze ist es von Vorteil, wenn nur die jeweils für einen Auftrag benötigte Menge vom Materialverwalter ausgegeben wird. Diese soll je Produkteinheit in Stücklisten festgehalten werden. Zusätzliche Materialien sollen gesondert angefordert werden und sind als Gemeinkostenmaterial (Ausschussmaterial) zu verrechnen.

Für die Bewertung der Materialeinsätze in der Istkostenverrechnung wird zumeist vorgeschlagen, den Tagespreis bzw. Wiederbeschaffungspreis (einschließlich Beschaffungskosten) – abzüglich abzugsfähiger Vorsteuern – heranzuziehen. Eine Besprechung der zahlreichen, für die Bilanzierung entwickelten Bewertungsverfahren für Wareneinsätze (Durchschnittspreisverfahren, FIFO-Verfahren usw.) erübrigt sich daher. Nur bei stark schwankenden Preisen (z. B. Buntmetallpreisen) ist in der Kostenrechnung der Ansatz eines (längerfristigen) Durchschnittspreises als Verrechnungspreis von Vorteil. Die kalkulatorische Wertermittlung ist also bei Materialien, die Preisänderungen unterliegen, von der bilanziellen zu trennen. Organisatorisch kann dies z. B. so durchgeführt werden, dass man die Materialentnahmescheine nur mengenmäßig führt und dann in der Kostenrechnung mit Tagespreisen (Verrechnungspreisen) bewertet, während in der Lagerbuchführung die Materialentnahmen zu dem für die Bilanzierung anzuwendenden Wertansatz erfasst werden (hinsichtlich der Bewertung der Materialeinsätze in einer Preisrechtfertigung dienenden Kostenrechnung vgl. Exkurs auf S. 28).

4. Sonstige Kosten

Zu den sonstigen Kosten zählen Transportkosten, Mieten, Pachtkosten, Energiekosten, Patent- und Lizenzgebühren, Anwalts- und Beratungskosten usw. Manche dieser Kostenarten sind den Erzeugnissen direkt zurechenbar, wie Transportkosten für die Beförderung von Erzeugnissen zu den Kunden, Patent- und Lizenzgebühren und Fremdbearbeitungskosten für bestimmte Erzeugnisse. Bei einigen Kostenarten, etwa Werbekosten, muss die zeitliche Abgrenzung beachtet werden. Wenn z. B. jedes zweite Jahr ein Werbefeldzug unternommen wird, so sind die Werbekosten jeweils auf zwei Jahre aufzuteilen, falls sich die positive Wirkung der Werbung auf zwei Jahre erstreckt.

Zu den sonstigen Kosten können auch Gewinn- und Umsatzsteuer zählen. (Die lohnabhängigen Steuern und die Vermögensteuern wurden bereits an anderer Stelle erfasst.) Gewinnsteuern (Gewerbeertragsteuer – nicht mehr eingehoben –, Körperschaftsteuer, Einkommensteuer) hängen nicht nur vom kostenrechnerischen Ergebnis ab, zu ihrer Bemessungsgrundlage zählen auch einige steuerlich nicht abzugsfähige Kosten (Gewerbeertragsteuer musste z. B. auch von Teilen der Fremdkapitalzinsen und von der Vermögensteuer bezahlt werden). Ob (Teile der) Gewinnsteuern als Kosten verrechnet werden, hängt davon ab, ob dies der Zwecksetzung der Kostenrechnung dient. Geht es etwa um die Kalkulation von Mindestpreisen, ist nur die Einbeziehung der Gewinnsteuern sinnvoll, die von Kostenbestandteilen zu zahlen sind. Die Mehrwertsteuer wird folgendermaßen behandelt: Die in den Rechnungen der Lieferanten verrechneten abzugsfähigen Vorsteuern werden nicht in die Kostenrechnung aufgenommen. Die Anschaffungs- bzw. Tagespreise der eingesetzten Produktionsfaktoren werden also abzüglich Vorsteuern ermittelt, soweit diese abzugsfähig sind. Die von der Unternehmung zu entrichtende Mehrwertsteuer wird man nicht in die Kostenrechnung aufnehmen, sondern erst bei der Fakturierung der Produkte bzw. der Ermittlung von Bruttopreisen zuschlagen.

Es ist von Vorteil, wenn die hier angeführten Aufwandsarten schon in der Buchführung so detailliert erfasst werden, wie es für die Kostenrechnung erwünscht ist. Für die Kostenrechnung sind Positionen wie „Löhne“ oder „Energiekosten“ meist nicht ausreichend, sie müssen unterteilt werden in Fertigungslöhne, Hilfslöhne, Nichtleistungslöhne bzw. in Kraftstrom, Lichtstrom, Gas, Wasser usw.

B. Die Kostenstellenrechnung

Kostenstellen sind Abrechnungseinheiten, für die vor allem jene Kosten erfasst werden, die nicht direkt den Kostenträgern zurechenbar sind (= Gemeinkosten). Aber auch die Einzelkosten können zu Kontrollzwecken den Kostenstellen zugerechnet werden, sie werden aber dann gesondert gekennzeichnet. Formal erfolgt die Kostenstellenrechnung im Betriebsabrechnungsbogen (BAB), der in den Spalten die Kostenstellen und in den Zeilen die auf Kostenstellen zu verteilenden bzw. verteilten Kostenarten zeigt. Neben dem BAB können für die Kostenstellen noch genauere Aufzeichnungen (Kostenstellengrundblätter) geführt werden.

Vereinfachtes Beispiel eines BAB:

Kostenarten	Kostenstellen			
	Materialstelle	Fertigungsstelle	Verwaltungsstelle	Vertriebsstelle
z. B. Stromkosten	2.000	3.000	1.000	500

Es ergeben sich nun folgende Fragen in Bezug auf die Kostenstellenrechnung:

(1) Auf welche Weise werden Kostenstellen gebildet?
(2) Nach welchen Grundsätzen werden die Gemeinkosten auf die Kostenstellen verteilt?
(3) Auf welche Weise werden Hilfsstellen auf Hauptstellen umgelegt bzw. sonstige innerbetriebliche Leistungen verrechnet?
(4) Wie werden die Kosten der Hauptstellen den Kostenträgern (Erzeugnissen, Leistungen) zugerechnet?

1. Die Bildung von Kostenstellen

Die Bildung von Kostenstellen soll eine möglichst „verursachungsgerechte" Verteilung der Gemeinkosten auf die Kostenträger erlauben. Die Kostenstellen sollen daher dem Betriebsprozess insofern angepasst sein, dass eine Kostenstelle nur möglichst gleichartige betriebliche Prozesse (Verrichtungen), das sind Prozesse mit gleicher Kostenstruktur, kostenmäßig erfasst. Die Kosten eines Produkts können dann aus den Kosten der an der Erzeugung beteiligten Prozesse (Kostenstellen), wie z. B. Bohren, Hobeln, Drehen, zusammengesetzt werden. In Fertigungsbetrieben werden die Kostenstellen grundsätzlich gegliedert in Stellen des Materialbereichs – Entwicklungs- und Forschungsbereichs – Fertigungsbereichs – Verwaltungsbereichs – Vertriebsbereichs, wobei die letzten beiden Bereiche in Kleinbetrieben meist nicht getrennt werden können. Je mehr verschiedene Verrichtungen in einer Unternehmung durchgeführt werden, umso größer ist die Anzahl der Fertigungsstellen. (Das gilt nur dann nicht, wenn die unterschiedlichen Prozesse in einem genau festgelegten Verhältnis angewandt werden [z. B. Fließfertigung]. In diesem Fall können auch verschiedene Verrichtungen einer Kostenstelle zugeordnet werden.) Besonders für den Fertigungsbereich müssen oft zahlreiche Kostenstellen (vielfach über 100) gebildet werden, und zwar Haupt- und Hilfsstellen. Mit Hauptstellen werden jene Stellen bezeichnet, die mit den gefertigten Produkten in direkter Beziehung stehen und deren Kosten daher den Produkten unmittelbar zugeschlagen werden können (z. B. Haspelei, Kettspulerei, Schussspulerei usw. in einer Baumwollweberei), während in Hilfsstellen Verrichtungen für Hauptstellen und andere Hilfsstellen kostenmäßig erfasst werden (z. B. Reparaturstelle, Arbeitsvorbereitung, Kostenstelle Energie). Die Kosten der Hilfsstellen werden auf die die Leistungen der Hilfsstellen empfangenden Kostenstellen umgelegt. Wenn Hilfsstellen nicht nur für einen Bereich, sondern für mehrere Bereiche Leistungen erbringen, werden sie als allgemeine Stellen (in ihrer Gesamtheit als allgemeiner Bereich) bezeichnet (z. B. Hausverwaltung, Heizung).

Neben der Gliederung der Kostenstellen nach Verrichtungen können noch räumliche und verantwortungsmäßige Gesichtspunkte bei der Abgrenzung von Kostenstellen beachtet werden. Eine Kostenstellenbildung nach räumlichen Gesichtspunkten ist dann von Nachteil, wenn in einem Raum uneinheitliche Tätigkeiten durchgeführt werden. Eine Kostenstellenbildung nach verantwortungsmäßigen Gesichtspunkten liegt dann vor, wenn Kostenstellen und

Beispiel eines Betriebsabrechnungsbogens

Kostenart	Summe	Verteilungsgrundlage	Kostenstellen					
			Materialstelle	Hilfsst. Rep.	Fertigungsstelle A	Fertigungsstelle B	Verwaltung	Vertrieb
1. Fertigungslöhne	600.000	Arbeitszettel (Einzelkosten)			450.000	150.000		
2. Hilfslöhne	200.000	Lohnzettel		52.200	89.100	58.700		
3. Nichtleistungslöhne	120.000	15% von Zeile 1, 2		7.800	80.900	31.300		
4. Gehälter (+ anteilige Sonderzahlungen)	163.000	direkt	7.000	6.000	8.000	12.000	80.000	50.000
5. Gesetzlicher Sozialaufwand	216.600	20% von Zeile 1, 2, 3, 4	1.400	13.200	125.600	50.400	16.000	10.000
6. Fertigungsmaterial	1,000.000	(Einzelkosten)						
7. Hilfsmaterial, Betriebsstoffe, Büromaterial	152.000	Materialentnahmescheine		40.000	70.000	30.000	10.000	2.000
8. Energiekosten	118.700	nach Anschlusswerten	600	5.800	40.400	68.600	2.000	1.300
9. Kalk. Abschreibung	800.000	direkt je Anlagegut	40.000	40.000	180.000	420.000	40.000	80.000
10. Kalk. Zinsen	300.000	nach Vermögenseinsatz je Stelle[1]	20.000	30.000	70.000	140.000	20.000	20.000
11. Kalk. Wagnisse	75.000	Diverse	5.000	10.000	20.000	30.000		10.000
12. Vermögensteuern	35.000	nach steuerlichem Vermögen je Stelle		3.000	7.000	17.000	4.000	4.000
13. Sonderkosten des Vertriebes	20.000	(Einzelkosten)						
14. Sonstige Kosten (Werbung usw.)	126.900	Diverse	16.000	2.000	29.000	42.000	4.000	33.900
15. Summe der Gemeinkosten	2,307.200		90.000	210.000	720.000	900.000	176.000	211.200

[1]) Eventuelle Lieferantenkredite werden von dem betriebsbedingten Vermögen der Materialstelle, erhaltene Anzahlungen von dem betriebsbedingten Vermögen der Vertriebsstelle abgezogen.

Verantwortungsbereiche zusammenfallen. Auch hier wird die Kostenzurechnung zu Produkten erleichtert, wenn Verantwortungsbereiche mit unterschiedlichen Verrichtungen in mehrere Kostenstellen zerlegt werden.

Oft lässt sich der Grundsatz „Jede nicht gleichartige Verrichtung erfordert eine eigene Kostenstelle" nicht konsequent einhalten. So können in einer Dreherei verschiedenartige Maschinen mit unterschiedlicher Kostenstruktur verwendet werden; es mag unwirtschaftlich sein, für jede Maschinenart eine eigene Kostenstelle zu bilden, das heißt, jeder der Maschinenarten Stromkosten, Reparaturkosten usw. gesondert zuzurechnen. Dieser Umstand könnte jedoch durch die Bildung von Kostenplätzen oder bei der Bestimmung der Bezugsgrößen (Zuschlagsbasen) berücksichtigt werden (siehe Kapitel II. B. 4).

2. Die Zurechnung der Gemeinkosten auf Kostenstellen

Den im Kostenstellenplan festgelegten Kostenstellen sind jedenfalls die Gemeinkosten zuzurechnen. Es sind zwei Gruppen von Gemeinkosten zu unterscheiden: Stelleneinzelkosten und Stellengemeinkosten. Stelleneinzelkosten sind jene Gemeinkosten, die direkt einer Stelle zurechenbar sind, wie z. B. Hilfsmaterial, Hilfslohn, Stromgebühren (falls die Kostenstelle mit einem Zähler versehen ist), Abschreibungen für Maschinen. Stellengemeinkosten können dagegen nur mit Hilfe von Schlüsseln den Kostenstellen zugerechnet werden (z. B. Heizungskosten, Zinskosten). Es ist oft eine Frage der Wirtschaftlichkeit der Kostenrechnung, ob Stellengemeinkosten in Stelleneinzelkosten umgewandelt werden sollen (z. B. Energiekosten durch den Einbau von Messapparaturen).

Als Verteilungsschlüssel dienen Merkmale der Kostenstellen, die mit den zu verteilenden Stellengemeinkosten eng korreliert sind. Als Grundlage der Kostenschlüsselung können somit dienen: erstens die Charakteristika der in den Kostenstellen eingesetzten Produktionsfaktoren (Heizungskosten können nach den Heizkörperrippen oder nach dem umbauten Raum der Kostenstellen umgelegt werden; freiwillige Sozialaufwendungen nach der Anzahl der Arbeitskräfte einer Stelle, Zinsen nach dem in den Kostenstellen gebundenen Kapital usw.); zweitens die Einsatzmengen oder Einsatzzeiten bestimmter Produktionsfaktoren bzw. bestimmte Kostenarten (Sozialaufwendungen können gemäß den Löhnen je Kostenstelle umgelegt werden, die Kosten innerbetrieblicher Transportmittel können nach den Einsatzzeiten je Stelle, die Energiekosten nach den Maschinenlaufzeiten verteilt werden); und schließlich Menge (Wert) der Leistung je Kostenstelle.

Für die Zurechnung der Kosten auf Kostenstellen ist die Führung folgender Unterlagen von besonderer Bedeutung:

(1) Angaben über die betriebliche Raumverteilung (Flächen- bzw. Rauminhaltsverteilungsbogen mit Berücksichtigung unterschiedlicher Baukosten);

(2) Beschäftigtenstatistik;

(3) Kapitalverteilungsbogen, insbesondere für die Aufteilung der kalkulatorischen Zinsen, Abschreibungen und Wagnisse.

Vorstehende Tabelle (siehe S. 35) zeigt (vereinfacht) die Zurechnung der einzelnen Kosten auf Kostenstellen für einen kleineren Industriebetrieb.

3. Die innerbetriebliche Leistungsverrechnung (Umlage von Hilfsstellen)

Vor der Verrechnung der Kosten der Hauptstellen auf die Kostenträger werden die innerbetrieblichen Leistungen abgerechnet. Innerbetriebliche Leistungen sind Leistungen, die nicht am Absatzmarkt angeboten, sondern im Betrieb eingesetzt werden. Sie lassen sich in aktivierbare und nicht aktivierbare innerbetriebliche Leistungen gliedern. Für beide gilt, dass ihre Kosten nicht bei der leistenden, sondern bei der empfangenden Stelle den Produkten zugerechnet werden sollen.

Während aber die Kosten aktivierbarer innerbetrieblicher Leistungen (z. B. selbsterstellte Anlagen) aus den leistenden Stellen eliminiert und in den nächsten Perioden in Form von Abschreibungskosten und Zinskosten den empfangenden Stellen zu verrechnen sind, werden die Kosten nicht aktivierbarer innerbetrieblicher Leistungen schon in der gleichen Periode den empfangenden Stellen zugerechnet. Solche nicht aktivierbaren innerbetrieblichen Leistungen können Leistungen von Hilfsstellen wie Reparatur-, Heizungs- und Transportstellen, oder Leistungen von Hauptstellen für andere Stellen sein, z. B. die Durchführung von Reparaturen seitens einer Hauptstelle für eine andere Kostenstelle.

Von den Verfahren der innerbetrieblichen Leistungsverrechnung sollen das Umlageverfahren, das Kostenträgerverfahren und das Stellenausgleichsverfahren gezeigt werden. Beim Umlageverfahren werden die Kosten von Hilfsstellen einem Verteilungsschlüssel gemäß – der nach den oben besprochenen Grundsätzen zu wählen ist – den Hauptstellen (und eventuell anderen Hilfsstellen) zugeordnet.

Die Kosten einer Hilfsstelle Heizung wird man z. B. nach der Kubatur der Abteilungen oder die Kosten einer Hilfsstelle Lohnbüro nach der Anzahl der Beschäftigten umlegen.

Das Umlageverfahren wird durch Abrechnung der Hilfskostenstelle Reparaturstelle des oben wiedergegebenen Betriebsabrechnungsbogens demonstriert.

Fortführung des Beispiels von S. 35:

Es soll angenommen werden, dass die Kosten der Reparaturstelle (210.000,–) auf Grundlage der Arbeitsstunden, die die Reparaturstelle den Hauptstellen widmete, verteilt werden. Im vergangenen Jahr führte die Reparaturstelle Instandhaltungsarbeiten für die Fertigungsstelle A in 2.250 Stunden und für die Fertigungsstelle B in 8.250 Stunden durch. Die Kosten der Reparaturstelle sind daher im Verhältnis 2.250 : 8.250, d. i. 3 : 11, auf die beiden Fertigungsstellen umzulegen. Fertigungsstelle A wird somit mit 45.000,– und Fertigungsstelle B mit 165.000,– der Kosten der Reparaturstelle belastet.

	Summe	Material-stelle	Hilfsst. Rep.	Fertigungs-stelle A	Fertigungs-stelle B	Ver-waltung	Vertrieb
15. Gemeinkosten	2,307.200	90.000	210.000	720.000	900.000	176.000	211.200
16. Umlage der Rep.-Stelle			–210.000	+ 45.000	+165.000		
17. Gemeinkosten	2,307.200	90.000		765.000	1,065.000	176.000	211.200

Die Verrechnung von innerbetrieblichen Leistungen auf Grund des Kostenträgerverfahrens soll anhand eines Beispiels erläutert werden, das auch eine innerbetriebliche Leistung einer Hauptstelle einbezieht.[1])

Beim Kostenträgerverfahren werden der Materialeinsatz und die Löhne für innerbetriebliche Leistungen als Einzelkosten behandelt, ob nun die innerbetriebliche Leistung von Hilfs- oder Hauptstellen erbracht wird. Zudem ist das Kostenträgerverfahren wie das Umlageverfahren dadurch charakterisiert, dass alle Kosten der innerbetrieblichen Leistungen vorerst bei der leistenden Stelle erfasst werden. Erst nach der Zuschlagsberechnung bei der jeweils leistenden Stelle werden die innerbetrieblichen Leistungen kalkuliert und die empfangenden Stellen belastet.

Beispiel:
Die primären Kostenarten für zwei Hauptstellen und eine Hilfsstelle betragen:

	Fertigungsstelle M	Fertigungsstelle N	Hilfsstelle
Fertigungslöhne	500.000,–	375.000,–	
Hilfsmaterial für innerbetriebliche Leistungen		2.000,–	20.000,–
Sonstiges Hilfsmaterial	50.000,–	40.000,–	
Hilfslöhne	30.000,–	20.000,–	50.000,–
Sonstige Gemeinkosten	1,000.000,–	900.000,–	200.000,–

Die Hilfsstelle erbrachte Leistungen für die Hauptstelle M, für die Hilfsmaterial von 5.000,– und Hilfslöhne von 20.000,– aufgelaufen sind; sie erbrachte weiterhin Leistungen für die Hauptstelle N, für die Hilfsmaterial von 15.000,– und Hilfslöhne von 30.000,– eingesetzt wurden. Die Hauptstelle N führte eine innerbetriebliche Leistung für die Hauptstelle M aus, die 2.000,– an Hilfsmaterial und 5.000,– an Fertigungslöhnen erforderte.

Der erste Schritt der Lösung besteht in der Abrechnung der Hilfsstelle.

	Hilfsstelle
Gemeinkosten	200.000,–
Hilfslöhne (Zuschlagsbasis)	50.000,–
Zuschlagssatz	400%

1) Für Anfänger mag ein Überspringen der Seiten 38 bis 41 oben und vorheriges Studium der Seiten 42 bis 48 vorteilhaft sein.

Nun können die innerbetrieblichen Leistungen der Hilfsstelle kalkuliert werden:

	für Hauptstelle M	für Hauptstelle N
Hilfsmaterialeinsatz	5.000,–	15.000,–
Hilfslöhne	20.000,–	30.000,–
400% Gemeinkosten	80.000,–	120.000,–
Summe	105.000,–	165.000,–

Als nächstes wird die Kostenstelle N abgerechnet, um ihre innerbetriebliche Leistung für Kostenstelle M kalkulieren zu können.

Primäre Gemeinkosten der Kostenstelle N (ohne Hilfsmaterial für innerbetriebliche Leistungen)	960.000,–
+ Sekundäre Kosten (Kosten der Hilfsstelle)	165.000,–
Summe	1,125.000,–
Fertigungslöhne (Zuschlagsbasis)	375.000,–
Zuschlagssatz	300%

Unter Verwendung des Zuschlagssatzes werden die Kosten der innerbetrieblichen Leistung von N an M ermittelt:

Hilfsmaterial	2.000,–
Fertigungslöhne	5.000,–
300% Gemeinkosten	15.000,–
Summe	22.000,–

Diese Kosten sind vor der Zuschlagsberechnung in Stelle M dieser Stelle zu belasten. Daraus ergibt sich folgende Zusammenfassung der innerbetrieblichen Leistungsverrechnung nach dem Kostenträgerverfahren:

	Fertigungs-stelle M	Fertigungs-stelle N	Hilfsstelle
Fertigungslöhne	500.000,–	375.000,–	
Hilfsmaterial für innerbetriebliche Leistungen		2.000,–	20.000,–
Sonstiges Hilfsmaterial	50.000,–	40.000,–	
Hilfslöhne	30.000,–	20.000,–	50.000,–
Sonstige Gemeinkosten	1,000.000,–	900.000,–	200.000,–
Summe Gemeinkosten			
Reparaturstelle			200.000,–
Zuschlagsbasis			50.000,–
Zuschlagssatz			400%
Umlage der innerbetrieblichen Leistungen der Hilfsstelle	105.000,–	165.000,–	
Summe GK Stelle N		1,125.000,–	
Zuschlagsbasis		375.000,–	
Zuschlagssatz		300%	
Umlage der innerbetrieblichen Leistung der Fertigungsstelle N	22.000,–		
Summe GK Stelle M	1,207.000,–		
Zuschlagsbasis	500.000,–		
Zuschlagssatz	241,4%		

Die innerbetriebliche Leistungsverrechnung könnte insofern exakter durchgeführt werden, als dem Hilfsmaterialeinsatz Materialgemeinkosten zugeschlagen werden. Voraussetzung hierfür ist, dass die Materialgemeinkosten auf die Summe von Fertigungsmaterial und Hilfsmaterial bezogen werden.

Das Stellenausgleichsverfahren unterscheidet sich dadurch vom Kostenträgerverfahren, dass die Einzelkosten der innerbetrieblichen Leistungen sofort als Gemeinkosten den empfangenden Stellen zugerechnet werden, d. h. die leistende Stelle nicht berühren. Mittels Istzuschlägen oder Normalzuschlägen werden in einem zweiten Abrechnungsgang auch die Gemeinkosten der innerbetrieblichen Leistungen den empfangenden Stellen zugerechnet. Dabei ist zu beachten, dass es gegebenenfalls notwendig ist, die bereits auf die empfangenden Stellen verteilten Einzelkosten der innerbetrieblichen Leistungen in die Zuschlagsbasis der leistenden Stelle miteinzubeziehen.

Als Beispiel soll die obige Abrechnung in Form des Stellenausgleichsverfahrens gezeigt werden.

	Hauptstelle M	Hauptstelle N	Hilfsstelle
Fertigungslöhne	500.000,–	370.000,–	
Hilfsmaterial für innerbetriebliche Leistungen	7.000,–	15.000,–	
Sonstiges Hilfsmaterial	50.000,–	40.000,–	
Hilfslöhne für innerbetriebliche Leistungen	25.000,–	30.000,–	
Sonstige Hilfslöhne	30.000,–	20.000,–	
Sonstige Gemeinkosten	1,000.000,–	900.000,–	200.000,–
Umlage Gemeinkosten der Hilfsstelle	80.000,–	120.000,–	– 200.000,–
Umlage Gemeinkosten der innerbetrieblichen Leistung N–M	15.000,–	– 15.000,–	
Summe Gemeinkosten	1,207.000,–	1,110.000,–	
Zuschlagsbasis	500.000,–	370.000,–	
Zuschlagssatz	241,4%	300%	

Es ist zu ersehen, dass die Fertigungslöhne von N um 5.000,– vermindert wurden; dieser Betrag wurde – da für innerbetriebliche Leistungen aufgewendet – den Hilfslöhnen in Stelle M zugerechnet; ebenso wurden alle anderen Einzelkosten der innerbetrieblichen Leistungen sofort bei den empfangenden Stellen verrechnet. Die Resultate müssen bei beiden Verfahren identisch sein, wenn mit den gleichen Ist- bzw. Normalzuschlägen gerechnet wird.

Wenn die Leistungen zahlreicher Hilfsstellen und sonstige innerbetriebliche Leistungen zu verrechnen sind, müssen primär jene leistenden Stellen abgerechnet werden, die von anderen Stellen keine Kosten mehr empfangen werden. Falls jedoch mehrere Kostenstellen in gegenseitigem Leistungsaustausch stehen, ist die Ermittlung einer solchen Abrechnungsabfolge nicht mehr möglich. Man kann hier so vorgehen, dass man diese Stellen in weitgehend willkürlicher Reihenfolge abrechnet, wobei man jene Kosten, mit denen sie später auf Grund der Abrechnung anderer Stellen belastet werden, schätzt. In weiteren Abrechnungsgängen werden die den schon einmal abgerechneten Stellen zugerechneten Kosten solange verteilt, bis die unverteilten Reste auf den Kostenstellen ohne Bedeutung sind. Exakt kann dieses Problem durch die Auflösung eines simultanen Gleichungssystems (simultaner Ansatz) gelöst werden, wie an folgendem Beispiel gezeigt werden soll.

Beispiel:

Es sind die primären Kosten von zwei Hauptstellen (O, P) und zwei Hilfsstellen (r, s) gegeben:

	O	P	r	s
Primäre Kosten	90.000,–	40.000,–	3.000,–	1.750,–

Die Hilfsstelle r erbringe Leistungen an die beiden Hauptstellen und an die Hilfsstelle s, und zwar im Verhältnis 7 : 3 : 2 (insgesamt 12 Leistungseinheiten). Die Hilfsstelle s erbringe Leistungen an die Hauptstelle P und an die Hilfsstelle r, und zwar im Verhältnis 5 : 3 (insgesamt 8 Leistungseinheiten).

Wenn die Kosten einer Leistungseinheit von r (s) mit x (y) bezeichnet werden, so gilt:

$$3.000 + 3\,y = 12\,x$$

(primäre Kosten von r plus Kosten der von s erbrachten innerbetrieblichen Leistung = Gesamtkosten von r)
und

$$1.750 + 2\,x = 8\,y$$

(primäre Kosten von s plus Kosten der von r erbrachten innerbetrieblichen Leistung = Gesamtkosten von s).
Daraus ergibt sich

$$x = 325$$
$$y = 300$$

Nach Ermittlung dieser Werte ist die innerbetriebliche Leistungsverrechnung wie folgt durchzuführen:

	O	P	r	s	Summe
primäre Kosten	90.000,–	40.000,–	3.000,–	1,750,–	134.750,–
sekundäre Kosten von r	2.275,–	975,–	– 3.900,–	650,–	
sekundäre Kosten von s		1.500,–	900,–	–2.400,–	
Primäre u. sekundäre Kosten	92.275,–	42.475,–			134.750,–

(Laut Verteilungsschlüssel erhalten die Stellen O, P und s: 7 x, 3 x bzw 2 x, während den Stellen P und r: 5 y bzw 3 y belastet werden.)

4. Die Zuschlagsbasen (Bezugsgrößen)

Die auf die Hauptstellen verteilten Kosten werden den Kostenträgern (Erzeugnissen, Leistungen) zugerechnet. Dazu benötigt man Größen, die die Verbindung zwischen Kostenstelle und Kostenträger herstellen. Diese Verbindungsglieder werden Zuschlagsbasen (Bezugsgrößen) genannt.

a) Zuschlagsbasen für Fertigungsstellen

aa) Bei homogener Kostenverursachung

Homogene Kostenverursachung liegt vor, wenn entweder die Kosten einer Kostenstelle nur von einer Kosteneinflussgröße (z. B. Fertigungslöhne oder Maschinenlaufzeit) abhängen, oder zwar die Kosten von mehreren Kosteneinflussgrößen abhängig sind, aber diese Kosteneinflussgrößen stets im gleichen Verhältnis zueinander stehen, unabhängig vom gefertigten Produktionsprogramm.

Bei homogener Kostenverursachung sind häufig die Fertigungslöhne die geeignete Zuschlagsbasis für Fertigungsstellen. Die Kosten der Stellen werden dann nach Maßgabe der Fertigungslöhne auf die Kostenträger verteilt.

Fortführung des Beispiels (S. 38 oben):

Die Gemeinkosten der Stelle A betragen 765.000,–; ihnen stehen Fertigungslöhne (Einzelkosten) von 450.000,– gegenüber. Das bedeutet, dass auf jede Einheit Fertigungslohn 1,70 (765.000,– : 450.000,–) Gemeinkosten entfallen. Der Zuschlagssatz auf die Fertigungslöhne beträgt daher 170%. Wenn nun ein Metalltisch mit einem Fertigungslohnaufwand von 200,– in dieser Stelle bearbeitet wurde, so werden ihm nicht nur die direkten Kosten von 200,–, sondern auch Gemeinkosten von 170%, d. s. 340,–, zugerechnet.

Wenn für unterschiedliche Arbeitsgänge, die je Zeiteinheit die gleichen Gemeinkosten verursachen, verschiedene Lohnsätze gezahlt werden, sind die Fertigungsstunden die zweckmäßigere Zuschlagsbasis.

Fortführung des Beispiels:

Obige Fertigungslöhne von 450.000,– werden für 15.000 Stunden gezahlt, die Fertigung des Metalltisches beansprucht 7 Stunden. Der Stundensatz beträgt somit 765.000,– : 15.000 = 51,–; dem Kostenträger sind daher neben dem Fertigungslohn von 200,– Gemeinkosten von 7 × 51,– = 357,– zuzurechnen.

Falls die Gemeinkosten von der Einsatzzeit der Maschinen abhängen, empfiehlt es sich, die Gemeinkosten auf Maschinenstunden zu beziehen.

Fortführung des Beispiels:

Obiger Metalltisch werde in 4 Maschinenstunden gefertigt, wobei teilweise 2 Arbeiter gleichzeitig an dem Produkt arbeiten. Insgesamt laufen in der Stelle 10.000 Maschinenstunden an. Der Zuschlagssatz je Maschinenstunde beträgt daher 765.000,– : 10.000 = 76,50. Dem Metalltisch sind somit nur 4 × 76,50, d. s. 306,– an Gemeinkosten anzulasten.

Arbeiterstunden und Maschinenstunden sind als Zuschlagsbasen gleichwertig, wenn zwischen ihnen ein konstantes Verhältnis besteht. In diesem Fall können die Fertigungslöhne zu den Gemeinkosten gezählt werden, falls man die Bezugsgröße Maschinenstunden wählt. Im obigen Beispiel würde dann der Maschinenstundensatz (765.000,– + 450.000,–) : 10.000,– = 121,50 betragen.

Voraussetzung für die Wahl von Maschinenstunden als Zuschlagsbasis ist die Aufschreibung der Maschinenstunden je Auftrag.

bb) Bei heterogener Kostenverursachung

Vielfach sind die Kosten einer Stelle von mehreren Kosteneinflussgrößen abhängig, ohne dass diese Kosteneinflussgrößen in einem konstanten, vom Produktionsprogramm unabhängigen Verhältnis zueinander stehen. Man spricht dann von heterogener Kostenverursachung. Bei heterogener Kostenverursachung bietet sich die Verwendung mehrerer Zuschlagsbasen an (Bezugsgrößendifferenzierung).

Wenn das Verhältnis zwischen Fertigungslohn und Maschinenstunden von Produkt zu Produkt unterschiedlich ist und die Kosten zum Teil lohnabhängig, zum Teil maschinenstundenabhängig sind, sind als Zuschlagsbasen sowohl die Fertigungslöhne als auch die Maschinenstunden zu wählen.

Fortführung des Beispiels:

Wenn von obigen Gemeinkosten der Stelle A $^1/_4$ lohnabhängig sind und $^3/_4$ den Maschinenstunden zugerechnet werden, so ergibt sich einerseits ein Lohnzuschlag von 191.250,– : 450.000,– = 42,50%, anderseits ein Zuschlag pro Maschinenstunde von 573.750,– : 10.000 = 57,38. Die Kalkulation des Metalltisches zeigt dann folgendes Bild:

Fertigungslöhne	200,–
Fertigungsgemeinkosten	
a) auf Basis Fertigungslohn 42,5% von 200,–	85,–
b) auf Basis Maschinenstunden 4 × 57,38	229,52
Fertigungskosten in der Fertigungsstelle A	514,52

Im Folgenden werden einige weitere Fälle, in denen eine Bezugsgrößendifferenzierung infolge heterogener Kostenverursachung notwendig bzw. zweckmäßig ist, dargestellt:

Falls Einrichte- und Fertigungszeiten unterschiedliche Kosten verursachen und das Verhältnis von Einrichte- zu Fertigungszeiten produktabhängig ist, wird man als Bezugsgrößen sowohl die Einrichtezeiten als auch die Maschinenlaufzeiten ansetzen.

Wenn in einer Kostenstelle Verrichtungen mit unterschiedlicher Kostenstruktur durchgeführt werden (z. B. aufgrund der Existenz von Maschinen verschiedenen Alters bzw. Mechanisierungsgrades), ist eine Bezugsgrößendifferenzierung nach den Laufzeiten auf den unterschiedlichen Aggregattypen zu erwägen.

Fortführung des Beispiels:

Es soll angenommen werden, in obiger Stelle A sind drei Maschinengruppen eingesetzt, die folgende Kosten verursachen:

	I	II	III
Abschreibungskosten	100.000,–	50.000,–	30.000,–
Zinskosten	30.000,–	25.000,–	15.000,–
Hilfsmaterialkosten	30.000,–	20.000,–	20.000,–
Energiekosten	20.000,–	10.000,–	10.400,–
Summe	180.000,–	105.000,–	75.400,–
Von den insgesamt 10.000 Maschinenstunden entfallen auf diese Maschinengruppen	3.000	3.500	3.500
Das ergibt vorläufige Maschinenstundensätze von	60,–	30,–	21,50
Wenn die restlichen Gemeinkosten von 404.600,– (765.000,– minus 360.400,–) nach Maschinenstunden verteilt werden, dann entfällt auf jede Maschinenstunde	40,50	40,50	40,50
Endgültiger Maschinenstundensatz	100,50	70,50	62,–

Der Metalltisch erforderte je 2 Stunden der Maschinengruppe I und III; die kalkulierten Fertigungsgemeinkosten betragen dann 2 × 100,50 + 2 × 62,– = 325,–.

Eine solche Bezugsgrößendifferenzierung heißt auch Platzkostenrechnung. Es erscheint jedoch fraglich, ob nicht gerade in einem solchen Fall die Zerlegung in Kostenstellen, die den Maschinengruppen entsprechen, eventuell ergänzt durch eine Hilfsstelle (Leitungsstelle), in die die nicht direkt den drei Maschinengruppen zurechenbaren Kosten aufgenommen werden, vorzuziehen ist.

Heterogene Kostenverursachung liegt auch vor, wenn die Kosten einer Stelle sowohl von den Maschinenlaufzeiten als auch vom Produktgewicht (z. B. über die Hilfsmaterialkosten) und/oder vom Produktvolumen (z. B. über die Transportkosten) abhängen. Hier liegt die Verwendung von Maschinenstunden und verarbeitetem Gewicht bzw. Volumen als Bezugsgröße nahe.

Ein weiteres Beispiel für heterogene Kostenverursachung: In einer Kostenstelle werden zwar identische Aggregate eingesetzt, die Kosten je Maschinenstunde hängen aber wegen unterschiedlichem Hilfsstoff- und Energieeinsatz usw. von der jeweils gefertigten Produktgruppe ab. In dieser Situation sind die Maschinenstunden für die einzelnen Produktgruppen als gesonderte Zuschlagsbasen zu wählen.

Fortführung des Beispiels:

Obige Kostenstelle rechne nach Maschinenstunden ab. Es werden zwei Produkte (Metalltisch, Metallschrank) im Verhältnis 3 : 1 gefertigt. Sie benötigen die gleiche Anzahl von Maschinenstunden (4) und den gleichen Fertigungslohn (200,–). Der Metallschrank aber verursacht einen größeren Aufwand an Hilfslöhnen, Hilfsmaterialien und auch an Energie, wie aus folgender Abrechnung hervorgeht:

	Metalltisch	Metallschrank
Gemeinkosten	535.500,–	229.500,–
Maschinenstunden	7.500	2.500
Stundensatz	71,40	91,80

Das Ergebnis dieser Rechnung besagt, dass man für jede Stunde, die an einem Metalltisch gearbeitet wird, 71,40 Gemeinkosten verrechnen soll, dagegen für jede Stunde, die für die Erzeugung eines Metallschranks verwendet wird, 91,80.

Jede Bezugsgrößendifferenzierung bedarf einer entsprechend exakten belegmäßigen Zuordnung der Gemeinkosten auf die unterschiedlichen Bezugsgrößen.

b) Zuschlagsbasen für andere Stellen

Für die Materialgemeinkosten wird meist der Wert des gesamten in einem Abrechnungszeitraum verbrauchten Fertigungsmaterials als Basis gewählt.

Fortführung des Beispiels:

Die Materialkosten im obigen Beispiel betragen 90.000,–, der Fertigungsmaterialverbrauch 1,000.000,–. Der Materialgemeinkostenzuschlag beträgt daher 9%.

Für die Verwaltungs- und Vertriebsgemeinkosten nimmt man meist die gesamten Material- und Fertigungskosten einer Periode (= Herstellkosten) oder die Herstellkosten der verkauften Erzeugnisse oder die Fertigungskosten zur Basis. Begründet wird dies damit, dass – zumindest langfristig – die Verwaltungs- und Vertriebskosten vom Produktionsvolumen abhängen. Hinsichtlich einer differenzierteren Verrechnung siehe Abschnitt IV. C. und D.

Die Verwaltungs- und Vertriebskosten betragen im obigen Beispiel 176.000,– bzw. 211.200,–. Die Herstellkosten, auf die sie bezogen werden, errechnen sich aus

Fertigungsmaterial	1,000.000,–
Materialgemeinkosten	90.000,–
Fertigungslöhne	600.000,–
Fertigungsgemeinkosten in Fertigungsstelle A	765.000,–
Fertigungsgemeinkosten in Fertigungsstelle B	1,065.000,–
Herstellkosten	3,520.000,–

Der Zuschlag für die Verwaltungsgemeinkosten beträgt daher $\frac{176.000,–}{3{,}520.000,–} = 5\%$;

der Zuschlag für die Vertriebsgemeinkosten $\frac{211.200,–}{3{,}520.000,–} = 6\%$.

C. Die Kostenträgerrechnung (Zuschlagskalkulation)

Durch die Behandlung der Kostenarten, ihre Verteilung auf Kostenstellen und die Ermittlung der Zuschlagsbasen wurden die Grundlagen gelegt, die für die eigentliche Kalkulation (Kostenermittlung der Produkte) benötigt werden. Die Kosten eines Erzeugnisses setzen sich zusammen aus den

Einzelkosten

(den direkt zurechenbaren Fertigungslöhnen, dem Fertigungsmaterial, den Transportkosten, der Umsatzsteuer) und den

Gemeinkosten,

indem jedem Erzeugnis ein Teil der in den Kostenstellen gesammelten Kosten zugewiesen wird. Dabei folgt man bei der Normalform der Kostenrechnung (der Zuschlagskalkulation) dem Schema auf Seite 48.

Die Kalkulation eines Erzeugnisses soll in Fortführung des Beispiels auf Seite 38 gezeigt werden:

	Mat.-St.	Fert.-St. A	Fert.-St. B	Verw.-St.	Vertr.-St.
17. Gemeinkosten	90.000	765.000	1,065.000	176.000	211.200
18. Zuschlagsbasen	1,000.000	450.000	15.000 Std.	3,520.000	3,520.000
19. Zuschlagssätze	9%	170%	71,–	5%	6%

(Wie gezeigt, rechnet die Fertigungsstelle A nach Fertigungslöhnen, die Fertigungsstelle B nach Maschinenstunden ab.)

Es wird ein Metalltisch kalkuliert. Der Fertigungsmaterialverbrauch je Stück beträgt 300,–, die Fertigungslöhne in A 200,–, in B 50,–. Der Tisch wurde in Fertigungsstelle B während drei Maschinenstunden bearbeitet. Der Betrieb möchte 10% Gewinn auf die Selbstkosten (ohne Umsatzsteuer) erzielen. Den Kunden soll 2% Skonto bei Barzahlung gewährt werden. Welcher Preis ist zu fordern? Der Mehrwertsteuersatz ist 20%.

Kalkulation des Metalltisches

Fertigungsmaterial	300,–	
Materialgemeinkosten 9%	27,–	327,–
Fertigungskosten:		
Fertigungslöhne in Stelle A	200,–	
Fertigungsgemeinkosten (FGK) in Stelle A 170%	340,–	
Fertigungslöhne in Stelle B	50,–	
FGK in Stelle B (3 × Maschinenstundensatz von 71,–)	213,–	803,–
Herstellkosten		1.130,–
+ 5% Verwaltungsgemeinkosten		56,50
+ 6% Vertriebsgemeinkosten		67,80
Selbstkosten (ohne Sonderkosten des Vertriebes)		1.254,30
+ 10% Gewinnzuschlag		125,43
Nettoverkaufspreis ohne Sonderkosten des Vertriebes		1.379,73
+2% Skonto in Hundert		28,16
Nettoverkaufspreis		1.407,89
+ 20% Mehrwertsteuer von Hundert		281,58
Bruttoverkaufspreis		1.689,47

Macht der Kunde von der Möglichkeit des Skontoabzugs Gebrauch, so zieht er vom obigen Betrag 2%, das sind 33,79, ab. Die Unternehmung erhält daher nur 1.655,68. Die von der Unternehmung zu zahlende Mehrwertsteuer verringert sich dadurch auf (20/120) × 1.655,68 = 275,95, sodass der Betrieb auch in diesem Fall einen Nettoverkaufspreis nach Skonto von 1.655,68 minus 275,95 = 1.379,73 erhält. Will man Rabatt gewähren und diesen zuvor kalkulieren, so wird man ihn nach Skontoabzug in Hundert hinzurechnen, bei der Fakturierung wieder abziehen und danach die Mehrwertsteuer hinzurechnen.

Bei Kostenrechnungen, die der Preisrechtfertigung dienen, z. B. im Rahmen eines staatlichen Preisgenehmigungsverfahrens, ist es problematisch, ob der Ansatz eines Gewinnzuschlages gerechtfertigt ist, und welche Höhe er gegebenenfalls haben darf. Falls für das Eigentümerrisiko kalkulatorische Zinsen inklusive einer Risikoprämie (oder kalkulatorische Zinsen zu einem Kreditzinsfuß, aber ein allgemeines Unternehmerrisiko im Rahmen der kalkulatorischen Wagnisse) und ein der Arbeitsleistung der Eigentümer entsprechender Unternehmerlohn angesetzt sind, kann ein Gewinnzuschlag nicht mehr durch Hinweis auf Leistungen der Eigentümer gerechtfertigt werden.

Ein Gewinnzuschlag ist in einem solchen Fall nur dann begründet, wenn er als Entgelt für künftige Kostensteigerungen gedacht ist (die die Unternehmung ohne Preiserhöhungen zu bewältigen hat), oder wenn damit gerechnet werden muss, dass die betreffende Unternehmung oder Branche in Rezessionsperioden unweigerlich Verluste erleidet, für die sie durch einen in günstigen Perioden zu erzielenden Gewinn kompensiert werden soll. Einen Gewinnzuschlag durch die Notwendigkeit zur Selbsfinanzierung begründen zu wollen, geht fehl, da es nicht vertretbar erscheint, von den Kunden erstens über die Preise Mittel für die Finanzierung von Investitionen zu fordern und den Kunden zweitens für dieselben Investitionen in Hinkunft Abschreibungs- und Zinskosten zu verrechnen. Die Unternehmung würde die aus Gewinnen finanzierten Investitionen daher zweimal refundiert erhalten.

Folgender schematischer Aufbau der Zuschlagskalkulation ist allgemein gebräuchlich:

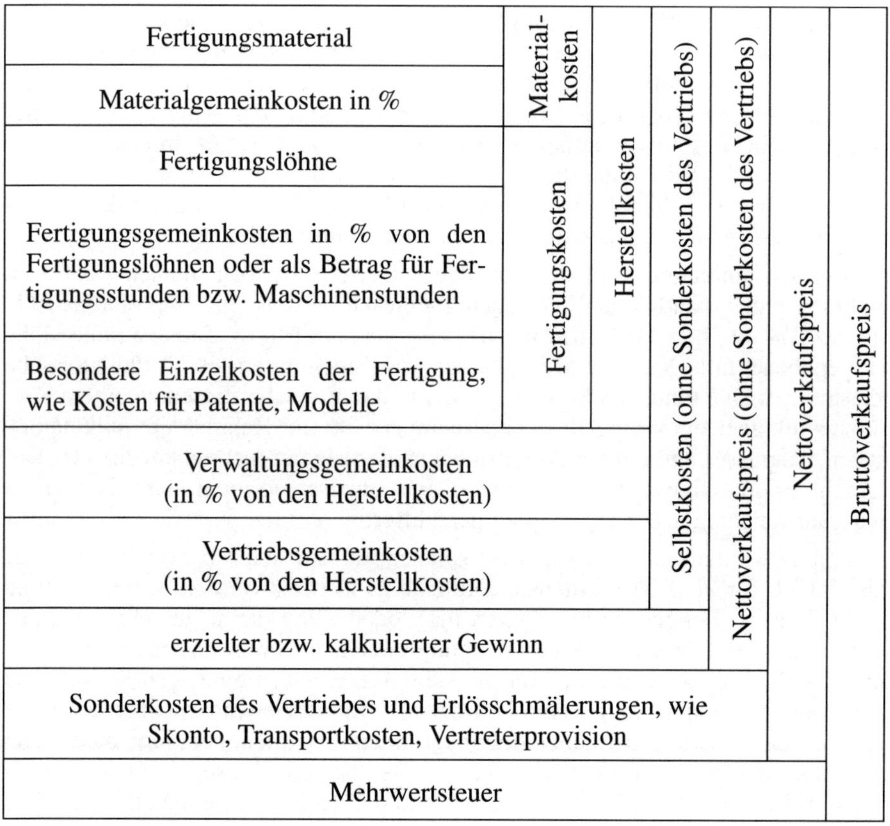

D. Beispiele

1. Die Arbeitskosten

Beispiel 1 (L: S. 149):

Im Juli 19XX wurden für Arbeiter der Fertigungsstelle A und der Fertigungsstelle B folgende Nichtleistungslöhne ausbezahlt:

	A	B
Urlaubsentgelte	300.000	200.000
Urlaubszuschüsse	200.000	150.000
Krankheitsentgelte	50.000	30.000
Sonstige Nichtleistungsentgelte	10.000	10.000

Im Jahresdurchschnitt ist mit folgenden Nichtleistungslöhnen – wegen unterschiedlicher kollektivvertraglicher Regelungen differenziert nach Arbeitern in der Fertigungsstelle A und B – zu rechnen:

	Fertigungsstelle A	Fertigungsstelle B
Urlaubsentgelt	5 Wochenlöhne	5,5 Wochenlöhne
Urlaubszuschuss	4 Wochenlöhne	4 Wochenlöhne
Weihnachtsremuneration	4 Wochenlöhne	4 Wochenlöhne
durchschnittliche Krankheitsdauer	2 Wochen	2 Wochen
Feiertage und sonstige bezahlte Nichtleistungstage	2 Wochen	2 Wochen

Die Beitragsprozentsätze zur Sozialversicherung und die lohnabhängigen Abgaben betragen ca. 30% (Arbeitgeberanteil).

An Fertigungslöhnen fielen im Juli für die Fertigungsstelle A 2.500.000 und für die Fertigungsstelle B 2.000.000 an. An Gehältern wurden 150.000 ausbezahlt. Hierbei ist zu beachten, dass im Juli keine Sonderzahlungen (13. und 14. Gehalt) geleistet wurden.

Berechnen Sie die anzusetzenden Nichtleistungslöhne sowie den gesetzlichen Sozialaufwand und die lohn- bzw. gehaltsabhängigen Abgaben.

Beispiel 2 (L: S. 151):

In einem Betrieb sind im Betrachtungszeitraum folgende Leistungslöhne und Gehälter registriert worden:

Fertigungslohn 7.000, Hilfslöhne 3.300, Gehälter 4.000.

Zur Ermittlung der gesamten Arbeitskosten sind folgende Zusatzangaben zu beachten:

Für die Lohnempfänger sind aus der Betriebsstatistik folgende Durchschnittswerte abzulesen: 5 Wochen Urlaub, 4 Wochenlöhne Urlaubszuschuss, 4 Wochenlöhne Weihnachtsremuneration, 1 Woche Krankenstand, 2 Wochen bezahlte Feiertage und sonstige Nichtleistungstage.

Die Beitragsprozentsätze zur Sozialversicherung und die lohn- bzw. gehaltsabhängigen Abgaben und Steuern betragen für Arbeiter ca. 30%, für Angestellte ca. 29,5%.

Gehaltsempfänger haben Anspruch auf 14 Gehälter jährlich, im BAB sind diese Sonderzahlungen jedoch noch nicht berücksichtigt.

2. Die Vermögenskosten

a) Die kalkulatorischen Zinsen

Die Berechnung kalkulatorischer Zinsen setzt die Ermittlung des zinsberechtigten Kapitals voraus. In der Kostenrechnung wird, abweichend von den Bilanzierungsvorschriften, grundsätzlich die Ansicht vertreten, dass sowohl für das Fremdkapital als auch für das Eigenkapital Zinskosten anzusetzen sind.

Anhand der Beispiele zu den kalkulatorischen Zinsen soll aufgezeigt werden, welche Korrekturen durchzuführen sind, um, ausgehend von der Aktivseite der Bilanz, zum zinsberechtigten Kapital zu gelangen.

Die kalkulatorischen Zinsen werfen nicht nur Probleme bei der Ermittlung des zinsberechtigten Kapitals auf, sondern auch bei der Ermittlung des kalkulatorischen Zinssatzes. Insbesondere sei dazu auf den Exkurs in Kap. II. A. 2. über die Bewertung der Vermögensgegenstände und Wahl des Zinssatzes bei Inflation verwiesen, da unter diesen Umständen Kosten oft mehrfach verrechnet werden.

Beispiel 1 (L: S. 152):

Unter Zugrundelegung der vorliegenden vereinfachten Jahresbilanz und nachfolgender zusätzlicher Erläuterungen zu den Bilanzpositionen sind die kalkulatorischen Zinsen für ein Jahr zu berechnen.

Aktiva		Passiva	
Unbeb. Grundstücke	300.000	Grundkapital	600.000
Gebäude	450.000	Rücklagen	280.000
Maschinen	380.000	Wertberichtigung	
Betriebsausstattung	120.000	zu Gebäuden	100.000
Vorräte	150.000	Wertberichtigung	
Lieferforderungen	140.000	zu Maschinen	170.000
Sonstige Forderungen	60.000	Lieferverbindlichkeiten	120.000
Kassa/Bank	40.000	Kundenanzahlungen	70.000
		Bankverbindlichkeiten	300.000
	1,640.000		1,640.000

Zusätzliche Angaben:

- Von den unbebauten Grundstücken sind 20% nicht betrieblich genutzt.
- In der Bilanzpost Gebäude befindet sich eine an Betriebsfremde vermietete Wohnung im Buchwert von 40.000.
- Unter WB zu Gebäuden sind für diese Wohnung 10.000 angesetzt.
- Der Tageswert der betrieblich genutzten Grundstücke beträgt 400.000, jener der betrieblich genutzten Gebäude 600.000.
- Von den Maschinen wird ein Aggregat mit einem Buchwert von 20.000 gegenwärtig nicht verwendet, dient aber als Reserveanlage.
- Auf die vorhandenen Maschinen wurde in der Vergangenheit eine steuerlich zulässige Sonderabschreibung von 80.000 vorgenommen, die nicht nutzungsbedingt ist.
- Die Rohstoffeinsätze werden zum Barpreis bewertet. Der Lieferant gewährt bei Barzahlung 2% Skonto.
- In den „Sonstigen Forderungen“ sind unter anderem Mietforderungen für die Wohnung im Wert von 1.000 bilanziert.
- Alle Produkte werden mit einem Skontoaufschlag kalkuliert. Der kalkulatorische Zinssatz beträgt 6% und enthält keine Prämie für die Geldentwertung.

Beispiel 2 (L: S. 153):

Die „Steirische Werkzeugfabrik A.G." weist zum 31. 12. 19X1 die nachfolgende Jahresbilanz aus. Ermitteln Sie die kalkulatorischen Zinsen.

Aktiva		Passiva	
Unbebaute Grundstücke	100.000	Wertberichtigung	
Gebäude	250.000	zu Gebäuden	20.000
Maschinen	140.000	Grundkapital	600.000
Beteiligungen	50.000	Rücklagen	200.000
Vorräte	170.000	Kundenanzahlungen	20.000
Halb- u. Fertigerzeugnisse	60.000	Lieferverbindlichkeiten	300.000
Kassa/Bank	80.000	Sonstige Verbindlichkeiten	40.000
Lieferforderungen	340.000	Gewinn	60.000
Sonstige Forderungen	50.000		
	1,240.000		1,240.000

Zusätzliche Angaben:

- In den betrieblich genutzten unbebauten Grundstücken sind stille Reserven von 50.000 enthalten.
- In einer Betriebshalle mit einem Buchwert von 50.000 (Tageswert 70.000) findet derzeit infolge schlechter Auftragslage keine Produktion statt. Der Tageswert der Gebäude beträgt 300.000.
- Unter den Maschinen befindet sich eine Anlage mit einem Buchwert von 50.000. Es liegt ein Angebot einer Unternehmung vor, diese Anlage für 130.000 zu kaufen. Die Abbruchkosten und die Transportkosten in Höhe von 20.000 müssten in diesem Fall vom Verkäufer getragen werden. Der Tageswert der übrigen Maschinen ist 90.000.
- Die Beteiligungen bringen einen Gewinnanteil von 6% von 50.000. Die Hälfte wurde zu Spekulationszwecken angeschafft.
- Die im Betrieb vorhandenen geringwertigen Wirtschaftsgüter haben einen Anschaffungspreis von 10.000 und eine Lebensdauer von 2 Jahren. Sie wurden je zur Hälfte Mitte 19X0 und Mitte 19X1 angeschafft.
- Die Vorräte sind zum Zielpreis angesetzt. Der Lieferant gewährt bei Barzahlung Skonti.
- Die Produkte der Unternehmung werden mit Skontoaufschlag kalkuliert.
- Der Zinssatz beträgt 7% pro Jahr und enthält keine Geldentwertungsrate.

b) Die kalkulatorischen Abschreibungen

Probleme bei der Ermittlung von kalkulatorischen Abschreibungen ergeben sich zunächst, ähnlich wie bei den kalkulatorischen Zinsen, aus Bewertungsfragen, die die Festlegung des Abschreibungsausgangsbetrages betreffen, aber auch bei Abweichungen von der geplanten Nutzungsdauer. Abweichend von den Vorschriften im externen Rechnungswesen werden in der Kostenrechnung die Abschreibungsquoten immer nach den letzten Informationen über die Nutzungsdauer berechnet.

Beispiel 1 (L: S. 155):

a) Ermitteln Sie die jährlichen kalkulatorischen Abschreibungen folgender Maschine für sämtliche Jahre der Nutzungsdauer:

Anschaffungspreis: 100.000, zum Anschaffungstermin geschätzte Nutzungsdauer: 10 Jahre, Restwert: 0, Anschaffungstermin: 1. 1. 19X0

Anfang 19X4 wird in die Maschine ein leistungserhöhendes Aggregat eingebaut und bei dieser Gelegenheit auch eine Generalüberholung vorgenommen, wodurch eine Lebensdauerverlängerung von 2 Jahren erwartet wird. Der Preis des Aggregats, inklusive aller durchgeführten Arbeiten, beträgt 50.000. Anfang 19X6 stellt sich heraus, dass die übrigen Triebwerksteile der erhöhten Beanspruchung durch das neue Aggregat nicht gewachsen waren. Die Anlage hat zu diesem Zeitpunkt nur mehr einen Reproduktionswert von 20.000 und wird nur mehr 2 Jahre genutzt werden können. Die Anlage scheidet am 31. 12. 19X7 aus der Unternehmung aus.

Preisindex des jeweiligen Jahres:

19X0	19X1	19X2	19X3	19X4	19X5	19X6	19X7
100	105	105	110	110	115	115	120

b) Charakterisieren Sie den Unterschied zwischen bilanzieller und kalkulatorischer Abschreibung.

Beispiel 2 (L: S. 156):

Kalkulieren Sie die Abschreibungsquoten der ersten 4 Nutzungsjahre für die nachfolgend gegebene Anlage, wenn degressive Abschreibung von 40% je Jahr vorgenommen werden soll.

Anschaffungswert: 100.000

Preisindex: 100 zum Anschaffungszeitpunkt, dann jährlich um 10 Prozentpunkte steigend.

Beispiel 3 (L: S. 157):

Berechnen Sie die Abschreibungen für das nachfolgend beschriebene Aggregat für alle Jahre der Nutzungsdauer:

Anschaffungswert: 500.000

Das Aggregat wurde Mitte 19X2 angeschafft, mit der Nutzung wurde Anfang 19X3 begonnen. Als voraussichtliche Nutzungsdauer wurden 6 Jahre angegeben. Mitte 19X5 wurde eine Generalreparatur um 60.000 durchgeführt, wodurch auch eine Lebensdauerverlängerung von 2 Jahren erwartet wird. Restwert wird keiner erwartet. Mitte 19X7 kommt ein technisch fortgeschrittenes Aggregat auf den Markt. Die Unternehmungsleitung entschließt sich sofort, dieses Aggregat zu kaufen und damit die vorhandene Anlage ab Mitte 19X8 zu ersetzen. Die alte Anlage kann dann noch zu einem Restwert von 80.000 veräußert werden.

Maschinenpreisindex:

19X2	19X3	19X4	19X5	19X6
165	170	180	185	190

Für die folgenden Jahre wird eine Preissteigerung von jährlich 5% erwartet.

Beispiel 4 (L: S. 157):

In Anlehnung an eine EUROTAX Gebrauchtwagen-Wertschätzung durch den ÖAMTC wurden für einen PKW folgende Daten eingegeben und erhalten:

Anschaffungswert per 01/2001 35.000,

Marktwert per 01/2004 17.000 für Zustandsklasse 2 (nach ÖNORM V5080) und unter der Annahme einer durchschnittlichen Laufleistung von 15.000 km pro Jahr. Da die durchschnittliche Laufleistung pro Jahr aber doppelt so hoch war, wurde eine Laufleistungskorrektur von 3.000 vorgenommen und der aktuelle Zeitwert mit 14.000 (inflationsbereinigt) angegeben.

Berechnen Sie die zeitabhängigen und die leistungsabhängigen Abschreibungen für das Fahrzeug und berechnen Sie die Nutzungsdauer, wenn das Fahrzeug unter den gleichen Bedingungen (30.000 km pro Jahr bei Erhalt der Zustandsklasse 2) so lange gefahren werden soll, bis der Marktwert null beträgt. Geben Sie bekannt, unter welchen Prämissen die Berechnung Gültigkeit hat.

c) Die kalkulatorischen Wagnisse

Beispiel 1 (L: S. 157):

Die Jahresprämie für die Versicherung eines Bürogebäudes gegen Elementarschäden beträgt laut Angebot 12.000.

Wie lässt sich daraus ein in der Kostenrechnung anzusetzendes kalkulatorisches Wagnis ableiten, wenn keine Versicherung abgeschlossen werden soll?

Beispiel 2 (L: S. 158):

Der Gewährleistungsaufwand einer Unternehmung (Umsatz 2 Mio.) beträgt für das vergangene Jahr 2.000.

Die Aufzeichnungen über den Gewährleistungsaufwand der vergangenen Perioden zeigen folgendes Bild (% vom Umsatz):

3%, 2,5%, 3%, 6%, 1 % und als ältesten aufgezeichneten Wert 2%.

Wie hoch ist das in der Kostenrechnung anzusetzende kalkulatorische Wagnis?

3. Integrierende Beispiele zur Transformation von Aufwendungen in Kosten

Beispiel 1 (L: S. 158):

Es sind aus folgenden Aufwendungen für Mai 19XX der Schweißelektroden-AG die Monatskosten zu ermitteln; dabei sind die nachstehenden Angaben zu beachten:

	Aufwendungen
Rohstoffeinsatz	2,000.000
Fertigungslöhne	4,000.000
Hilfslöhne	200.000
Nichtleistungslöhne	800.000
ges. Sozialaufwand und lohnabhängige Abgaben	1,500.000
Gehälter	600.000
ges. Sozialaufwand und gehaltsabhängige Abgaben zu Gehältern	170.000
Abschreibungen	250.000
Zinsen	600.000
elektrische Energie	100.000
sonstige Aufwendungen	700.000

- Der Rohstoffeinsatz ist zu einem gleitenden Durchschnittspreis von 5 je Eh bewertet, der Tagespreis beträgt 5,50.
- Die Nichtleistungslöhne ergeben sich im Jahresdurchschnitt aus folgenden Angaben:

  durchschnittliche Urlaubsdauer: 5 Wochen
  durchschnittliche Krankheitsdauer: 3 Wochen
  Feiertags- u. sonstige Nichtleistungslöhne: 2 Wochen
  Weihnachtsgeld: 4 Wochenlöhne
  Urlaubszuschuss: 4 Wochenlöhne
- Es werden jährlich 15 Gehälter, und zwar jeweils ein zusätzliches im Juni, September und Dezember bezahlt.
- Die in der Buchhaltung ausgewiesenen Abschreibungen beziehen sich auf vor 5 Jahren (Betriebsgründung) beschaffte Anlagen mit einem Anschaffungspreis von 30.000.000, deren Nutzungsdauer für handels- und steuerrechtliche Zwecke mit 10 Jahren angenommen wurde. Tatsächlich (für die Kostenrechnung) wird mit einer Nutzungsdauer von 15 Jahren gerechnet. Der Preis für vergleichbare Anlagen ist jährlich durchschnittlich um 5% gegenüber dem jeweiligen Vorjahr angestiegen.
- Die Zinsaufwendungen beinhalten lediglich die Kreditzinsen. Die Zinsen für das Eigenkapital betragen 800.000.
- Da die Produktion im Mai 19XX etwas unterdurchschnittlich war, liegen die Energieaufwendungen um 20.000 unter den durchschnittlichen monatlichen Aufwendungen.
- In den sonstigen Aufwendungen sind 30.000 an (monatlicher) Grundsteuer enthalten; davon betreffen 10.000 ein landwirtschaftlich genutztes, verpachtetes Grundstück, das sich im Betriebsvermögen befindet.

Beispiel 2 (L: S. 159):

Für eine Unternehmung sind aus den nachstehend angeführten Aufwendungen für den Monat Juni die Kosten zu ermitteln.

Fertigungsmaterial	300.000
Fertigungslöhne und Hilfslöhne	1,000.000
Nichtleistungslöhne	200.000
ges. Sozialaufwand und lohnabhängige Abgaben	360.000
Gehälter	400.000
ges. Sozialaufwand und gehaltsabhängige Abgaben	110.000
Betriebsstoffe	500.000
Abschreibungen	300.000
Fremdkapitalzinsen	120.000
Sonstige Kosten	550.000

- Das Fertigungsmaterial ist zum Lagerverrechnungspreis bewertet. Der Tagespreis liegt derzeit 5% unter dem Lagerverrechnungspreis.

- Die Arbeiter haben durchschnittlich Anspruch auf 5 Wochen Urlaub, 4 Wochenlöhne Urlaubsgeld, 4 Wochenlöhne Weihnachtsgeld; weiters sind je Arbeiter durchschnittlich 1 Woche bezahlte Feiertage und sonstige Nichtleistungstage und 2 Wochen Krankenstand pro Jahr statistisch ermittelt. Das Jahr hat 52 Wochen.
- Die Angestellten haben Anspruch auf 14 Gehälter pro Jahr. Das 13. und 14. Monatsgehalt wird in Form von vierteljährlichen Sonderzahlungen in den Monaten März, Juni, September, Dezember ausbezahlt.
- Unter Betriebsstoffe ist auch der Aufwand für Schweröl verbucht. Im Monat Juni wurde der Schweröltank mit 30.000 Litern aufgefüllt. Der Literpreis beträgt 2 ohne Mehrwertsteuer. Zum Monatsbeginn waren noch 5.000 Liter vorrätig, am Monatsende wurde ein Tankinhalt von 29.000 Litern abgelesen.
- 25.000 der Abschreibungen fallen auf Gebäude, für die ein Tagesneuwert von 24,000.000 und eine Gesamtnutzungsdauer von 50 Jahren angegeben wird.

  Der Rest der Abschreibungen entfällt auf den Maschinenpark. Die kalkulatorisch anzusetzende Nutzungsdauer stimmt mit der zur Berechnung der bilanziellen Abschreibungen herangezogenen Nutzungsdauer überein. Der Maschinenpreisindex war beim Kauf der Anlagen 174 und beträgt jetzt 205.

  Ein Lastkraftwagen, Marktwert derzeit 60.000, vor 6 Jahren angeschafft und bilanziell auf 5 Jahre abgeschrieben, wird noch 1 Jahr genutzt werden können. Dann wird der Restwert allerdings Null betragen.
- Das zinsberechtigte Kapital der Unternehmung beträgt 45,000.000. An Fremdkapital werden davon 15,000.000 ausgewiesen. Die Zinsen auf das Eigenkapital können mit 12% angenommen werden.
- In den sonstigen Kosten sind 100.000 für Instandhaltungen von Wohnungen enthalten. Die Wohnungen sind an betriebsfremde Personen vermietet.

4. Die innerbetriebliche Leistungsverrechnung und die Zuschlagsatzermittlung

Die Kosten für innerbetriebliche Leistungen werden im Zuge der Leistungsverrechnung jenen Kostenstellen zugerechnet, die innerbetriebliche Leistungen konsumieren und bei jenen Kostenstellen in Abzug gebracht, die die Leistungen erbringen. Die den empfangenden Kostenstellen zugerechneten Kosten heißen sekundäre Kosten. Hier werden wichtige Verfahren zur innerbetrieblichen Leistungsverrechnung (Sekundärkostenartenrechnung) wie das Umlageverfahren und das Kostenträgerverfahren demonstriert.

Beim Umlageverfahren werden sämtliche Kosten für innerbetriebliche Leistungen, die eine Kostenstelle erbringt, nach einem Verteilungsschlüssel oder nach in Anspruch genommenen Leistungseinheiten umgelegt.

Beim Kostenträgerverfahren wird zwischen Stelleneinzelkosten und Stellengemeinkosten der innerbetrieblichen Leistung differenziert. Erstere können direkt den empfangenden Stellen zugerechnet werden. Letztere werden über den Gemeinkostenzuschlagsatz, der in der leistenden Stelle ermittelt werden muss, je nach in Anspruch genommenen Bezugsgrößeneinheiten auf die empfangenden Stellen verrechnet.

Beim Stellenausgleichsverfahren, einer Variante des Kostenträgerverfahrens, scheinen die Stelleneinzelkosten der innerbetrieblichen Leistung bei den leistenden Stellen nicht auf, sondern werden direkt bei den empfangenden Stellen erfasst.

Liegt zwischen zwei oder mehreren Kostenstellen gegenseitiger Leistungsaustausch vor, so kann keine Kostenstelle isoliert abgerechnet werden. Zur exakten Zuschlagsatzermittlung muß ein simultaner Ansatz erstellt werden, der so viele (lineare) Gleichungen enthält, als es zu bestimmende Zuschlagsätze gibt. Die Zuschlagsätze sind die Unbekannten im Gleichungssystem.

Zur Zuschlagsatzermittlung müssen für jede Kostenstelle Bezugsgrößen gewählt werden, die als Maßstab für die Kostenverursachung verwendet werden. Ideale Bezugsgrößen verhalten sich proportional zu den variablen Kosten einer Kostenstelle. Häufige Bezugsgrößen in Fertigungsstellen sind Einzelkosten, wie z. B. Fertigungsmaterial, Fertigungslöhne und/oder Fertigungsstunden und/oder Maschinenstunden. Werden die Gemeinkosten einer Kostenstelle durch die entsprechende Bezugsgröße dividiert, so erhält man den Gemeinkostenzuschlagsatz, der Auskunft gibt, wie viele Gemeinkosten einer Kostenstelle durch eine Bezugsgrößeneinheit als verursacht gelten. In der Kostenträgerrechnung muss dann nur noch festgestellt werden, wie viele Bezugsgrößeneinheiten durch einen Kostenträger verursacht werden, um diesem Kostenträger entsprechende Gemeinkosten zuordnen zu können. Bezugsgrößen stellen daher ein Bindeglied zwischen der Kostenstellenrechnung und der Kostenträgerrechnung dar.

Beispiel 1 (L: S. 161):

Ermitteln Sie die Zuschlagsätze für folgende Kostenstellen: Betriebsabrechnungsbogen (BAB) für Monat Juli 19XX:

	Summe	Material-stelle	Fertigungs-stelle A	Fertigungs-stelle B	Verwaltung u. Vertrieb
Fertigungsmaterial	1,000.000	1,000.000			
Fertigungslöhne	3,000.000		1,800.000	1,200.000	
Hilfslöhne	400.000		200.000	200.000	
Nichtleistungslöhne	1,020.000		600.000	420.000	
Ges. Sozialaufwand zu Löhnen und lohnabhängige Abgaben	1,105.000		650.000	455.000	
Gehälter	1,200.000		100.000	100.000	1,000.000
Ges. Sozialaufwand zu Gehältern und gehaltsabhängige Abgaben	240.000		20.000	20.000	200.000
Kalk. Abschreibungen	1,200.000		500.000	600.000	100.000
Kalk. Zinsen	800.000	20.000	300.000	400.000	80.000
Sonst. Kosten	4,000.000	80.000	1,500.000	2,000.000	420.000

Folgende Bezugsgrößen sind zu wählen:

Materialstelle: Fertigungsmaterial

Fertigungsstelle A: Fertigungslöhne

Fertigungsstelle B: differenzierte Bezugsgrößen; Nichtleistungslöhne und Sozialaufwand, soweit sie Fertigungslöhne betreffen, sowie 50% der Position „sonstige Kosten“ werden auf Fertigungslöhne bezogen, der Rest auf Maschinenstunden; es sind insgesamt 2.000 Maschinenstunden angefallen.

Verwaltungs- und Vertriebsstelle: Fertigungskosten.

Beispiel 2 (L: S. 162):

Eine Produktions-AG führt folgende Kostenstellen:

Hauptstelle A, Hauptstelle B, Hilfsstelle r (Reparatur) und Hilfsstelle h (Heizung).

Folgende primäre Kostenarten sind gegeben:

	Kostenstellen			
Kostenarten	Hauptstelle A	Hauptstelle B	Hilfsstelle r	Hilfsstelle h
Fertigungslöhne	700.000	518.000		
Hilfsmaterial für innerbetriebliche Leistungen		4.000	14.000	30.000
Sonstiges Hilfsmaterial	50.000	35.000		
Hilfslöhne	20.000	15.000	40.000	45.000
Sonstige Gemeinkosten	1,100.000	850.000	320.000	450.000

Innerbetriebliche Leistungen mit folgenden Einzelkosten wurden erbracht:

Hauptstelle B	an Hauptstelle A:	Hilfsmaterialverbrauch	4.000
		Fertigungslöhne	6.000
Hilfsstelle r	an Hauptstelle A:	Hilfsmaterialverbrauch	8.000
		Hilfslöhne	22.000
	an Hauptstelle B:	Hilfsmaterialverbrauch	6.000
		Hilfslöhne	18.000
Hilfsstelle h	an Hauptstelle A:	Hilfsmaterialverbrauch	14.000
		Hilfslöhne	21.000
	an Hauptstelle B:	Hilfsmaterialverbrauch	16.000
		Hilfslöhne	24.000

- Es ist die innerbetriebliche Leistungsverrechnung durchzuführen.
- Es sind die Zuschlagsätze für die Hauptkostenstellen zu ermitteln.

Beispiel 3 (L: S. 164):

Gegeben sei folgender Ausschnitt aus einem Betriebsabrechnungsbogen vor Verrechnung der innerbetrieblichen Leistungen.

	Materialstelle	....	F 1	....
Fertigungsmaterial	1,000.000			
Fertigungslöhne			400.000	
Hilfslöhne	20.000		130.000	
Hilfsmaterial	5.000		150.000	
Energie, Betriebsstoffe	3.000		200.000	
kalk. Abschreibungen	6.000		100.000	
kalk. Zinsen (6%)	3.000		50.000	
Sonstige Kosten	30.000		240.000	

Die Kostenstelle F 1 hat für eine zu aktivierende Leistung (Betriebsausstattung) an die Materialstelle folgende Einsätze geleistet: Fertigungslöhne 4.000, Hilfslöhne 6.000, Hilfsmaterial 14.000 und 20 Maschinenstunden.

Beginn der Nutzung in der Materialstelle war Anfang Juli, die Leistung selbst wurde in der ersten Jahreshälfte erbracht, voraussichtliche Nutzungsdauer: 10 Jahre.

Abrechnungsbasis für die empfangende Kostenstelle ist das Fertigungsmaterial.

In der leistenden Stelle werden die Kostenarten Energie, Betriebsstoffe vollständig, kalkulatorische Abschreibungen, kalkulatorische Zinsen zu 80% und Hilfsmaterial, Hilfslöhne und sonstige Kosten zu 50% nach Maschinenstunden, die restlichen Kosten nach Fertigungslöhnen abgerechnet. Insgesamt sind 2.000 Maschinenstunden angefallen.

- Berechnen Sie die Zuschlagsätze für die Materialstelle und für die Kostenstelle F 1.
- Wie hoch sind die Stellengemeinkosten, differenziert nach Zuschlagsbasen und die Einzelkosten in der Kostenstelle F 1 nach Verrechnung der innerbetrieblichen Leistung?

Beispiel 4 (L: S. 165):

Gegeben ist folgender BAB:

	Hauptkostenstelle I	Hauptkostenstelle II	Hilfskostenstelle I	Hilfskostenstelle II
Fertigungslöhne	1,000.000	2,500.000		
Hilfslöhne	100.000	300.000	500.000	300.000
Hilfsmaterial	200.000	250.000	300.000	150.000
sonstige Gemeinkosten	5,000.000	7,000.000	1,000.000	700.000

Als Bezugsgrößen sind zu wählen:

Für die Hauptkostenstellen die Fertigungslöhne, für Hilfskostenstelle I die Hilfslöhne und für Hilfskostenstelle II 10.000 Maschinenstunden.

Bezüglich der innerbetrieblichen Leistungen sind folgende Daten bekannt:

an von	Hauptkosten-stelle I	Hauptkosten-stelle II	Hilfskosten-stelle I	Hilfskosten-stelle II
Hilfskosten-stelle I	HL 150.000 HM 150.000	HL 200.000 HM 100.000	– –	HL 150.000 HM 50.000
Hilfskosten-stelle II	3.000 Std.	4.000 Std.	3.000 Std.	–

Es ist die innerbetriebliche Leistungsverrechnung durchzuführen, und es sind die Zuschlagsätze der Hauptkostenstellen zu ermitteln.

Beispiel 5 (L: S. 166):

Die Kosten einer Unternehmung vor innerbetrieblicher Leistungsverrechnung sind wie folgt auf die Kostenstellen aufgeteilt:

	Material-stelle	Fertigungs-stelle A	Fertigungs-stelle B	Energie-stelle	Haus-verwaltung	Verwaltung u. Vertrieb
Fertigungs-material	2,000.000					
Fertigungs löhne		1,000.000	2.000.000			
Hilfsmaterial		100.000	200.000			
Hilfslöhne		100.000	200.000			
kalk. Ab-schreibung	250.000	2,000.000	3,000.000	100.000	40.000	200.000
sonstige Kosten	250.000	3,000.000	4,000.000	80.000	40.000	300.000

Die Fertigungsstelle A produziert für die Verwaltungs- und Vertriebsstelle Büroeinrichtungen, die 20.000 an Hilfsmaterial und 10.000 an Fertigungslöhnen erfordern. Diese Büroeinrichtungen wurden am 1. 7. d. J. fertiggestellt und der Verwaltungs- und Vertriebsabteilung zur Nutzung übergeben. Die voraussichtliche Nutzungsdauer beträgt 20 Jahre. In den Abschreibungen der Verwaltungs- und Vertriebsstelle sind die neuen Büromöbel nicht berücksichtigt.

Die sonstigen Kosten der Energiestelle resultieren aus 20.000 für Grundgebühren (die wiederum vom Anschlusswert der einzelnen Kostenstellen abhängen) und aus den laufenden Gebühren lt. Tarif von 60.000. Die Anschlusswerte für die einzelnen Kostenstellen betragen:

Mat.-St.: 700 EH, Fst. A: 1.000 EH, Fst. B: 1.500 EH, Hausverwaltung: 200 EH, Verw. u. Vertr.: 600 EH.

Der Energieverbrauch der einzelnen Stellen beträgt:

Mat.-St.: 2.500 EH, Fst. A: 3.000 EH, Fst. B: 4.000 EH, Hausverwaltung: 500 EH, Verw. u. Vertr.: 2.000 EH.

Alle übrigen Gemeinkosten der Energiestelle sind proportional zu den oben angegebenen Anschlusswerten zu verrechnen.

Die Kosten der Hausverwaltung sind proportional zum verbauten Raum, der wie folgt von den einzelnen Kostenstellen in Anspruch genommen ist:

Mat.-St.: 300 m^2, Fst. A: 1000 m^2, Fst. B: 1000 m^2, Energiestelle: 100 m^2, Hausverw.: 50 m^2, Verw. u. Vertrieb: 1600 m^2.

Führen Sie die innerbetriebliche Leistungsverrechnung durch und ermitteln Sie die Zuschlagsätze aller Stellen.

Beispiel 6 (L: S. 169):

Berechnen Sie die Zuschlagsätze für die Kostenstellen des nachstehenden BAB:

	Materialstelle	Fertigungsstelle I	Fertigungsstelle II	Zentralwerkstätte	KFZ-Stelle	Hausverwaltung	Verwaltung und Vertrieb
Fertigungsmaterial	18.000						
Fertigungslöhne		15.000	18.000				
Gehälter				2.000	20.000		
Hilfsmaterial	1.000	3.000	10.000	8.000	3.000		
Hilfslöhne	1.000	4.000	5.000	8.000	15.000	4.000	1.000
Sonstige Gemeinkosten	3.000	15.000	17.000	6.000	4.000	5.000	10.000

Die Materialstelle wird nach Fertigungsmaterial abgerechnet. Fertigungsstelle I nach Fertigungslöhnen. In Fertigungsstelle II werden 50% der Stellengemeinkosten nach Fertigungslöhnen und 50% nach Maschinenstunden – 100 Stunden sind angefallen – abgerechnet. Weiters wird die Zentralwerkstätte nach Hilfslöhnen, die KFZ-Stelle nach km (insgesamt 10.000 km), die Verwaltungs- und Vertriebsstelle nach Herstellkosten und die Hausverwaltung nach m^2 abgerechnet.

Folgende innerbetrieblichen Leistungen sind noch nicht verrechnet worden:

an von	Fertigungsstelle I	Fertigungsstelle II	Zentralwerkstätte	KFZ-Stelle	Verwaltung und Vertrieb
Zentralwerkstätte: Hilfsmaterial Hilfslöhne	 3.000 4.000	 3.000 2.000		 2.000 1.000	 2.000 1.000
Fertigungsstelle II: Hilfsmaterial Fertigungslöhne Hilfslöhne Maschinenstunden	 1.000 2.000 2.000 4h				
KFZ-Stelle: km	 500 km	 1.000 km	 2.000 km	 500 km	 6.000 km
Hausverwaltung: m^2	 2.000 m^2	 3.000 m^2	 1.000 m^2	 1.000 m^2	 3.000 m^2

Beispiel 7 (L: S. 172):

a) Ermitteln Sie die Endkosten der Kostenstellen des tieferstehenden BAB unter Berücksichtigung des innerbetrieblichen Leistungsaustausches:

	Hauptkostenstelle A	Hilfskostenstelle 1	Hilfskosten stelle 2
Fertigungslöhne	3.000		
Gesetzlicher Sozialaufwand und lohnabhängige Abgaben	3.300		
Hilfslöhne		800	2.000
Gesetzlicher Sozialaufwand und lohnabhängige Abgaben		880	2.200
Hilfsmaterial	2.000	4.000	1.000
Kalk. Abschreibungen	6.000	8.000	1.500
Kalk. Zinsen	5.000	6.000	1.000
Sonstige Kosten	4.000	1.000	5.000

Folgende Aufzeichnungen über innerbetriebliche Leistungen wurden gemacht:

an von	Hauptkostenstelle A	Hilfskostenstelle 1	Hilfskostenstelle 2	andere Kostenstellen
Hauptkostenstelle A: Fertigungslöhne Hilfsmaterial				 500 800
Hilfskostenstelle 1: Reparaturstunden Hilfsmaterial	 40 Std. 1.000	 60 Std.	 450 Std. 800	 2.000
Hilfskostenstelle 2: Hilfslöhne	 100	 80		 1.500

Hauptkostenstelle A und Hilfskostenstelle 2 werden nach Löhnen, Hilfskostenstelle 1 nach Reparaturstunden abgerechnet.

b) Die weiterverrechenbaren Hilfslöhne der Hilfskostenstelle 2 können zur Berechnung der innerbetrieblichen Leistungen umgelegt werden, müssen aber nicht. Versuchen Sie nun den zu a) konträren Ansatz; zeigen Sie, dass das Ergebnis natürlich dasselbe ist, und kommentieren Sie den Unterschied im Verrechnungspreis für die Verrechnungsgröße Hilfslöhne in Hilfskostenstelle 2.
c) Warum gilt die unter b) angesprochene Wahlmöglichkeit nicht für das Hilfsmaterial der Hilfskostenstelle 1?

Beispiel 8 (L: S. 173):

Gegeben sei folgender Ausschnitt eines Betriebsabrechnungsbogens:

	Fertigungs-stelle B	Hilfs-stelle 1	Hilfs-stelle 2	Verwaltung und Vertrieb	andere Kostenstellen
Fertigungslöhne	5.000				...
Nichtleistungslohn, Ges. Soz.aufw., …	5.500				...
Hilfsmaterial	15.000	9.000	13.000	6.000	...
Sonstige Kosten	70.000	14.000	30.000	60.000	...

Fertigungsstelle B wird nach Fertigungslöhnen abgerechnet, Hilfsstelle 1 nach m^2 und Hilfsstelle 2 nach Leistungseinheiten (LE, z. B.: Energiebezug).

Fertigungsstelle B hat für die Verwaltungs- und Vertriebsstelle eine aktivierungspflichtige Leistung (Bau eines Lagers) erbracht. Auf diese Leistung entfallen $^1/_5$ der Fertigungslöhne und Hilfsmaterial von 5.000 der Stelle B. Die Nutzungsdauer wird mit 10 Jahren angenommen, mit der Nutzung wurde 1. oder 2. Hälfte der betrachteten Periode begonnen.

Angaben für die Verrechnung der Hilfsstellen:

an / von	FS B	HS 1	HS 2	V+V	andere Kostenstellen
HS 1 (m^2)	700	200	300	300	1.000
HS 2 (LE)	300	30	10	70	400

a) Führen Sie die innerbetriebliche Leistungsverrechnung durch und verwenden Sie im Bereich der Hilfskostenstellen den simultanen Ansatz.
b) Ermitteln Sie den Zuschlagsatz für die Fertigungsstelle B.
c) Ermitteln Sie die Endkosten der Verwaltungs- und Vertriebsstelle und die sekundären Kosten für den Bereich „andere Kostenstellen“.
d) Zeigen Sie, zu welchem Ergebnis das Stufenumlageverfahren für die innerbetriebliche Leistungsverrechnung der Hilfskosten führt (ohne nachfolgender Ermittlung der Endkosten in den anderen Kostenstellen). Ordnen Sie dabei die Hilfskostenstellen in der Reihenfolge HS 1 und HS 2.

5. Die Platzkostenrechnung

Das Problem der Wahl entsprechender Bezugsgrößen wird durch eine feinere Kostenstellengliederung erleichtert. Andererseits entstehen jedoch durch eine differenziertere Kostenstellengliederung Schwierigkeiten bei der Verteilung der Primärkosten bzw. Stelleneinzelkosten auf die einzelnen Kostenstellen bzw. Kostenplätze. Werden z. B. für mehrere Maschinen jeweils eigene Kostenstellen gebildet, und ist für diese Maschinen ein Meister zuständig, so stellt sich unter anderem das Problem der verursachungsgerechten Zuteilung des Meistergehalts auf die einzelnen Kostenstellen. Es gibt grundsätzlich zwei Lösungsmöglichkeiten:

- Es werden mehrere Kostenstellen gebildet. Für die nicht eindeutig und vollständig zuordenbaren (Primär-)Kosten wird eine zusätzliche Bereichskostenstelle gebildet, deren Kosten im Zuge der innerbetrieblichen Leistungsverrechnung umgelegt werden.
- Es werden größere Kostenstellen gebildet. Dabei wird jedoch versucht, möglichst viele Stelleneinzelkosten kleineren Einheiten – so genannten Kostenplätzen – verursachungsgerecht zuzuordnen, für die jeweils eigene Bezugsgrößen festgesetzt werden. Die den Kostenplätzen nicht direkt zuzuordnenden Gemeinkosten werden auf sämtliche Bezugsgrößeneinheiten verteilt. Diese Vorgangsweise wird als „Platzkostenrechnung" bezeichnet, die anhand der folgenden Beispiele dargestellt wird.

Siehe dazu auch die Ausführungen zur Kostenstellenbildung Kap. II. B. 4. und Abschnitt B1.

Beispiel 1 (L: S. 175):

Ermitteln Sie die Maschinenstundensätze der Maschinen A und B der Kostenstelle F für das Jahr 19X4.

Der Preisindex zeigt folgenden Verlauf:

1. 1. 19X0	1. 1. 19X1	1. 1. 19X2	1. 1. 19X3	1. 1. 19X4
100%	105%	110%	115%	120%

Die Maschine A wurde am 1. 1. 19X0 in Betrieb genommen, der Anschaffungspreis betrug 200.000, ihre Nutzungsdauer wurde ursprünglich mit 10 Jahren angenommen. Die Maschine B ist erst 2 Jahre im Betrieb. Ihr Anschaffungspreis betrug 400.000, ihre Nutzungsdauer wurde von der Lieferfirma mit 8 Jahren angegeben. Am Gebrauchtanlagenmarkt wurde eine zwei Jahre alte Maschine vom Typ der Maschine B zum Stichtag 1. 1. 19X4 mit 360.000 gehandelt.

Der kalkulatorische Zinssatz der Unternehmung wurde mit 5% ermittelt.

Folgende Daten stehen noch zur Verfügung:

	Maschine A	Maschine B
Betriebsstunden für 19X4	6.000 Stunden	4.000 Stunden
Energie	20.000	15.000
Betriebsstoffe	8.000	10.000
Reparatur und Instandhaltung	12.000	5.000
Hilfslöhne	8.000	10.000

Außerdem laufen für 19X4 noch 200.000 an sonstigen Gemeinkosten an.

Beispiel 2 (L: S. 175):

Für das Jahr 19X6 sind der Fertigungslohngemeinkostenzuschlagsatz sowie die Maschinenstundensätze der Maschinen A und B für die Kostenstelle F – nach Vervollständigung der unten stehenden Kostenaufstellung – zu ermitteln.

Kostenstelle F:

Fertigungslöhne	20.000
Hilfslöhne	10.000
Nichtleistungslöhne, gesetzlicher Sozialaufwand und lohnabhängige Abgaben zu den Leistungslöhnen	15.000
Hilfsmaterial	4.000
Energie	5.000
Kalkulatorische Abschreibungen und kalkulatorische Zinsen der Maschine A	...
Kalkulatorische Abschreibungen und kalkulatorische Zinsen der Maschine B	...
Kalkulatorische Kosten der restlichen Vermögensgegenstände	6.000

Die Nichtleistungslöhne, der gesetzliche Sozialaufwand und die lohnabhängigen Abgaben – soweit sie die Fertigungslöhne betreffen – sowie 50% des Hilfsmaterials werden nach Fertigungslöhnen abgerechnet.

Alle anderen Kostenarten werden auf Maschinenstunden bezogen. Insgesamt sind 600 Stunden – davon 400 auf Maschine A und der Rest auf B angefallen.

Weiters ist bekannt, dass von den Hilfslöhnen 30% der Maschine A und 50% der Maschine B zuzurechnen sind und dass von den Energiekosten 40% auf die Maschine A und 20% auf die Maschine B entfallen.

Maschine A wurde vor 4 Jahren angeschafft und hat 20.000 gekostet. Die Lebensdauer wurde damals mit 10 Jahren geschätzt, tatsächlich wird die Maschine nur mehr 2 Jahre verwendet werden können und hat dann keinen Restwert mehr.

Der Anschaffungswert der Maschine B, die Anfang 19X4 gekauft wurde, betrug 40.000; als Lebensdauer wurden damals 5 Jahre angegeben. Restwert ist keiner zu erwarten. Gegenwärtig werden vergleichbare Maschinen dieses Alters mit 30.000 gehandelt.

Der Maschinenpreisindex zeigt folgenden Verlauf:

19X2	19X3	19X4	19X5	19X6
160	165	168	175	180

Für die Unternehmung wurde ein kalkulatorischer Zinssatz von 10% ermittelt.

6. Die Zuschlagskalkulation

Beispiel 1 (L: S. 177):

Auf Grund des vorgegebenen Betriebsabrechnungsbogens

a) sind die Kosten der Reparaturstelle auf die übrigen Stellen zu verteilen,
b) sind die Zuschlagsätze für die Hauptstellen zu berechnen,
c) ist das Produkt K zu kalkulieren.

Betriebsabrechnungsbogen vor der innerbetrieblichen Leistungsverrechnung:

	Material-stelle	Reparatur-stelle	Ferti-gungs-stelle A	Ferti-gungs-stelle B	Verwal-tung und Vertrieb
Fertigungsmaterial	800.000				
Betriebsstoffe		100.000	10.000	20.000	
Fertigungslöhne			300.000	200.000	
Hilfslöhne		60.000			
Gehälter (mit gesetzlichem Sozialaufwand)	10.000	4.000	8.000	6.000	60.000
Gesetzlicher Sozial-aufwand zu Löhnen		12.000	60.000	40.000	
Sonstige Kosten	2.000	4.000	16.000	14.000	28.000

zu a)

Die Reparaturstelle war für die Materialstelle 400 Stunden, für die Fertigungsstelle A 4.000 Stunden und für die Fertigungsstelle B 2.800 Stunden tätig.

zu b)

Die Fertigungsstelle A rechnet nach Fertigungslöhnen, die Fertigungsstelle B nach Maschinenstunden ab. In Stelle B fallen insgesamt 10.000 Maschinenstunden an.

zu c)

Daten für die Kalkulation des Produkts K:

Fertigungsmaterial 400

Fertigungslöhne in Stelle A 250

Fertigungslöhne in Stelle B 200

Maschinenstunden in Stelle B 20

10% Gewinnaufschlag von den Selbstkosten (ohne Erlösschmälerungen)

20% Mehrwertsteuer

3% Skontoaufschlag

20% Rabatt

Beispiel 2 (L: S. 178):

Die Firma Franz Mayer OHG weist für das Jahr 19XX folgenden Betriebsabrechnungsbogen zu Vollkosten auf:

	Summe	Hilfsstelle Heizung h	Hilfsstelle Reparatur r	Material-stelle M	Fertigungs-stelle F	Verwaltung und Vertrieb V
Fertigungs-material	600.000			600.000		
Hilfsmaterial	40.000	5.000	25.000		8.000	2.000
Fertigungslöhne	900.000				900.000	
Hilfslöhne	200.000	30.000	80.000	25.000	50.000	15.000
Gehälter (mit Sozialaufwand)	350.000	25.000	30.000	60.000	160.000	75.000
Gesetzlicher Sozialaufwand zu Fertigungslöhnen	180.000				180.000	
Gesetzlicher Sozialaufwand zu Hilfslöhnen	40.000	6.000	16.000	5.000	10.000	3.000
Sonstige Gemeinkosten	1,210.000	214.000	119.000	90.000	602.000	185.000
Summen (ohne Einzelkosten)	2,020.000	280.000	270.000	180.000	1,010.000	280.000

Zusätzliche Angaben:

- Das Heizhaus lieferte im Abrechnungszeitraum 1,4 Millionen Wärmeeinheiten (kcal) Heizleistung, wobei diese Leistung von den Kostenstellen Reparatur, Materialstelle, Fertigungsstelle und Verw.- und Vertriebsstelle im Verhältnis 2 : 3 : 7 : 2 verbraucht wurde (insgesamt 14 Leistungseinheiten à 100.000 kcal).
- Die Reparaturstelle erbrachte 3500 Reparaturstunden, die in den Kostenstellen Heizung, Materialstelle und Fertigungsstelle im Verhältnis 1 : 2 : 4 angefallen waren (insgesamt 7 Leistungseinheiten à 500 Stunden).

a) Führen Sie die innerbetriebliche Leistungsverrechnung mit Hilfe eines simultanen Gleichungssystems durch.

b) Berechnen Sie die Zuschlagsätze der einzelnen Kostenstellen, wobei folgende Zuschlagsbasen gewählt werden sollen:
Materialstelle: Fertigungsmaterialkosten
Fertigungsstelle: 50% der Gemeinkosten sind lohnabhängig, 50% der Gemeinkosten werden den Maschinenstunden zugerechnet. Insgesamt fielen 10.000 Maschinenstunden an.
Verw.- und Vertriebsstelle: Als Zuschlagsbasis für diese Stelle sind die Fertigungskosten zu wählen.

c) Ermitteln Sie den erzielbaren Gewinn für Produkt P.
Folgende Daten für die Kalkulation seien gegeben:
Fertigungsmaterial 200
Fertigungslohn 100
Das Produkt P wird in der Fertigungsstelle in 4 Maschinenstunden bearbeitet.
20% Mehrwertsteuer, 20% Rabatt, 3% Skonto
Bruttoverkaufspreis (BVP) = 1.500

III. Teilkostenrechnungen

A. Die Istkostenrechnung zu variablen Kosten (Grenzkostenrechnung)

1. Die Nachteile der Vollkostenrechnung

Die Vollkostenrechnung ist dadurch charakterisiert, dass alle entstandenen Kosten entweder direkt oder durch Zuschläge (nach Einschaltung von Kostenstellen) den Produkten zugerechnet werden. Als Resultat ergeben sich Kosten pro Stück (Leistungseinheit), die man bei Preisberechnungen neben einem Gewinnzuschlag in ein Kalkulationsschema einsetzt. So bestechend das Verfahren der Vollkostenrechnung sein mag – man denke an die weitverbreitete Auffassung, dass jedes Produkt wohl definierte und ermittelbare Stückkosten habe –, so wenig fundiert ist es. In der Vollkostenrechnung wird nämlich verschleiert, dass viele Kostenarten nur willkürlich den Produkten zugerechnet werden können und die Kosten in sehr unterschiedlichem Ausmaß von den Entscheidungen über Produktionsprogramm und Produktmengen abhängen. Eine Gliederung der Kostenarten im Hinblick auf ihre Abhängigkeit von Produktionsentscheidungen in variable und fixe Kosten führt bereits zu einer entscheidenden Verbesserung der Ausagefähigkeit der Kostenrechnung.

Die variablen Kosten (auch Leistungskosten, direkte Kosten und Mengenkosten genannt) sind Kosten, die auch bei sehr kleiner Änderung der Produktmenge variieren, wie z. B. der Akkordlohn, die Materialkosten, die Kosten des Stromverbrauchs oder des Hilfsmaterials. Die variablen Kosten können proportional zur Produktmenge sein; die variablen Kosten je Produkteinheit sind dann unabhängig von der Produktmenge. Sie können aber auch progressiv bzw. degressiv sein. Im ersten Fall nehmen sie mit steigender Produktmenge pro Einheit zu (z. B. Lohnkosten, wenn bei steigender Produktmenge Überstunden geleistet werden müssen), im letzteren Fall dagegen ab (z. B. Lohnkosten bei Zeitlohn, wenn bei steigender Produktmenge die Arbeitsgeschicklichkeit wächst). Für die Zwecke der Kostenrechnung ist häufig ausreichend, die variablen Kosten als proportional anzunehmen.

Fixe Kosten (Bereitschaftskosten, Zeitkosten) entstehen durch die Ausstattung der Unternehmung mit Personal und sonstigen Produktionsfaktoren. Fixe Kosten sind z. B. Gehälter von Angestellten, Anlagenabschreibungen infolge technischer Überholung und nicht nutzungsbedingten Verschleißes, Versicherungsprämien, Vermögensteuer. Fixe Kosten entstehen unabhängig davon, ob eine gegebene Kapazität vollständig oder teilweise ausgenützt wird oder ob mit gegebener Kapazität vorwiegend Produkt A oder vorwiegend Produkt B erzeugt wird. Kleine Änderungen der Produktmengen führen daher nicht automatisch zu Änderungen der fixen Kosten. Nur bedeutsame Änderungen in den Produktionsmengen oder im Produktionsprogramm führen zu (sprunghaften) Änderungen der fixen Kosten, z. B. infolge Anschaffung weiterer Maschinen.

In der Vollkostenrechnung werden die fixen Kosten ebenso wie die variablen – wenn auch möglichst verusachungsgerecht – auf die Kostenträger verteilt, d. h.

proportionalisiert. Je größer der Anteil der fixen Kosten an den Gesamtkosten ist, desto weniger geben die durch die Umlage der Fixkosten ermittelten Stückkosten Auskunft über die bei Produktmengenänderung wegfallenden oder hinzukommenden Kosten; umso gefährlicher ist ihre Anwendung für die Preispolitik, wie folgendes Beispiel aufzeigen soll.

Für zwei Reparaturwerkstätten (A und B), die im Jahre 1957 ungefähr gleiche Kostenhöhe, gleiches Verhältnis von fixen und proportionalen Kosten und gleiche Preise aufweisen, wurde zu Jahresende ein Verlust festgestellt. Den jährlichen Kosten von je 200.000,– standen Erlöse von nur 190.000,– gegenüber. Der Leiter der Werkstätte A fasste nun den Entschluss, die Preise um 10% zu erhöhen, auch um den Preis eines geringen Umsatzrückganges; er rechnete offensichtlich damit, dass sich mit zurückgehendem Umsatz auch die Kosten in einem ungefähr gleichen Verhältnis vermindern würden. Der Leiter der Werkstätte B dagegen untersuchte vorerst die im vergangenen Jahr entstandenen Kosten und stellte fest, dass 70% der Kosten von 200.000,– fix waren, d. h. in keinem direkten Bezug zu den erbrachten Leistungen standen. Sie würden im nächsten Jahr auch bei erhöhter Leistung in etwa gleicher Höhe anfallen. Er entschloß sich daher, die Preise um 10% zu senken, um die Auftragslage zu verbessern.

Die Folge der Politik der Werkstätte A war, dass die Aufträge um 20% zurückgingen. Ihre Erlöse hätten daher bei alten Preisen 190.000,– minus 20%, d. s. 152.000,–, betragen, tatsächlich betrugen sie infolge der Preiserhöhung von 10% 167.200,–. Auch einige Kosten verringerten sich um 20%, allerdings nur die variablen Kosten von 60.000,–, die auf 48.000,– fielen, während die Fixkosten unverändert 140.000,– betrugen. Den Gesamterlösen von 167.200,– standen daher Aufwendungen von 188.000,– gegenüber; der Verlust von 20.800,– übertraf den Verlust des vergangenen Jahres um 10.800,–.

Die Preispolitik der Werkstätte B resultierte dagegen in einer Auftragssteigerung von 30%. Die Erlöse betrugen daher (trotz der Preisminderung von 10%) 222.300,–, während nur die proportionalen Kosten um 30%, d. h. um 18.000,–, zunahmen. Den Erlösen von 222.300,– standen somit Aufwendungen von 218.000,– gegenüber, es entstand ein Gewinn von 4.300,–.

Dieses bereits in ähnlicher Form im Jahre 1930 von Schmalenbach den Betrieben vorgehaltene Beispiel zeigt – in allerdings übertriebener und vereinfachter Weise –, dass die Unterscheidung in fixe und variable Kosten für eine Kostenrechnung, die preispolitischen Zwecken dient, sehr wichtig ist. Häufig wurden Erzeugnisse aufgelassen, für die in der Kostenrechnung ein Verlust ausgewiesen wurde. Die Folge war, dass der Gewinn des Betriebes nicht – wie erwartet – anstieg, sondern zurückging: Fixkosten, die ursprünglich dem „verlustbringenden" Produkt zugerechnet wurden, fielen weiter an und wurden den anderen Produkten verrechnet.

2. Die Einsatzmöglichkeiten der Grenzkostenrechnung für die Preispolitik

Als Grenzkostenrechnung (amerikanisch: direct costing) soll eine Kostenrechnungsform bezeichnet werden, in der die variablen Kosten von den fixen Kosten getrennt und nur die ersteren den Produkten zugerechnet werden. Die

Kurzbezeichnung „Grenzkostenrechnung“ wird gewählt, weil sich der Ausdruck „Grenzplankostenrechnung“ für eine Kostenrechnung, in der variable und fixe Plankosten gesondert verrechnet werden, in Literatur und Praxis durchgesetzt hat. Es darf jedoch nicht übersehen werden, dass die Grenzkosten der Produktions- und Kostentheorie (= Steigerung der Gesamtkostenkurve = Anstieg der Kosten bei einer sehr kleinen Änderung der Produktmenge pro Produkteinheit) nur in Sonderfällen mit den variablen Kosten, die hier als Grenzkosten bezeichnet und zumeist als proportional unterstellt werden, identisch sind.

Variable wie fixe Kosten können nach verschiedenen Gesichtspunkten weiter differenziert werden. Auf solche Differenzierungen soll erst in späteren Abschnitten eingegangen werden. Kapitel III. A. ist somit Kostenrechnungen vorbehalten, die eine (grobe) Gliederung der Kosten in variable und fixe Kosten vornehmen. Vorerst wird gezeigt, welche Vorteile die Trennung der variablen und fixen Kosten für die Preispolitik bietet. In Abschnitt A. 3 werden die Schwierigkeiten einer solchen Kostenzerlegung aufgezeigt. Ein zusammenfassendes Beispiel zur Demonstration der Abrechnungstechnik der Grenzkostenrechnung enthält Abschnitt A. 4.

Die Einsatzmöglichkeiten der Grenzkostenrechnung für die Preispolitik sollen zunächst anhand eines Beispiels erklärt werden. Bei dessen Ausführung ist zu beachten, dass es nicht darauf ankommt, den Bruttogewinn oder Nettogewinn je Produktart isoliert zu maximieren; die Gesamtheit der Produkte soll einen entsprechend hohen Bruttogewinn erbringen, der den Block der Fixkosten deckt und in einem maximalen oder angemessenen Nettogewinn resultiert.

Beispiel:

Die Nachkalkulation mit Vollkosten für die Produkte A und B eines Zweiproduktunternehmens zeigt folgendes Bild:

	Summe	Produkt A	Produkt B
Fertigungslöhne u. Fertigungsmaterial	1,000.000	400.000	600.000
Gemeinkosten	1,500.000	500.000	1,000.000
Summe	2,500.000	900.000	1,600.000
Erzeugungsmenge		100.000 St.	100.000 St.
Kosten pro Erzeugnis		9,–	16,–
Preis pro Erzeugnis		12,–	13,–
Nettoergebnis pro Erzeugnis		3,–	– 3,–

Wenn man aus den Gemeinkosten die fixen Kosten von 1,000.000,– aussondert, so ergeben sich folgende Ansätze einer Grenzkostenrechnung:

	Summe	Produkt A	Produkt B
Fertigungslöhne u. Fertigungsmaterial	1,000.000	400.000	600.000
proportionale Gemeinkosten	500.000	200.000	300.000
Summe der prop. Kosten	1,500.000	600.000	900.000
Erzeugungsmenge		100.000 St.	100.000 St.
Kosten pro Erzeugnis		6,–	9,–
Preis pro Erzeugnis		12,–	13,–
Bruttogewinn (Margin) pro Erzeugnis		6,–	4,–

a) Es soll vorerst angenommen werden, dass Unterbeschäftigung herrscht, dass somit bei gegebener Kapazität die Erzeugungsmengen aller Produkte gesteigert werden können.

aa) Betrachtet man die Abrechnung mit Vollkosten, so ergibt sich, dass Produkt B mit einem Nettoverlust von 3,– verkauft wird, während Produkt A mit einem Nettogewinn von 3,– abgesetzt werden kann. Man könnte daher geneigt sein, Produkt A gegenüber Produkt B zu forcieren. Dass diese Maßnahme nachteilig wäre, geht aus der Abrechnung zu proportionalen Kosten hervor: Beide Produkte erbringen einen positiven Bruttogewinn und tragen daher zur Deckung der Fixkosten bei. An beiden Produkten besteht daher Interesse. Würde man Produkt B auflassen und könnte man keine Fixkosten abbauen, so müsste man Produkt A zusätzliche Fixkosten von 700.000,– anrechnen, die Stückkosten von A würden somit auf 16,– ansteigen. Verallgemeinernd gilt, dass jene Produkte eines Betriebes, die vorwiegend in schlecht beschäftigten Abteilungen gefertigt werden, verhältnismäßig mehr Fixkosten zugewiesen erhalten als Produkte, die vorwiegend in gut beschäftigten Abteilungen erzeugt werden. Erstere Produkte werden daher in der Vollkostenrechnung zu ungünstig ausgewiesen.

bb) Die Frage, bis zu welchem Preis man überhaupt herabgehen könnte, d. h. bei welchem Preis es günstiger zu werden beginnt, die Erzeugung eines Produktes einzustellen bzw. einen Betrieb stillzulegen, kann ebenfalls mit Hilfe der Grenzkostenrechnung besser beantwortet werden. Bei Produkt A ist 6,– (= die proportionalen Kosten) die Preisuntergrenze, bei Produkt B 9,–. Selbst wenn man für Produkt A infolge ungünstiger Marktverhältnisse nur 7,– erzielen könnte, wäre eine Erzeugung günstiger als die Einstellung der Produktion, da jedes Produkt noch 1,– zur Fixkostendeckung beisteuern würde. Dadurch lässt sich erklären, wenn etwa Frächter manchmal jahrelang zu Preisen fahren, die die Vollkosten nicht decken, und erst, wenn der Ersatz des Fahrzeuges unumgänglich wird, den Betrieb stillegen: durch die ungünstigen Preise werden die variablen Kosten gedeckt und ein kleiner Bruttogewinn zur Deckung der Lebenshaltungskosten erzielt. Allerdings kann eine Einstellung der Produktion eines Produktes auch bei einem erzielbaren Preis, der die variablen Kosten pro Einheit übersteigt, vorteilhaft sein, wenn bei Erzeugungseinstellung fixe Kosten abgebaut werden können. So ist eine Einstellung der Produktion von Produkt A günstig, wenn der Preis nur 7,– beträgt und bei Einstellung Fixkosten von 150.000,– abgebaut werden können, z. B. durch Verkauf von Spezialaggregaten, die nur für die Produktion von A benötigt werden. Den abbaubaren Fixkosten von 150.000,– stehen nämlich entgehende Bruttogewinne von nur 100.000,– gegenüber. Bei Entscheidungen über Weiterproduktion oder Erzeugungseinstellung eines Produktes ist weiters der Einfluss auf den Absatz anderer Produkte zu beachten.

Erwägt man nur eine vorläufige Produktionseinstellung – die Produktion des betreffenden Produktes soll bei einer Besserung der Preissituation wiederaufgenommen werden –, so sind bei der Entscheidung zu beachten: die bei Weitererzeugung erzielbaren Deckungsbeiträge, die Kosten der Produktionseinstellung, die bei Produktionseinstellung abbaubaren fixen Kosten, die bei

Wiederaufnahme der Produktion anfallenden Ingangsetzungskosten und die (negativen) Wirkungen der Produktionseinstellung auf den für die Unternehmung relevanten Absatzmarkt.

Für Entscheidungen über endgültige oder vorläufige Produktionseinstellungen ist nicht nur interessant, ob fixe Kosten überhaupt abbaubar sind, sondern auch, innerhalb welcher Frist dies möglich ist. Falls obige Fixkosten von 150.000,– erst nach 6 Monaten abgebaut werden können, empfiehlt es sich, Produkt A erst nach dieser Frist einzustellen.

Stellt man die Frage, bei welcher Produktionsmenge (Absatzmenge) bei gegebenem Preis die Bruttogewinne die fixen Kosten decken, liegt eine Break-even-Analyse (Gewinnschwellenanalyse) vor. Die Produkt B zugerechneten Fixkosten betragen 700.000,–, der Deckungsbeitrag je Einheit beträgt 4,–. Daher wäre eine Absatzmenge von 700.000,–/4 = 175.000 zur Abdeckung der Fixkosten notwendig. Voraussetzung ist, dass keine sprungfixen Kosten entstehen, wenn die Produktionsmenge von 100.000 auf 175.000 steigt. Ab einer Produktionsmenge von 175.000 würde Nettogewinn entstehen.

cc) Die Frage, ob Voll- oder Grenzkostenrechnung zu einer optimalen Preispolitik verhelfen kann, soll anhand einer zusätzlichen Annahme behandelt werden. Obiger Betrieb könnte durch Reduzierung des Preises des Produktes A um 1,80 (d. h. von 12,– auf 10,20) die Produktionsmenge auf 200.000 Stück erhöhen. Wenn nun die Vollkostenrechnung zu Rate gezogen wird, so zeigt sich, dass beim gegenwärtigen Preis ein Nettogewinn von 3,– pro Stück, das heißt von 300.000,– für die gesamte Produktion erzielt wird. Nach Preissenkung – so könnte man schließen – würde der Nettogewinn nur noch 1,20 pro Einheit, insgesamt also 240.000,– betragen. Die Zahlen der Vollkostenrechnung würden daher empfehlen, den Preis von 12,– aufrechtzuerhalten. Eine solche Argumentation ist offensichtlich nicht adäquat, da die Konstanz der Fixkosten unbeachtet bleibt.

Die Grenzkostenrechnung dagegen lässt diese Frage exakt beantworten: Bei einer Erzeugungsmenge von 100.000 Stück entsteht ein Bruttogewinn von 600.000,–. Bei der in Erwägung gezogenen Preiskorrektur um 1,80 würde der Margin von 6,– auf 4,20 absinken. Der gesamte Bruttogewinn würde sich aber auf 840.000,– (200.000 Einheiten mal 4,20) erhöhen. Die Preissenkung ist daher vorteilhaft (unter der Voraussetzung, dass sie nicht Nachteile für die zukünftige Preispolitik bewirkt). Wenn die Absatzmengen der von der Unternehmung angebotenen Güter voneinander abhängen, wenn z. B. eine Erhöhung der Absatzmenge des Produktes A in einer Erhöhung oder Verminderung der Absatzmenge des Produktes B resultiert, kann nicht für jedes Produkt isoliert der günstigste Preis ermittelt werden; die Preise des Produktbündels müssen aufeinander abgestimmt werden. Dies gilt auch, wenn gleiche Güter auf unterschiedlichen Märkten, zu verschiedenen Zeiten usw. zu unterschiedlichen Preisen angeboten werden sollen (Preisdifferenzierung).

dd) Bei Unterbeschäftigung liefert die Grenzkostenrechnung auch adäquate Daten für die Entscheidung, ob Zusatzaufträge angenommen werden sollen.

Die Annahme jedes Auftrages, dessen Erlös die variablen Kosten überdeckt, ist vorteilhaft. Voraussetzung ist auch hier, dass Zusatzaufträge keine negativen Auswirkungen auf die Erlöse aus gegenwärtigen und zukünftigen sonstigen Aufträgen haben.

ee) Bei Unterbeschäftigung werden die durchschnittlichen Vollkosten pro Produkteinheit von kapitalintensiven Produktionsverfahren oft höher sein als diejenigen von alternativen arbeitsintensiven Verfahren, da die höheren Fixkosten der erstgenannten Anlagen auf eine relativ geringe Leistungsmenge verteilt werden. Die variablen Kosten je Einheit der kapitalintensiven Verfahren werden jedoch infolge der größeren Produktionsgeschwindigkeit häufig geringer sein. Wenn eine Unternehmung gleichzeitig kapitalintensive und arbeitsintensive Verfahren einsetzen kann, ist in solchen Fällen der Einsatz der kapitalintensiven Anlagen zweifellos vorteilhafter, er wird durch die Grenzkostenrechnung nahegelegt. Eine Entscheidung nach den Daten der Vollkostenrechnung hätte dagegen den vorzugsweisen Einsatz der arbeitsintensiven Verfahren zur Folge; es würden dann neben den ohnehin nicht beeinflussbaren Fixkosten für die kapitalintensiven Verfahren höhere variable Kosten aus dem Einsatz der arbeitsintensiven Verfahren entstehen. Die Verfahrenswahl ist nicht ohne Bedeutung für die Preispolitik. Der Einsatz von Verfahren mit niedrigeren variablen Kosten je Einheit senkt die Preisuntergrenze und macht Preissenkungen, die mit einer Erhöhung der Absatzmenge verbunden sind, eher vorteilhaft.

b) Es ist ersichtlich, dass die Grenzkostenrechnung bei Unterbeschäftigung adäquatere Daten für die Preisentscheidungen liefert als die Vollkostenrechnung. Bei Überbeschäftigung, wenn Engpässe in Form von ausgelasteten maschinellen Kapazitäten, Mangel an Arbeitskräften, Rohstoffknappheit bestehen, genügt es nicht mehr, nur die variablen Kosten und die bei alternativen Preisen erzielbaren Absatzmengen der Produkte zur Preisentscheidung heranzuziehen. Es muss auch beachtet werden, in welchem Ausmaß die Produkte die Engpässe belasten. Bei Überbeschäftigung kann daher von vornherein nicht festgestellt werden, ob es günstiger ist, Daten einer Vollkostenrechnung oder einer Grenzkostenrechnung (ohne Engpassberücksichtigung) für preispolitische Entscheidungen heranzuziehen: beide Rechnungen geben die für die Preispolitik relevanten Einflussgrößen unvollständig oder verzerrt wieder. Adäquat ist nur eine Grenzkostenrechnung mit Engpassberücksichtigung.

In komplizierten Fällen, vor allem, wenn zahlreiche (mögliche) Engpässe gegeben sind, können die optimalen Preise und Produktmengen dadurch ermittelt werden, dass die variablen Kosten, die möglichen Preise je Produkt mit den ihnen entsprechenden Absatzmengen und die Daten über die potentiellen Engpässe in ein Entscheidungsmodell eingehen, das mit Methoden des Operations Research (z. B. der Simplex-Methode) gelöst wird. Darauf wird hier nicht eingegangen. In vielen Fällen genügt es, die Auswirkungen von Engpässen vor allem auf Preisentscheidungen durch relativ einfache Überlegungen zu erfassen. Dies soll durch die Fortsetzung obigen Beispiels und anschließend durch

Überlegungen zur Preis- und Auftragsannahmepolitik bei Auftragsfertigung gezeigt werden.

aa) Vorerst soll wieder entschieden werden, welches der beiden Produkte, A oder B, zu forcieren ist. Da Überbeschäftigung herrscht, bewirkt die Mehrerzeugung eines Produktes eine Minderung der Menge des zweiten Produktes. Man kann nun nicht aus dem höheren Bruttogewinn von A auf die größere Förderungswürdigkeit dieses Produktes schließen. Wenn angenommen wird, dass nur ein Engpass in Form einer Maschine besteht, die für die Fertigung einer Einheit des Produktes A zwei Stunden, für die Fertigung einer Einheit des Produktes B dagegen nur eine Stunde eingesetzt wird, so ist das Produkt B zu forcieren. Denn pro Engpassstunde können bei Fertigung von B 4,– an Bruttogewinn erzielt werden, bei Fertigung von Produkt A dagegen nur 3,–. Der Bruttogewinn je Engpasseinheit, der durch das ungünstigste den Engpass noch durchlaufende Produkt bei einem gegebenen Produktionsprogramm erzielt wird, heißt Grenzerfolg (hier 3,– je Maschinenstunde).

bb) Für die Preispolitik ergeben sich aus obigen Überlegungen insofern Anhaltspunkte, als die gewinngünstigeren und gewinnungünstigeren Erzeugnisse aufgezeigt werden. So müsste in unserem Beispielfall der Preis der Produktes A um 2,– erhöht werden, wenn es ebenso gewinnbringend sein soll wie das Produkt B.

cc) Auch für die Entscheidung über die Annahme zusätzlicher Aufträge müssen sowohl die direkten Kosten als auch die Engpassbelastungen beachtet werden.

Beispiel:

Die Unternehmung erhalte das Angebot, 100 Einheiten eines Einzelteils C zu fertigen. Die variablen Kosten je Einheit werden auf 5,– geschätzt, der Auftraggeber bietet einen Preis von 15,–. Für die Fertigung einer Einheit werden 3 Engpassstunden benötigt. Dieser Zusatzauftrag bietet somit einen Bruttogewinn je Engpassstunde von 3,33. Eine Annahme wird dann in Frage kommen, wenn durch die maximal absetzbare Menge von B die Kapazität des Engpasses nicht erschöpft wird (B lässt einen höheren Bruttogewinn je Engpassstunde erzielen!) und wenn durch eine Reduzierung der Erzeugungsmenge von A nicht zukünftige Nachteile (Absatzminderungen usw.) entstehen, die den zusätzlichen Gewinn je Engpassstunde von 0,33 aufwiegen.

dd) Nach den gleichen Grundsätzen wird der maximale Preis ermittelt, den man Unterlieferanten für die Erzeugung von Einzelteilen bietet, wenn dadurch die betrieblichen Engpässe entlastet werden.

ee) Der Grenzerfolg eines Engpasses gibt darüber hinaus einen wertvollen Anhaltspunkt für Investitionsentscheidungen. Unter der Voraussetzung, dass er bei der Erweiterung der Kapazität um z. B. 200 Stunden je Monat konstant bleibt, ist eine Erweiterungsinvestition vorteilhaft, wenn die zusätzlichen fixen Kosten des Investitionsobjekts geringer sind als das Produkt aus 200 × Grenzerfolg.

Nun bestehen offensichtlich folgende Schwierigkeiten für die Ermittlung von Grenzerfolgen je Engpass. Der erzielbare Mindest-Bruttogewinn je Engpasseinheit steht endgültig dann fest, wenn das Produktionsprogramm einer Periode gegeben ist, denn dann lässt sich der Bruttogewinn des ungünstigsten Produktes je Engpasseinheit ermitteln. Aber gerade für die Ermittlung des optimalen Produktionsprogramms wäre die Kenntnis der Grenzerfolge der betrieblichen Engpässe nötig. Wenn die Anwendung der linearen Planungsrechnung nicht zweckmäßig erscheint, sind die Grenzerfolge und damit das optimale Produktionsprogramm durch ein systematisches Testen unterschiedlicher Grenzerfolge und sich daraus ergebender unterschiedlicher Produktionsprogramme festzustellen.

Besondere Probleme bietet der Ansatz von Grenzerfolgen bei Auftragsfertigung: Über Annahme oder Ablehnung eines Auftrages muss kurzfristig entschieden werden; die dazu benötigten Grenzerfolge hängen nicht nur von den bereits akzeptierten, sondern auch von den zukünftig zu erwartenden Aufträgen ab. Einige Anhaltspunkte zur Bestimmung von Grenzerfolgen in diesen Fällen werden von Böhm und Wille herausgearbeitet (Böhm, H. H., Wille, F., Deckungsbeitragsrechnung, Grenzpreisrechnung und Optimierung, 5. Aufl., München 1974). Unter Grenzertragssatz verstehen sie die Summe aus variablen Kosten je Engpasseinheit und aus dem Grenzerfolg. Der Grenzertragssatz eines Aggregats ist somit der „Kostensatz“, der bei Preisberechnungen pro Einsatzstunde anzusetzen ist. Die Untergrenze des Grenzertragssatzes sind die Grenzkosten je Engpasseinheit. Die Grenzkosten hängen davon ab, in welcher Weise von den Möglichkeiten intensitätsmäßiger und zeitlicher Anpassung Gebrauch gemacht wird. Wird z. B. ein Aggregat in Überstunden betrieben, so sind die Grenzkosten nicht die durchschnittlichen variablen Kosten je Stunde, sondern die (höheren) variablen Kosten je Überstunde. Die Obergrenze des Grenzertragssatzes ergibt sich – falls es möglich ist, den Engpass durch Fremdbezug zu entlasten – aus den Kosten des Fremdbezugs pro entlastete Engpasseinheit. Sind z. B. die variablen Kosten je Maschinenstunde 5,–, die Kosten des Fremdbezugs je ersparte Maschinenstunde 20,– und macht man (teilweise) von der Möglichkeit des Fremdbezugs Gebrauch, so ist der Grenzertragssatz mit 20,– festzusetzen. Erscheint der Fremdbezug zu teuer und ist das Aggregat vollbeschäftigt, so liegt der Grenzertragssatz zwischen 5,– und 20,–. Er liegt zwischen 8,– und 20,–, wenn feststeht, dass man unbeschränkt Zusatzaufträge gewinnen könnte, die einen Erlös von 8,– je Stunde nach Abzug aller Kosten außer den Kosten des diskutierten Aggregats erzielen lassen. Eine Analyse der in den letzten Perioden erhaltenen Aufträge und die nachträgliche Festlegung der Aufträge, die akzeptiert hätten werden sollen, und die Errechnung der sich aus ihnen ergebenden Grenzerfolge vermögen ebenfalls einige Hinweise auf die in Zukunft anzuwendenden Grenzertragssätze zu geben.

Die durch (überschlägige) Berechnungen für alle Aggregate festgelegten *Grenzertragssätze* sind nach folgenden Gesichtspunkten im Zeitablauf *zu variieren*: Falls sich ein Aggregat als unterbeschäftigt (überbeschäftigt) herausstellt, wird man den Grenzertragssatz senken (erhöhen). Ein Anheben der Grenzertragssätze bewirkt nicht nur eine Verminderung der Auftragsmenge für die betreffenden Aggregate, es werden auch eher Maßnahmen zur Kapazitätserweiterung ausgelöst. Verbessert sich die Absatzsituation, wird man die Grenzertragssätze der nunmehr vollbeschäftigten Aggregate anheben. Bei saisonalen Schwankungen wird es sich empfehlen, die Grenzertragssätze nach zeitlichen Gesichtspunkten zu differenzieren.

Nachdem in diesem Abschnitt die Vorteile der Grenzkostenrechnung (ergänzt durch die Verrechnung von Grenzerfolgen) für die Zwecke der Preispolitik sehr deutlich hervorgehoben wurden, erhebt sich die Frage, ob es überhaupt *Bedingungen gibt, die die Anwendung der Vollkostenrechnung für preispolitische Entscheidungen empfehlen lassen*. Wenn die Kapazitäten (Bestände) sämtlicher Produktionsfaktoren an alle in Frage kommenden (auch saisonalen) Produktionsschwankungen exakt angepasst werden können, verschwindet der Unterschied zwischen variablen Kosten und Vollkosten: In diesem Fall rechnen Voll- und Grenzkostenrechnung mit gleichen Zahlen. Auch der Grenzertragssatz für die Aggregate entspricht hier den Vollkosten je Stunde. Diese Überlegung zeigt: Eine Vollkostenrechnung ist für preispolitische Zwecke umso anwendbarer, je variabler die Faktorbestände, die fixe Kosten verursachen, bei Produktionsschwankungen sind. In langer Frist sind die meisten Produktionsfaktorbestände an Änderungen der Produktmengen und des Produktionsprogramms anpassungsfähig. Für *langfristige Erwägungen*, ob etwa ein Produkt endgültig aufgelassen werden soll, sind zukunftsbezogene Vollkostenerwägungen von größerer Bedeutung als Grenzkostenerwägungen mit oder ohne Engpassberücksichtigung. Die Ausrichtung von Preisentscheidungen an Vollkostenrechnungen kann weiters folgenden – allerdings schwierig quantifizierbaren – Vorteil haben: Wenn eine Vielzahl von Unternehmungen einer Branche, angeregt durch die Literatur oder durch Branchenrichtlinien, nach etwa gleichen Richtlinien Vollkosten ermittelt und die Preise auf der Basis der eigenen Vollkosten oder der bei anderen Betrieben, z. B. bei Betriebsvergleichen, festgestellten Vollkosten erstellt, so bewirkt die Kostenrechnung ähnlich wie Preisabsprachen eine gewisse Nivellierung der Preise einer Branche und kann – infolge der Einschränkung des Preiswettbewerbs – zu im Durchschnitt höheren Preisen führen. Die Ausrichtung der Preise an zukunftsbezogenen, sich an der Normalbeschäftigung orientierenden Kosten wirkt zudem preisstabilisierend.

Die Ausrichtung der Preise an den langfristigen Durchschnittskosten wird dann wichtiger, wenn der Absatzmarkt und die Konkurrenzsituation so strukturiert sind, dass häufige *Preisänderungen*, insbesondere eine Preiserhöhung nach einmal erfolgter Preisherabsetzung, zu schwerwiegenden Einbußen an Absatzmenge bzw. Goodwill führen. In diesen Fällen wird es eher gewinnmaximal sein, die Preise über Zeiten der Unter- und Überbeschäftigung hinweg weitgehend konstant zu halten, sie somit nur in geringem Ausmaß und in besonderen Fällen (Zusatzaufträge) an die Schwankungen der Grenzertragssätze anzupassen. Abschließend sei darauf verwiesen, dass auch in der Vollkostenrechnung seit jeher implizit versucht wurde, die Kosten und damit die Preise an die jeweilige Absatzsituation „anzupassen“: Man versuchte, bei schlechter Auftragslage die Kosten rechnerisch zu reduzieren, sie jedoch bei guter Auftragslage durch Einfügung hoher kalkulatorischer Kosten aufzublähen.

3. Die Trennung der Kosten in fixe und variable Bestandteile

Die Zuordnung von (Teilen von) Kostenarten zu den fixen und variablen Kosten verursacht mannigfaltige Schwierigkeiten; einige werden anhand eines Beispiels zur Kostenermittlung für einen Lkw aufgezeigt. Der Kostenermittlung wird das 2. Nutzungsjahr des Lkw zugrunde gelegt.

Fixe Kosten des Lkw pro Jahr:

1.	Zeitabhängige (nicht nutzungsbedingte) Abschreibung	50.000,–
2.	Zinsen 10%	44.000,–
3.	Haftpflichtversicherung und kalkulatorische Wagnisse	20.000,–
4.	Kraftfahrzeugsteuer	4.000,–
5.	Vermögensteuer	2.000,–
6.	Garagierung	12.000,–
7.	Fahrerlohn und soziale Abgaben	250.000,–
8.	Summe	382.000,–

Variable Kosten des Lkw pro km:

		für die ersten 10.000 km	für die weiteren km
9.	Nutzungsabhängige Abschreibung	0,–	1,–
10.	Reparaturkosten (einschließlich Bereifung)	2,–	2,–
11.	Treibstoffkosten (0,3 l à 11,–)	3,30	3,30
12.	Ölverbrauch (0,006 l à 45,–)	0,27	0,27
13.	Schmiermittelverbrauch (33% von Zeile 12)	0,09	0,09
14.	Summe	5,66	6,66

Erklärungen:

Zu 1 und 9: Abschreibungskosten erfassen die Wertminderung eines Anlagegutes während einer Periode. Um sie zu errechnen, müssen die Werte des Gegenstandes zu Periodenbeginn und zu Periodenende festgelegt werden. Es wurde oben festgestellt, dass sich der Wert für Anlagengegenstände, von denen feststeht, dass sie in gleicher oder ähnlicher Form nach Ablauf der Nutzungsdauer immer wieder beschafft werden, aus den Wiederbeschaffungskosten der jeweils günstigsten Alternativen ableitet. Hier wird angenommen, dass sich der Wiederbeschaffungspreis einer einjährigen Anlage mit entsprechender Fahrleistung aus dem Preis eines neuen Lkw (ohne Bereifung) von 500.000,– minus 20% von 500.000,– = 400.000,– ergibt. Ist nun die Wertminderung im zweiten Jahr, d. h. der Wert des Aggregats zu Ende der Periode 2, von der Leistungsmenge abhängig und damit (zum Teil) variabel? Diese Frage ist zu bejahen, falls die optimale Nutzungsdauer und/oder der Restwert nach der optimalen Nutzungsdauer und/oder die durch das Aggregat verursachten zukünftigen Einzahlungen und Auszahlungen (Reparaturkosten) von der Intensität der Nutzung im zweiten Jahr der Nutzungsdauer abhängen. Wenn man z. B. der Meinung ist, dass die optimale Nutzungsdauer nur von der Kilometerleistung abhängt und zum Beispiel nach einer Leistung von 500.000 km erreicht ist, dann ist die Wertminderung zur Gänze variabel und beträgt durchschnittlich 1,– Währungseinheit je km. (Sie kann in den ersten Jahren höher, später geringer sein, wenn z. B. stark steigende Reparaturkosten angenommen werden.) Wenn dagegen feststeht, dass die optimale Nutzungsdauer 10 Jahre beträgt und ebenso wie die Erlöse und Kosten des Lkw ab dem 3. Jahr nicht von der Leistungsmenge im 2. Jahr abhängt, sind die Abschreibungskosten fix.

Schwieriger ist folgende – hier angenommene – Situation zu behandeln: Bei einer Leistung von 0 bis 10.000 km im 2. Jahr ist der Wert zu Ende des zweiten Jahres unabhängig von der Kilometerleistung, nämlich 350.000,–. Falls die Leistung größer als 10.000 km ist, ist die Wertminderung pro zusätzlichen km 1,–. Daher sind 50.000,– als fixe Abschreibung zu verrechnen, und die variablen Abschreibungen je km sind nach der Fahrleistung (0 bis 10.000 km bzw. mehr als 10.000 km) zu differenzieren.

Zu 2: Die Zinskosten sind 10% des Wertes zu Beginn der Periode (400.000) plus einem Zuschlag für durch den Lkw verursachtes Umlaufvermögen (Treibstofflager, Werkzeuge, Reifen).

Zu 7: Problematisch ist auch die Zuordnung der Personalkosten. Wird für alle in Frage kommenden Kilometerleistungen ein Fahrer benötigt, kann er auch bei sehr geringer Beschäftigung des Lkw nicht anderweitig eingesetzt werden und ist der Lohn von der Fahrleistung unabhängig, so sind die Lohnzahlungen fixe Kosten. Eventuelle leistungsabhängige Zulagen sind als variable Kosten zu verrechnen. Kann der Fahrer für andere, gleichwertige Aufgaben voll herangezogen werden oder ist die Bezahlung ausschließlich leistungsabhängig (Taxifahrer), so sind die Lohnkosten variable Kosten. Kann der Fahrer nur für untergeordnete Arbeiten und/oder nur in einem Teil der Zeiten, in denen keine Fahrten anfallen, eingesetzt werden, sind die Lohnkosten in einen fixen und variablen Teil zu spalten. Wenn man mehrere Lkw und Fahrer beschäftigt, könnte man sich an Beschäftigungsschwankungen durch Kündigung und Neuaufnahmen anpassen. Doch werden nur langfristig wirksame Bedarfsänderungen zu einer Änderung der Anzahl der Arbeitskräfte veranlassen. Sind in diesem Fall – wenn eine anderweitige Beschäftigung der Arbeitskräfte nicht in Frage kommt – die Lohnkosten als fix oder als variabel anzunehmen? Die Antwort auf diese

Frage hängt davon ab, für welche Entscheidungen man die Grenzkostenrechnung benötigt. Soll etwa die Grenzkostenermittlung dazu dienen, die Mindestpreise für in kurzer Frist zu erledigende Aufträge zu ermitteln, wird man die Lohnkosten als fix verrechnen. Soll über Aufträge entschieden werden, deren Ausführung längere Zeit in Anspruch nimmt, sodass man in der Zwischenzeit den Bestand an Arbeitskräften anpassen würde, so wird man die Löhne (zum Teil) zu den variablen Kosten zählen. Die Entscheidung hängt auch von der Anzahl der für eine Aufgabe eingesetzten Arbeitskräfte ab: je größer die Anzahl, desto reibungsloser kann sie durch eine Verminderung der Neuaufnahmen nach Kündigungen und Pensionierungen gerade bei geringen Beschäftigungsänderungen vermindert werden.

Falls in solchen Zweifelsfällen entschieden wird, die Kosten proportional zu verrechnen, so besteht die Gefahr, dass bei Unterbeschäftigung noch lohnende Aufträge abgelehnt werden. Die daraus resultierende stärkere Unterbeschäftigung hat jedoch den Vorteil, dass sie deutlicher vor Augen führt, dass ein Abbau dieser Kosten zu erwägen ist.

Zu 10: Die Variabilität der Reparaturkosten hängt zum einen davon ab, inwieweit die Reparaturanfälligkeit eines Aggregats mit der Einsatzzeit oder mit der Kalenderzeit (Korrosion) korreliert ist. Sie ist aber auch von der Reparaturpolitik beeinflusst: fixe Wartungstermine, Wartungsverträge und eigene Reparaturstellen vermindern die Variabilität.

Dieses Beispiel bietet Gelegenheit, noch einmal auf die Frage der Betriebsstilllegung einzugehen. Es sei angenommen, der Transportbetrieb könne obigen Lkw nur mit einer Jahresleistung von 50.000 km gegen einen Kilometertarif von 9,– einsetzen. Dieser Tarif ermöglicht zwar nicht die Vollkostendeckung, er übersteigt aber die proportionalen Kosten von 5,66 bzw. 6,66. Bei der Entscheidung über die Betriebsstilllegung ist jedoch auch zu beachten, welche fixen Kosten abgebaut werden können. In diesem Fall mögen das Gehalt des Fahrers und (bei Abmeldung des Lkw) die Haftpflichtversicherung und die Kraftfahrzeugsteuer einzusparen sein. Da der erzielbare Bruttogewinn von 10.000 × 3,34 + 40.000 × 2,34 = 127.000 kleiner ist als die wegfallenden Fixkosten, ist eine vorläufige Betriebsstilllegung günstig. Zusätzlich wäre zu überlegen, ob der Verkauf des Lkw nicht die günstigste Alternative ist.

Insbesondere bei der Diskussion der Personalkosten wurde klar, dass eine Gliederung der Kosten in nur zwei Gruppen – fix und variabel – recht grob ist. Sie kann die verschiedenen Grade und zeitlichen Möglichkeiten der Abbaubarkeit von Kosten nicht adäquat berücksichtigen. Seicht führt treffend aus, dass hinsichtlich der fixen Kosten folgende Gesichtspunkte interessieren (Seicht, G., Moderne Kosten- und Leistungsrechnung, 8. Aufl., Wien 1995, S. 205 ff.):

a) Auf welches Leistungsbündel beziehen sie sich? (Auf ein Produkt? Auf mehrere Produkte?) (Vgl. den Abschnitt über die Grenzkostenrechnung mit stufenweiser Fixkostenverrechnung.)

b) Bezüglich welchen Beschäftigungsintervalls sind die Kosten fix? (Bis zu welcher Produktionsmenge kommt man mit einer Maschine aus? Ab welcher Produktionsmenge werden zwei Maschinen benötigt?)

c) Innerhalb welchen Zeitraums können sie abgebaut werden?

Hinsichtlich der Gesichtspunkte c) [und teils auch b)] meint Seicht, der als erster vorgeschlagen hat, die fixen Kosten nach ihrer zeitlichen Abbaufähigkeit zu differenzieren (vgl. Seicht, G., Die stufenweise Grenzkostenrechnung, in: ZfB 1963, S. 693–709), dass aus „entscheidungslogischer" Sicht eine Einteilung in

(1) absolut variable Kosten (passen sich automatisch an Beschäftigungsänderungen an),

(2) relativ variable Kosten (Bereitschaftskosten, wie z. B. Personalkosten, die durch besondere Dispositionen abbaubar sind),

(3) relativ fixe Kosten (z. B. abbaubare Fixkosten von Aggregaten) und

(4) absolut fixe Kosten (nicht mehr abbaubare Kosten, sunk costs)

ideal wäre. Aus pragmatischer Sicht empfiehlt er aber, die „relativ variablen" und die „relativ fixen" Kosten zu einer Kategorie „sprungfixe" Kosten zusammenzufassen und diese – entweder institutionalisiert oder bei Bedarf – nach „Fristen der Abbaufähigkeit" zu gliedern (vgl. Seicht, G., Moderne Kosten- und Leistungsrechnung, 8. Aufl., Wien 1995, S. 206 ff.). Kilger wieder schlägt im Rahmen der später zu besprechenden „dynamischen" Grenzplankostenrechnung vor, es bei den zwei Kostenkategorien „fix" und „variabel" zu belassen und nur die als variabel anzusetzenden Kosten nach ihren zeitlichen Abbaumöglichkeiten in drei Stufen zu gliedern. (In einer Plankostenrechnung werden üblicherweise jene Kosten als variabel verrechnet, die innerhalb eines Jahres in relativ kleinen Quanten an die Produktionsmenge bzw. an das Produktionsprogramm anpassbar sind. Eine Bildung von drei Stufen könnte diese Kosten in sofort [automatisch] anpassbare, innerhalb von drei Monaten abbaubare und sonstige variable Kosten gliedern.)

4. Kostenstellen- und Kostenträgerrechnung mit Grenzkosten

In den obigen Beispielen wurde Wert darauf gelegt, die Bedeutung der Grenzkosten für die betriebliche Preispolitik herauszustellen. Es wurde jedoch nicht behandelt, wie eine solche Form der Kostenrechnung aufzubauen ist.

Eine Möglichkeit besteht darin, sämtliche variablen Kosten – ohne Kostenstellen zwischenzuschalten – den Erzeugnissen zuzurechnen. Dies würde es erforderlich machen, nicht nur Fertigungsmaterial und Fertigungslöhne, sondern auch die variablen Anteile der Hilfsmaterial-, Energie-, Hilfslohnkosten usw. pro Kostenträger belegmäßig zu erfassen. Eine solche Abrechnung wird häufig zu kostspielig sein.

Der meist vorteilhaftere zweite Weg ist darin zu sehen, die Kostenstellen beizubehalten, ihnen jedoch primär nur die variablen Kosten zuzurechnen. Aus den variablen Gemeinkosten je Kostenstelle sind Zuschlagssätze für die Ermittlung der variablen Kosten je Produkt zu ermitteln. Durch diese Form der Abrechnung werden zwar – falls in einer Stelle mehrere Produkte gefertigt werden – nicht die durch die Fertigung einer Produktart entstehenden variablen Kosten errechnet, sondern den Erzeugnissen durchschnittliche variable Kosten je Bezugsgrößeneinheit zugeteilt (es werden z. B. Hilfsmaterialkosten von 8,– je Maschinenstunde ermittelt, obwohl Produkt A einen Hilfsmaterialeinsatz von 9,–, Produkt B einen solchen von 6,– je Maschinenstunde erfordert); die dabei entstehenden Fehler werden häufig vernachlässigbar sein; zudem können auch in einer Grenzkostenrechnung differenzierte Zuschlagssätze oder das Mittel der „Platzkostenrechnung" angewendet werden (siehe oben). Die fixen Kosten können zu Kontrollzwecken ebenfalls auf Kostenstellen verteilt werden, doch werden sie dann in einer gesonderten Spalte verzeichnet und nicht zur Zuschlagsermittlung herangezogen.

Ein etwas umfangreicheres Beispiel soll für einen industriellen Betrieb die Überleitung von der Vollkostenrechnung zur Grenzkostenrechnung zeigen.

Ein Unternehmen der Metallwarenbranche weist folgenden Betriebsabrechnungsbogen auf, in den sämtliche Kosten (sowohl fixe als auch proportionale) aufgenommen wurden. Zuschlagsbasen sind die Einzelkosten bzw. für die Verwaltungs- und Vertriebsstelle die Herstellungskosten (siehe umseitig).

Es werden drei Produkte erzeugt (A, B, C). Die Merkmale der Produkte A bis C sind:

	A	B	C
erzeugte Menge	4.000	3.000	2.000
Bedarf an Fertigungsmaterial pro Einheit	100,–	80,–	80,–
Bedarf an Fertigungslöhnen pro Einheit in Fertigungsstelle 1	64,–	24,–	28,–
Bedarf an Fertigungslöhnen pro Einheit in Fertigungsstelle 2	20,–	16,–	16,–
Bedarf an Fertigungslöhnen pro Einheit in Fertigungsstelle 3	16,–	16,–	32,–
Nettoverkaufspreis pro Einheit	700,–	400,–	380,–

Die Nachkalkulationszusammenstellung mit Vollkosten ist in der Tabelle auf S. 82 enthalten[1]) (es wurde vorausgesetzt, dass keine Bestandsveränderungen an Halb- und Fertigerzeugnissen eingetreten sind):

---

[1]) Unter Nachkalkulationszusammenstellung versteht man die Verteilung der in einer Periode entstandenen Kosten auf die erzeugten Produkte.

Betriebsabrechnungsbogen zu Vollkosten

	Kosten	Materialstelle	Fertigungsstelle 1	Fertigungsstelle 2	Fertigungsstelle 3	Verwaltung und Vertrieb
Fertigungsmaterialverbrauch	800.000	800.000				
Hilfsmaterialverbrauch	32.000		10.000	12.000	8.000	2.000
Betriebsstoffverbrauch	6.000		2.000	2.000	2.000	
Fertigungslöhne	720.000		384.000	160.000	176.000	
Nichtleistungslöhne	180.000		96.000	40.000	44.000	
Hilfslöhne	70.000	10.000	28.000	20.000	12.000	
Gesetzlicher Sozialaufwand zu Fertigungs- und Nichtleistungslöhnen	180.000		96.000	40.000	44.000	
Gesetzlicher Sozialaufwand zu Hilfslöhnen	14.000	2.000	5.600	4.000	2.400	
Gehälter einschließlich Sozialaufwand	340.000	20.000	40.000	30.000	40.000	210.000
Reparatur- und Instandhaltungskosten	36.000	2.000	10.400	8.000	10.600	5.000
Porti und Telefon	26.000	1.000				25.000
Werbekosten	20.000					20.000
Versicherungskosten	48.000	10.000	8.000	10.000	12.000	8.000
Vermögensteuern	7.000	1.000	2.000	2.000	1.000	1.000
Kalkulatorische Zinsen	500.000	10.000	200.000	160.000	80.000	50.000
Kalkulatorische Abschreibungen	770.000	20.000	250.000	250.000	200.000	50.000
Kalkulatorischer Unternehmerlohn	40.000					40.000
Sonstige Kosten	131.000	4.000	68.000	22.000	28.000	9.000
Summe	3,920.000	80.000	816.000	600.000	484.000	420.000
Zuschlagsbasen		800.000	384.000	160.000	176.000	3,500.000
Zuschlagssätze		10%	212%	375%	275%	12%

	A		B		C		Summe
	1 Eh.	4.000 Eh.	1 Eh.	3.000 Eh.	1 Eh.	2.000 Eh.	
FM	100	400.000	80	240.000	80	160.000	800.000
MGK 10%	10	40.000	8	24.000	8	16.000	80.000
FL in St. 1	64	256.000	24	72.000	28	56.000	384.000
FGK in St. 1 212%	136	544.000	51	153.000	59,5	119.000	816.000
FL in St. 2	20	80.000	16	48.000	16	32.000	160.000
FGK in St. 2 375%	75	300.000	60	180.000	60	120.000	600.000
FL in St. 3	16	64.000	16	48.000	32	64.000	176.000
FGK in St. 3 275%	44	176.000	44	132.000	88	176.000	484.000
Herstell-kosten	465	1,860.000	299	107.640	371,5	743.000	3,500.000
Vw.- u. Vt.-GK 12%	55,8	223.200	35,9	897.000	44,6	89.160	420.000
Selbstkosten	520,8	2,083.200	334,9	1,004.640	416,1	832.160	3,920.000
Nettoerlöse[2])	700	2,800.000	400	1,200.000	380	760.000	4,760.000
Nettogewinn	179,2	716.800	65,1	195.360	– 36,1	– 72.160	840.000

Die Folgerungen, die sich aus der Nachkalkulationszusammenstellung mit Vollkosten ergeben, sind: möglichste Forcierung des Produkts A (höchster ausgewiesener Gewinn) und eventuelle Auflassung des Produkts C, für das ein Verlust errechnet wird.

Der Betrieb entschließt sich, zu einer Grenzkostenrechnung überzugehen. Eine Untersuchung der Kostenarten führt zu folgenden Angaben über die Variabilität der Kosten:

Hilfsmaterialverbrauch: zur Hälfte fix

Betriebsstoffverbrauch: fix

Hilfslöhne: zur Hälfte fix

Gehälter: fix

Reparatur- und Instandhaltungskosten: zu 25 Prozent fix

Porti und Telefongebühren: zur Hälfte fix

Werbeaufwand, Versicherungsaufwand, Vermögensteuern, kalkulatorische Zinsen, kalkulatorischer Unternehmerlohn, kalkulatorische Abschreibungen: zur Gänze fix

Sonstige Kosten: zu 25 Prozent fix

[2]) Nettoerlöse = Bruttoerlöse minus Mehrwertsteuer und Sonderkosten des Vertriebs.

Betriebsabrechnungsbogen zu proportionalen Kosten (Grenzkosten)

	Gesamtkosten	Fixkosten[1])	Prop. Kosten	Materialstelle stelle 1	Fertigungsstelle 1	Fertigungsstelle 2	Fertigungsstelle 3	Verwaltung und Vertrieb
Fertigungsmaterialverbrauch	800.000		800.000	800.000				
Hilfsmaterialverbrauch	32.000	16.000	16.000		5.000	6.000	4.000	1.000
Betriebsstoffverbrauch	6.000	6.000						
Fertigungslöhne	720.000		720.000		384.000	160.000	176.000	
Nichtleistungslöhne	180.000		180.000		96.000	40.000	44.000	
Hilfslöhne	70.000	35.000	35.000	5.000	14.000	10.000	6.000	
Gesetzlicher Sozialaufwand zu Fertigungs- und Nichtleistungslöhnen	180.000		180.000		96.000	40.000	44.000	
Gesetzlicher Sozialaufwand zu Hilfslöhnen	14.000	7.000	7.000	1.000	2.800	2.000	1.200	
Gehälter einschließlich Sozialaufwand	340.000	340.000						
Reparatur- und Instandhaltungskosten	36.000	9.000	27.000	1.500	7.800	6.000	7.950	3.750
Porti und Telefon	26.000	13.000	13.000	500				12.500
Werbekosten	20.000	20.000						
Versicherungskosten	48.000	48.000						
Vermögensteuern	7.000	7.000						
Kalkulatorische Zinsen	500.000	500.000						
Kalkulatorische Abschreibungen	770.000	770.000						
Kalkulatorischer Unternehmerlohn	40.000	40.000						
Sonstige Kosten	131.000	32.750	98.250	3.000	51.000	16.500	21.000	6.750
Summe	3,920.000	1,843.750	2,076.250	11.000	272.600	120.500	128.150	24.000
Zuschlagsbasen				800.000	384.000	160.000	176.000	2,052,250
Zuschlagssätze				1,375%	70,99%	75,31%	72,82%	1,1694%

[1]) Aus Platzgründen wurde es unterlassen, die Fixkosten auf Stellen aufzuteilen.

Daraus ergibt sich vorseitiger Betriebsabrechnungsbogen zu proportionalen Kosten (S. 83) und folgende Nachkalkulationszusammenstellung zu proportionalen Kosten:

	A		B		C		Summe
	1 Eh.	4.000 Eh.	1 Eh.	3.000 Eh.	1 Eh.	2.000 Eh.	
FM	100	400.000	80	240.000	80	160.000	800.000
MGK 1,375%	1,4	5.500	1,1	3.300	1,1	2.200	11.000
FL in Stelle 1	64	256.000	24	72.000	28	56.000	384.000
FGK 70,99%	45,4	181.736	17	51.111	19,9	39.753	272.600
FL in Stelle 2	20	80.000	16	48.000	16	32.000	160.000
FGK 75,31%	15,1	60.250	12,1	36.150	12,1	24.100	120.500
FL in Stelle 3	16	64.000	16	48.000	32	64.000	176.000
FGK 72,82%	11,6	46.600	11,6	34.950	23,3	46.600	128.150
Prop. Herstellkosten	273,5	1,094.086	177,8	533.511	212,4	424.653	2,052.250
Prop. Vw.-u. Vt.-GK 1,1694%	3,2	12.794	2,1	6.233	2,5	4.973	24.000
Prop. Selbstkosten	276,7	1,106.880	179,9	539.744	214,9	429.626	2,076.250
Nettoerlöse	700	2,800.000	400	1,200.000	380	760.000	4,760.000
Bruttogewinn	423,3	1,693.120	220,1	660.256	165,1	330.374	2,683.750

Die Grenzkostenrechnung zeigt folgende von der Vollkostenrechnung abweichenden Ergebnisse:

Infolge der Nichtverrechnung fixer Kosten werden die Zuschlagssätze und damit die den Produkten zugerechneten Kosten um vieles geringer. Jedes Produkt erbringt einen positiven Margin, trägt also zur Deckung der Fixkosten und zur Gewinnerzielung bei. Bei Unterbeschäftigung ist somit von jedem Erzeugnis die Menge zu produzieren bzw. für jedes Erzeugnis der Preis zu fordern, bei der (dem) das Produkt Bruttogewinn × Menge das Maximum erreicht, falls keine substitutionalen oder komplementären Absatzbeziehungen bestehen.

Unter der Annahme, dass nur ein Engpass in Form einer Maschinengruppe in Fertigungsstelle 2 existiert, in welcher das Produkt A vier Stunden, das Produkt B zwei Stunden und das Produkt C eine Stunde bearbeitet werden muss, ergibt sich z. B., dass das Produkt C zu forcieren ist, obwohl es den geringsten Bruttogewinn aufweist; denn von diesem Produkt können in vier Stunden vier Einheiten (Bruttogewinn 660,4), vom Produkt B dagegen nur zwei Einheiten (Bruttogewinn 440,2) und vom Produkt A nur eine Einheit (Bruttogewinn 423,3) erzeugt werden.

B. Die Grenzkostenrechnung mit stufenweiser Fixkostenverrechnung

Die bisher im Wesentlichen als ein einheitlicher Block behandelten Fixkosten können in Fixkosten einzelner Erzeugnisse (sie sind abbaubar, wenn die betreffenden Erzeugnisse aufgelassen werden), Fixkosten von Erzeugnisgruppen (sie sind abbaubar, wenn die betreffende Erzeugnisgruppe nicht mehr produziert wird), in Kostenstellen- bzw. Kostenbereichsfixkosten bis hin zu Unternehmungsfixkosten (sie fallen erst bei Liquidation der Unternehmung weg) gegliedert werden. Man kann dann diese Gruppen von Fixkosten stufenförmig von den Deckungsbeiträgen der Produkte abziehen, ähnlich wie dies an dem Beispiel im anschließenden Kapitel über die Einzelkostenrechnung gezeigt wird. Eine solche stufenweise Fixkostenzurechnung, eventuell ergänzt durch die Angabe von Abbaufristen der fixen Kosten (siehe oben), bietet eine bessere Grundlage für Entscheidungen bezüglich Produkteinstellungen.

C. Die Einzelkostenrechnung (Deckungsbeitragsrechnung)

Die Einzelkostenrechnung (Deckungsbeitragsrechnung) wurde von Riebel entwickelt (Riebel, P., Einzelkosten- und Deckungsbeitragsrechnung, 7. Auflage, Wiesbaden 1994). Es wird davon ausgegangen, dass die Trennung in variable und fixe Kosten, so sehr sie einen Fortschritt gegenüber dem Rechnen mit Vollkosten darstellt, zu grob ist, um die für die Entscheidungsfindung wichtigsten Kosteneinflussgrößen zum Ausdruck zu bringen.

Für die Einzelkostenrechnung ist die Aussage grundlegend, dass alle Kostenarten als Einzelkosten aufgefasst werden können: Sie sind Einzelkosten im Hinblick auf jene Kalkulationsobjekte, durch deren Existenz sie verursacht sind und durch deren Wegfall sie eliminiert würden. So gibt es Einzelkosten der Produkteinheiten (sie variieren auch bei sehr kleiner Variation der Produktmenge), wie z. B. Materialkosten; Einzelkosten der Produktarten (sie sind durch die Bereitschaft verursacht, ein Produkt zu erzeugen, und können erspart werden, wenn dieses Produkt aus dem Produktionsprogramm gestrichen wird, und ändern sich sprunghaft, wenn die Kapazität der [nur] für dieses Produkt eingesetzten Faktoren angepasst wird); Einzelkosten der Produktgruppen; Einzelkosten der Teilbetriebe; und schließlich Einzelkosten, die keiner kleineren Einheit als der Unternehmung zugeordnet werden können.

Wenn die Ausführung von Kunden- und Fertigungsaufträgen „auftragsfixe Kosten“ verursacht (siehe später), so mag es bedeutsam sein, Einzelkosten je erhaltenen Auftrag bzw. pro Los (Charge) zu errechnen.

Für das hier behandelte Thema interessiert vor allem, welche Kosten den Produkten für Preisentscheidungen zuzurechnen sind. Es sind dies in erster Linie die Einzelkosten je Produkteinheit. Die Differenz zwischen Nettoerlös und Einzelkosten je Einheit einer Produktart wird als Stückbeitrag I bezeichnet. Alle übrigen Kosten sind – im Hinblick auf die Produktmenge – Gemeinkosten, sie werden für mehrere Produkteinheiten gemeinsam erfasst. Nun gibt es Gemeinkosten, die als Einzelkosten je Produkteinheit erfasst werden können (z. B. Energiekosten), bei denen jedoch aus Wirtschaftlichkeitsgründen darauf verzichtet wird. Diese Kosten heißen unechte Gemeinkosten. Einzelkosten und unechte Gemeinkosten (der Produkteinheiten) heißen Leistungskosten. Die Differenz zwischen Nettoerlös und Leistungskosten je Einheit heißt Stückbeitrag II.

Es wird großer Wert darauf gelegt, zu den Leistungskosten nur Kosten zu rechnen, die mit kleineren Änderungen der Produktmenge variieren. Aus diesem Grunde werden Lohnaufwendungen – wenn die Anzahl der in einer Periode beschäftigten Arbeitskräfte nicht direkt von der jeweiligen Produktmenge, sondern von der zuvor festgelegten und den Erwartungen entsprechenden Bereitschaftsstufe abhängt – nicht als Leistungskosten, sondern als Bereitschaftskosten verrechnet. Abschreibungskosten werden nur in seltenen Fällen als Leistungskosten anzusehen sein (vgl. III. A. 3). Analog können den Produkten nur dann isoliert Erlöse zugerechnet werden, wenn sie sowohl absatz- als auch produktionsmäßig unverbunden sind. Zwei Produkte mit komplementären Absatzbeziehungen müssen ebenso wie Kuppelprodukte für die Zurechnung von Leistungskosten und Erlösen zu einem Produktbündel kombiniert werden.

Alle Kosten mit Ausnahme der Leistungskosten werden als Bereitschaftskosten bezeichnet (oben fixe Kosten genannt). In der Einzelkostenrechnung wird nicht nur versucht, die Kalkulationsobjekte (Produkt, Produktgruppe usw.) herauszuarbeiten, deren Existenz mit Bereitschaftskosten verbunden ist (sachliche Zuordnung), es wird auch die zeitliche Dimension offengelegt, indem man die Bereitschaftskosten nach der Bindungsdauer der Ausgaben klassifiziert, von denen sie abgeleitet sind. Im Hinblick auf eine beliebige Periode (Monat, Jahr usw.) gibt es Periodeneinzelkosten und Periodengemeinkosten. Bei Periodeneinzelkosten liegt das Bindungsintervall innerhalb der Rechnungsperiode (Gehälter bei Kündigungsmöglichkeit zum Periodenende; Versicherungsprämien bei einer Jahresabrechnung, wenn der Versicherungsvertrag jeweils zum 31. 12. gekündigt werden kann).

Periodengemeinkosten fallen für mehrere Perioden gemeinsam an (z. B. bei der Abrechnung eines Kalenderjahres die Versicherungskosten, wenn der Vertrag jeweils zum 30. 6. gekündigt werden kann; der Anschaffungspreis von Anlagen mit einer Nutzungsdauer von mehr als einem Jahr).

Wie aus folgender beispielhafter Jahresabrechnung ersichtlich, werden in einer Periodenabrechnung nur die Periodeneinzelkosten aufgenommen.

Der Periodenbeitrag dient zur Deckung der Periodengemeinkosten und zur Erzielung eines (Total)Gewinnes.

Die Einsatzmöglichkeiten der Deckungsbeitragsrechnung lassen sich aus denjenigen der Grenzkostenrechnung relativ leicht ableiten. Es sollen daher nur einige wenige beispielhafte Feststellungen getroffen werden.

Für die Entscheidung, bei Unterbeschäftigung Aufträge anzunehmen oder die Fertigung von Produkten aufrechtzuerhalten, ist von den Stückbeiträgen II auszugehen. Abzuziehen sind von den Stückbeiträgen II eventuell geschätzte variable Abschreibungskosten, die in den Periodengemeinkosten enthalten sind. Weiters ist zu berücksichtigen, welche Bereitschaftskosten in welchen Perioden abgebaut werden können bzw. zusätzlich anfallen. Wenn der Stückbeitrag II das für eine Annahme eines Auftrags erforderliche Niveau nur knapp erreicht oder knapp unterschreitet, könnte man erwägen, die – auf Grund von Durchschnittserwägungen – zugerechneten unechten Gemeinkosten näher zu analysieren, sie in Einzelkosten umzuwandeln, um fundiertere Entscheidungsgrundlagen zu gewinnen.

Auch wenn etwa die endgültige Auflassung eines Produktes vorteilhaft ist, kann es günstig sein, die Produktion während der Bindungsdauer eines Teils der Bereitschaftskosten aufrechtzuerhalten.

Bei *Überbeschäftigung* sind zusätzlich die betrieblichen Engpässe zu berücksichtigen. Durch Division der Stückbeiträge durch die benötigten Engpasseinheiten können engpassbezogene Deckungsbeiträge ermittelt werden, die für Programm- und Preisentscheidungen heranzuziehen sind.

Beispiel einer stufenförmigen Jahresabrechnung mit Einzelkosten, unter der Annahme gegebener Preise:

Produkte	A	B	C	D	E
Preis je Produkteinheit	11,–	13,–	16,–	9,–	8,–
– Erlösminderungen je Produkteinheit	– 1,–	– 2,–	– 2,–	– 1,–	– 1,–
Nettoerlös je Produkteinheit	10,–	11,–	14,–	8,–	7,–
– Einzelkosten je Produkteinheit	– 5,–	– 4,–	– 5,–	– 3,–	– 3,–
Stückbeitrag I je Produkteinheit	5,–	7,–	9,–	5,–	4,–
– unechte Gemeinkosten je Produkteinheit	– 1,–	– 2,–	– 2,–	– 2,–	– 1,–
Stückbeitrag II je Produkteinheit	4,–	5,–	7,–	3,–	3,–
Erzeugungsmenge	× 200	× 500	× 150	× 300	× 700
Stückbeitrag II je Produktart	800,–	2.500,–	1.050,–	900,–	2.100,–
– Bereitschaftskosten je Produktart (evtl. untergliedert in Monats-, Quartals- und Jahreseinzelkosten)	– 100,–	– 400,–			
Beitrag je Produktart	700,–	2.100,–	1.050,–	900,–	2.100,–
		2.800,– (A+B)		4.050,– (C+D+E)	
– Bereitschaftskosten je Produktgruppe (evtl. untergliedert in Monats-, Quartals- und Jahreseinzelkosten)		– 600,–		– 1.000,–	
Beitrag je Produktgruppe		2.200,–		3.050,–	
			5.250,–		
– Sonstige Bereitschaftskosten (soweit Periodeneinzelkosten) (evtl. untergliedert in Monats-, Quartals- und Jahreseinzelkosten)			– 2.100,–		
Jahresbeitrag (zur Deckung der Periodengemeinkosten und zur Erzielung eines Gewinns)			3.150,–		

D. Beispiele

1. Die Kostenarten-, Kostenstellen- und Kostenträgerrechnung mit Grenzkosten und die Trennung der Kosten in fixe und variable Bestandteile

In einer Vollkostenrechnung werden sämtliche Kosten den Produkten zugeordnet. Verursachungsgerecht können den Kostenträgern aber nur die variablen Kosten – das sind Kosten, die auch mit kleinen Änderungen der Produktmenge variieren – zugerechnet werden. Die Fixkosten – das sind Kosten, die unabhängig von kurz- bis mittelfristigen Veränderungen der Produktmenge sind – können den Kostenträgern nur willkürlich zugerechnet werden.

Um entscheidungsrelevante Kostendaten zu erhalten, muss daher zwischen variablen und fixen Kosten unterschieden werden. Diese Differenzierung erfolgt meist kostenstellenweise für alle primären und sekundären Kostenarten. Dabei ist zu beachten, dass variable Kosten einer Hilfsstelle nach Zurechnung auf empfangende Stellen durchaus Fixkostencharakter haben können.

Die Kostenträgerrechnung zu Grenzkosten unterscheidet sich technisch nicht von jener zu Vollkosten. Zu beachten ist, dass Einzelkostenarten und korrespondierende Gemeinkostenarten (z. B. Fertigungsmaterialkosten und Materialgemeinkosten) in der Regel unterschiedlichen Grades variabel sind.

Beispiel 1 (L: S. 181):

Für eine Anlage, Anschaffungswert 8 Mio., wird eine Nutzungsdauer von 6 Jahren geschätzt, wobei danach – bezogen auf den Wert des Anschaffungsjahres – ein Restwert von ca. 2 Mio. zu erlösen sein wird. Die Nutzungsdauer der Anlage kann aber auch in Betriebsstunden gemessen werden. Es wird eine durchschnittliche jährliche Auslastung von ca. 1.250 Betriebsstunden erwartet. Jeweils nach 300 Betriebsstunden sind Instandhaltungsarbeiten um 7.000 zu leisten, wobei 1.000 auf Arbeitskosten des Bedienungspersonals und der Rest auf Ersatzteilkosten entfallen. Die Energiekosten betragen je Betriebsstunde 200. Die Arbeitskosten des Betriebspersonals betragen 400.000 pro Jahr und enthalten die oben genannten Arbeitskosten für Instandhaltungsarbeiten.

Der Maschinenpreisindex möge über die betrachteten Jahre annähernd konstant sein.

Folgender Anfall von Betriebsstunden wurde tatsächlich erfasst:
1.000 im 1. Jahr
1.500 im 2. Jahr
1.500 im 3. Jahr
1.500 im 4. Jahr
2.000 im 5. Jahr
2.000 im 6. Jahr

a) Führen Sie die Berechnung für die kalkulatorischen Abschreibungen unter folgenden Bedingungen durch:

aa) Der Restwert der Anlage hängt nicht von den tatsächlich angefallenen Betriebsstunden ab, sondern vielmehr vom Baujahr und vom Zustand der Anlage, der durch die Instandhaltungsmaßnahmen stark beeinflusst wird.

ab) Der Restwert der Anlage hängt ganz wesentlich von den bisher gefahrenen Betriebsstunden ab. Nach 10.000 Betriebsstunden ist die Anlage „ausgebrannt" und ihr Restwert deckt nur mehr die Abbruchkosten. Die Instandhaltungsausgaben sind notwendige Reinigungsarbeiten, die für den störungsfreien Betrieb, jedoch nicht für den Zustand der Anlage von Bedeutung sind.

b) Welche variablen Kosten fallen für einen Zusatzauftrag, der 500 Betriebsstunden umfasst, unter

ba) den in aa)

bb) den in ab)

geschilderten Umständen an?

c) Welche Kriterien sind für die Bestimmung der Variabilität von Abschreibungen maßgebend? Wann spricht man von proportionalisierten Abschreibungen?

Beispiel 2 (L: S. 183):

In einer Unternehmung wird die Anschaffung eines Lkws diskutiert. Die voraussichtliche Nutzungsdauer des Fahrzeuges, Anschaffungswert minus Eintauschpreis 2 Mio GE, beträgt 5 Jahre. Nach fünf Jahren wird der Lkw gegen einen neuen eingetauscht, wobei mit dem Händler ein von der Leistung in km unabhängiger nur vom Baujahr abhängiger Eintauschpreis fixiert wurde. Da in diesem Zeitraum eine Fahrleistung von insgesamt 400.000 km erwartet wird, wird neben der Nutzungsdauer auch die Kilometerleistung als Abschreibungsmaßstab diskutiert. Sie würde – so wird argumentiert – eine viel genauere Berücksichtigung der Abschreibungskosten ermöglichen.

Bisher wurde für die Transportkosten ein Marktpreis pro km von 12 (NVPoE) bezahlt.

Die durchschnittlichen Kosten je km für Treibstoff, Reifen, Instandhaltung, inklusive eventueller km-abhängiger Arbeitskosten, mögen je km 4 betragen, die Kosten für Versicherungen, Steuern, Arbeitskosten, kalk. Zinsen etc., außer Abschreibungen, 300.000 pro Jahr.

Tatsächlich möge sich die Jahresfahrleistung wie folgt entwickelt haben (in km):

19X3	19X4	19X5	19X6	19X7
75.000	100.000	100.000	100.000	100.000

a) Berechnen Sie den Nettogewinn aus einer Anschaffung des Lkws je Jahr zu Vollkosten und zeigen Sie, welchen Einfluss die Wahl des Abschreibungsmaßstabes hat für

aa) zeitabhängige Abschreibung

ab) km-abhängige Abschreibung

b) Berechnen Sie die jährlichen Deckungsbeiträge und die Amortisationszeit des Lkws und die durchschnittliche „Break-even"-Leistung pro Jahr.

c) Diskutieren Sie das Problem der Ermittlung der Variabilität von Kosten am Beispiel der Kalkulation für einen Zusatzauftrag von 1.000 km.

Beispiel 3 (L: S. 186):

Der Betriebsabrechnungsbogen der Firma X zeigt folgende zusammengefasste Zahlen:

	Materialstelle	Fertigungsstellen			Verwaltung und Vertrieb
		A	B	C	
Fertigungsmaterial	3,000.000				
Fertigungslöhne		2,000.000	2,000.000	3,000.000	
variable Gemeinkosten		800.000	600.000	750.000	
fixe Gemeinkosten	200.000	4,000.000	6,000.000	2,000.000	680.000

Zuschlagsbasen sind:

für die Materialstelle: das Fertigungsmaterial

für die Fertigungsstelle A: die Fertigungslöhne

für die Fertigungsstelle B: die Maschinenstunden (insgesamt sind 40.000 Maschinenstunden angefallen)

für die Fertigungsstelle C: bezüglich der Lohngemeinkosten (= 60% der variablen Gemeinkosten) die Fertigungslöhne; bezüglich der übrigen Kosten die Maschinenstunden. Es sind 30.000 Stunden angefallen.

Für die Verwaltungs- und Vertriebsstelle: die Herstellkosten.

a) Ermitteln Sie die Zuschlagsätze
   aa) für eine Vollkostenrechnung
   bb) für eine Grenzkostenrechnung

b) Ermitteln Sie den bei Produkt A erzielten Nettogewinn je Einheit:

   Verkaufspreis (vor Mehrwertsteuer): 5.000
   Rabatt: 20%
   Skonto: 2%
   Materialeinsatz: 300
   Fertigungslöhne in A: 100
   Fertigungslöhne in C: 200
   Maschinenstunden in B: 6
   Maschinenstunden in C: 10

c) Ermitteln Sie den Deckungsbeitrag des Produkts A.

Beispiel 4 (L: S. 189):

Gegeben sei tieferstehender Betriebsabrechnungsbogen zu Vollkosten.

Die Materialstelle wird nach Fertigungsmaterial, die Fertigungsstelle I nach Fertigungslöhnen und – was die Kostenarten Hilfsmaterial, Energie, kalkulatorische Abschreibungen, kalkulatorische Zinsen und sonstige Gemeinkosten betrifft – nach Maschinenstunden abgerechnet. Insgesamt fielen in der Fertigungsstelle I 10.000 Maschinenstunden an. Fertigungsstelle II wird nach Fertigungsstunden – insgesamt 20.000 Stunden – abgerechnet. Basis für die Abrechnung der Verwaltungs- und Vertriebsstelle sind die Herstellkosten.

Zur Variabilität der Kostenarten sind folgende Informationen verfügbar:

Löhne sind zu 20% fix, Gehälter und kalkulatorische Zinsen zu 100% fix, Hilfsmaterial zu 10% fix, sonstige Gemeinkosten zu 80% fix. 30% der Energiekosten entfallen auf Anschlussgebühren, der Rest ist verbrauchsabhängig.

In den kalkulatorischen Abschreibungen der Fertigungsstelle 1 sind 500.000 für ein Aggregat Y enthalten, dessen Gebrauchtwert zu Beginn der Periode mit 2.000.000 ermittelt wurde. Bei gegebener durchschnittlicher Auslastung von 25.000 Stück je Jahr wird die Maschine aber nach 200.000 Stück mit Restwert Null verschrottet werden müssen. Der Restwert des Aggregates ist ausschließlich von der produzierten Stückzahl abhängig und nicht durch Instandhaltungsmaßnahmen beeinflussbar.

a) Ermitteln Sie die Zuschlagsätze zu Vollkosten und variablen Kosten. (Beachten Sie dabei die Angaben zur Kostenträgerrechnung unter b!)

b) Berechnen Sie den Nettogewinn und den Deckungsbeitrag für das Produkt P. Zur Kalkulation von P sind folgende Angaben zu Vollkosten gegeben:

   Fertigungsmaterial 100
   Fertigungslöhne in Fertigungsstelle I 300
   Maschinenstunden in Fertigungsstelle I 2 Stunden
   Fertigungsstunden in Fertigungsstelle I 14 Stunden
   Der Bruttoverkaufspreis (20% MWSt.) inkl. 20% Rabatt und 2% Skonto beträgt 7.000.

	Materialstelle		Fertigungsstelle I		Fertigungsstelle II		Verwaltung und Vertrieb	
	Voll-kosten	variable Kosten	Voll-kosten	variable Kosten	Voll-kosten	variable Kosten	Voll-kosten	variable Kosten
Fertigungsmaterial	2,000.000							
Fertigungslöhne			3,000.000		4,000.000			
Hilfslöhne	300.000		1,000.000		500.000			
Nichtleistungslöhne, gesetzlicher Sozial-aufwand und lohn-abhängige Abgaben zu Löhnen	150.000		2,000.000		2,250.000			
Gehälter inkl. gesetzlichem Sozial-aufwand und gehalts-abhängiger Abgaben			400.000		150.000		1,000.000	
Hilfsmaterial			600.000		1,000.000		300.000	
Energie	200.000		800.000		600.000		100.000	
kalk. Abschreibung	200.000		2,000.000		700.000		1,500.000	
kalk. Zinsen	100.000		700.000		400.000		800.000	
Sonstige Gemeinkosten	400.000		3,000.000		1,000.000		700.000	

Beispiel 5 (L: S. 190):

Die RX-AG zeigt folgenden vereinfachten BAB (in Tsd.):

	Material-stelle	Fertigungs-stelle I	Fertigungs-stelle II	Verwaltung und Vertrieb
Fertigungsmaterial	3.000			
Fertigungslöhne		8.000		
variable Gemeinkosten	200	3.500	4.000	2.000
fixe Gemeinkosten	1.500	12.000	20.000	17.000

Fertigungsstelle I erstellt für die Verwaltung im Abrechnungszeitraum eine innerbetriebliche Leistung, für die Hilfsmaterial im Ausmaß von 200.000 und Fertigungslöhne im Ausmaß von 500.000 als Stelleneinzelkosten erfasst wurden. Die Leistung ist aktivierungspflichtig und auf fünf Jahre ab der nächsten Periode abzuschreiben. In Fertigungsstelle II sind 30.000 Maschinenstunden angefallen.

a) Wählen Sie die geeigneten Basen für die Zuschlagssatzermittlung, und rechnen Sie den BAB ab.

b) Wie ist das Hilfsmaterial und wie sind die Fertigungslöhne an der leistenden und wie die Leistung an der empfangenden Stelle einzuordnen?

c) Ermitteln Sie den BAB zu variablen Kosten unter der Annahme, die Fertigungslöhne seien zu 30% variabel, und rechnen Sie den BAB zu variablen Kosten ab.

2. Die Einsatzmöglichkeiten der Grenzkostenrechnung für die Preispolitik und betriebliche Entscheidungen (Einstufige Deckungsbeitragsrechnung)

Die folgenden Beispiele demonstrieren den Wert von Grenzkostenrechnungen für betriebliche Entscheidungen, insbesondere für die Preispolitik. Es wird vor allem auf die Berechnung von Preisuntergrenzen und die Ermittlung von deckungsbeitragsmaximalen oder umsatzmaximierenden Produktionsprogrammen in Abhängigkeit von der betrieblichen Situation – Überbeschäftigung oder Unterbeschäftigung – abgestellt. Überbeschäftigung möge dabei die volle Auslastung der betrieblichen Kapazitäten bedeuten, wobei hier jedoch nur Fälle mit einem einzigen möglichen Engpass behandelt werden. Bei mehreren potentiellen Engpässen muss zur Entscheidungsfindung auf die Verfahren der betriebswirtschaftlichen Optimierung (Operations Research, insbesondere der Linearen Programmierung) zurückgegriffen werden.

Beispiel 1 (L: S. 192):

Für eine Unternehmung sei folgender vereinfachter Betriebsabrechnungsbogen gegeben:

	Material-stelle	Fertigungs-stelle I	Fertigungs-stelle II	Verwaltung und Vertrieb
Fertigungsmaterial	1.000			
Fertigungslöhne		3.000	500	
kalk. Abschreibung		1.000	5.500	
sonstige variable Gemeinkosten		1.200	2.000	
sonstige fixe Gemeinkosten	500	4.000	1.000	2.000

Die Fertigungslöhne in Fertigungsstelle I sind zu 50% variabel, in Fertigungsstelle II zu 100% fix. Fertigungsstelle I ist nach Fertigungslöhnen, die Fertigungsstelle II nach Maschinenstunden – insgesamt 1.000 Stunden – abzurechnen.

Die Anlagen in den Fertigungsstellen werden – bis auf die Maschine X in Fertigungsstelle II – zeitabhängig abgeschrieben. Für die Anlage X sind in Fertigungsstelle II 4.000 an kalkulatorischen Abschreibungen enthalten.

Anlage X erfordert zu Beginn des Abrechnungszeitraumes einen Kapitaleinsatz von 20.000, die wirtschaftliche Lebensdauer beträgt ab dem Beginn der Abrechnungsperiode 10 Jahre. Der Berechnung der wirtschaftlichen Lebensdauer liegt eine durchschnittliche Jahresauslastung von 15.000 Stück zugrunde. Da die Auslastung stark schwankt, entschloss man sich zu einer proportionalisierten Verrechnung der Abschreibungen. Die Anlage wird jedoch jedenfalls erst nach 10 Jahren ersetzt. Etwaige Konsequenzen aus einer Abweichung von der geplanten Nutzung können durch geeignete Instandhaltungen behoben werden.

Basis für die Materialstelle ist das Fertigungsmaterial und für die Verwaltungs- und Vertriebsstelle die Herstellkosten.

In der beobachteten Unternehmung herrscht Unterbeschäftigung. In dieser Situation wird der Unternehmung die Produktion des Produktes P angeboten.

Der Absatz von 200 Stück des Produktes P zum Bruttoverkaufspreis (inkl. MWSt.) von 200 ist gesichert. Allerdings müssen davon noch 20% Rabatt und 2% Skonto gewährt werden.

Angaben zur Kalkulation des Produktes P (Vollkosten):
Fertigungsmaterial 10
Fertigungslöhne in Fertigungsstelle I 100
Maschinenstunden in Fertigungsstelle II 5 Stunden

a) Begründen Sie die Annahme oder Ablehnung des vorliegenden Auftrages.

b) Es wird bekannt, dass bei Annahme des Zusatzauftrages in der Fertigungsstelle I eine neue Maschine aufgestellt werden müsste, die um 4.000 für ein halbes Jahr gemietet werden könnte und die die sonstigen fixen Gemeinkosten der Fertigungsstelle I um 30% erhöhte. Wie würden Sie nach dieser Information über den Zusatzauftrag entscheiden?

c) Wie entscheiden Sie sich, wenn der Absatz von 1.000 Stück garantiert wäre?

d) Ab welcher Stückzahl wird die Produktion für die Unternehmung überhaupt diskutabel?

Beispiel 2 (L: S. 194):

Die Unternehmung X erwägt, die Produktion des Produktes A, das infolge einer Rezession gegenwärtig nur zum Nettoverkaufspreis von 14 verkauft werden kann, für ein halbes Jahr stillzulegen. Von dem Produkt werden gegenwärtig 1.000 Stück pro Monat verkauft. Die Kalkulation zu Vollkosten zeigt folgendes Bild:

Fertigungsmaterialeinsatz	2	
Materialgemeinkosten	0,20	2,20
Fertigungslöhne	5	
Fertigungsgemeinkosten	12,50	17,50
Herstellkosten		19,70
Verwaltungs- und Vertriebsgemeinkosten		1,97
Selbstkosten		21,67

Die Materialgemeinkosten sind zu 90%, die Fertigungsgemeinkosten zu 70% und die Verwaltungs- und Vertriebsgemeinkosten zu 100% fix. Die für das Produkt eingesetzten Arbeitskräfte könnten zwar nicht sofort, aber jedenfalls nach 2 Monaten – durch Nichtnachbesetzung gekündigter Positionen – zur Gänze eingespart werden. Während dieser beiden Monate könnten die freiwerdenden Arbeitskräfte zu 50% anderweitig eingesetzt werden. Die Fixkosteneinsparung infolge der vorübergehenden Produktionseinstellung beträgt 14.000. Die Stilllegungskosten betragen 2.000, die Wiederingangsetzungskosten 4.000.

Sollte die Produktion stillgelegt werden, wenn sonst keine Gesichtspunkte maßgebend sind (genaue zahlenmäßige Begründung!)?

Beispiel 3 (L: S. 194)

In einer Unternehmung werden die Produkte A und B gefertigt, wobei ein Engpass auf der Anlage X auftritt. Die Gesamtkapazität der Anlage X beträgt 4.000 Stunden jährlich.

Die variablen Kosten betragen für A 1.500 und für B 2.000 je Stück. Der Bruttoverkaufspreis – inklusive 20% Mehrwertsteuer, 3% Skonto und 10% Rabatt – beträgt für A 3.000 und für B 5.000.

Die Engpassanlage wird von A 2 und von B 4 Stunden je Stück beansprucht. Von A könnten jährlich maximal 1.200 und von B 800 Stück abgesetzt werden.

a) In welchem Ausmaß soll A bzw. B produziert werden, wenn die Unternehmung die Deckungsbeiträge zu maximieren wünscht?

b) Prüfen Sie, ob eine Erweiterung des Engpasses um 1.000 Stunden jährlich sinnvoll wäre, wenn dadurch pro Jahr fixe Kosten von 250.000 zusätzlich entstünden und die variablen Stückkosten jeweils unverändert blieben.

Beispiel 4 (L: S. 195):

Die Unternehmung XYZ plant trotz Überbeschäftigung die Einführung eines neuen Produkts „Super".

Der Grenzerfolg des bisherigen Erzeugungsprogramms beträgt 400 je Engpassstunde.

Zu welchem Bruttoverkaufspreis kann man die Einführung am Markt erwägen, wenn außerdem noch 20% Rabatt und 2% Skonto gewährt werden müssen? Die Mehrwertsteuer beträgt 20%.

Daten für die Kalkulation des Produktes „Super" zu Vollkosten sind:
Fertigungsmaterial 3.000
Fertigungsmaterialgemeinkostenzuschlag 10%
Fertigungslöhne 800
Fertigungslohngemeinkostenzuschlag 150%
Es werden 4 Maschinenstunden auf der Engpassanlage benötigt.
Der Maschinenstundensatz beträgt 250/Std.

Weiters wurde ermittelt, dass die Fertigungsmaterialgemeinkosten zu 90%, die Verwaltungs- und Vertriebskosten zu 100%, die Maschinenstundensätze zu 80% und die Fertigungslöhne und Fertigungslohngemeinkosten zu 50% fix sind.

Beispiel 5 (L: S. 195):

In einer Unternehmung herrscht Überbeschäftigung. Die für das Produktionsprogramm, Produkte A, B, C, D, errechneten Bruttogewinne je Engpassstunde betragen 40, 35, 30 und 20.

Bei der Unternehmung wird nun angefragt, zu welchem Preis vor Mehrwertsteuer man bereit sei, das Produkt Z zu produzieren. Dabei ist zu beachten, dass durch die Produktion von Z in dem vom Kunden gewünschten Ausmaß von 500 Stück die Engpassanlage mit 2.000 Stunden pro Jahr belastet würde. Die Jahresbelastung der Engpassanlage durch das bisherige Produktionsprogramm beträgt – nach Produkten gegliedert – für A 3.000 Stunden, für B 1.000 Stunden, für C 2.000 Stunden und für D 1.000 Stunden.

Weiters stehen noch folgende Kalkulationsunterlagen für das Produkt Z zur Verfügung:

Fertigungsmaterial 100
Materialgemeinkostenzuschlag 20% – die Materialgemeinkosten sind zu 50% variabel
Fertigungslöhne 300
Fertigungslohngemeinkostenzuschlag 200%, die Fertigungslöhne und die Fertigungslohngemeinkosten sind zu 80% fix
Maschinenstundensatz 500 je Stunde (Engpassanlage).

Die mittels des Maschinenstundensatzes verrechneten Fertigungsgemeinkosten sind zu 60% variabel. Der Verwaltungs- und Vertriebskostenzuschlagsatz beträgt 10% der Herstellkosten – die Kosten in der Kostenstelle Verwaltung und Vertrieb sind zu 100% fix.

Ermitteln Sie die theoretische Preisuntergrenze für das Produkt Z.

Beispiel 6 (L: S. 196):

Eine Unternehmung produziert die Produkte A und B, deren Kalkulation zu Vollkosten folgendes Bild zeigt:

	A	B
Fertigungsmaterial	100	300
Fertigungsmaterialgemeinkosten	25	75
Fertigungslöhne in Fertigungsstelle I	300	250
Fertigungslohngemeinkosten in Fertigungsstelle I	600	500
Maschinenstunden in Fertigungsstelle I (50 je Stunde)	300	400
Fertigungsstunden in Fertigungsstelle II (100 je Stunde)	500	200
Herstellkosten	1.825	1.725
Verwaltungs- und Vertriebsgemeinkosten	332,2	314
Selbstkosten	2.157,2	2.039

Der Bruttoverkaufspreis (20% Mehrwertsteuer) beträgt für Produkt A 5.000, für Produkt B 3.500.

Die Produkte wurden außerdem mit 20% Rabatt und 3% Skonto kalkuliert.

Weiters ist bekannt, dass die Fertigungsmaterialgemeinkosten fix, die Fertigungslöhne in Fertigungsstelle I zu 50%, die Fertigungslohngemeinkosten in Fertigungsstelle I zu 20%, die Maschinenstunden in Fertigungsstelle I zu 60% und die Fertigungsstunden in Fertigungsstelle II zu 10% variabel sind.

Der Verwaltungs- und Vertriebsgemeinkostenzuschlagsatz beträgt zu proportionalen Kosten 4% von den proportionalen Herstellkosten.

Von Produkt A werden gegenwärtig 300 Stück und von Produkt B 500 Stück je Periode produziert und abgesetzt.

Der Unternehmung wird nun die Produktion von 400 Stück C zum Nettoverkaufspreis (ohne Mehrwertsteuer, Rabatt und Skonto) von 2.500 angeboten. Für Produkt C werden folgende Einsätze zu Vollkosten benötigt:

Fertigungsmaterial 200
Fertigungslöhne in Fertigungsstelle I 300
Maschinenstunden in Fertigungsstelle I 2 Stunden
Fertigungsstunden in Fertigungsstelle II 3 Stunden

Die Kapazität der Unternehmung ist durch die Maschinenstunden in Fertigungsstelle I – insgesamt stehen je Periode 6.000 Stunden zur Verfügung – begrenzt.

a) Ist der Auftrag anzunehmen?
b) Bestimmen Sie die Preisuntergrenze für den Auftrag C (ohne Skonto, Rabatt und Mehrwertsteuer).

Beispiel 7 (L: S. 196):

Das Produktionsprogramm einer Unternehmung umfasst die Produkte A, B und C. Die variablen Selbstkosten, Nettoverkaufspreise ohne Erlösschmälerungen sowie die gegenwärtig produzierten und abgesetzten Stückzahlen sind in unten stehender Tabelle zusammengefasst. Die Kapazität der gegenwärtig unterbeschäftigten Unternehmung ist durch die maximal möglichen Maschinenstunden – nämlich 10.000 Stunden pro Monat – gegeben. Die von den Produkten A, B und C jeweils je Stück benötigten Maschinenstunden sind ebenfalls in der Tabelle angegeben.

Der Unternehmung wird nun die Produktion eines Produktes Z angeboten, das variable Selbstkosten von 250 erfordert und je Stück 2 Maschinenstunden beansprucht. Bei Annahme des Zusatzauftrages fallen einmalige Umstellungskosten in der Höhe von 10.000 an.

a) Ermitteln Sie die theoretische Preisuntergrenze für Produkt Z, wenn der Zusatzauftrag 200 Stück umfasst.
b) Ermitteln Sie die theoretische Preisuntergrenze für Produkt Z, wenn der Zusatzauftrag 1 Jahr hindurch 1.000 Stück pro Monat von Produkt Z umfasst.
c) Ermitteln Sie die theoretische Preisuntergrenze für das Produkt Z, wenn bei Nichtannahme des Auftrages unter b) die freien Kapazitäten abgebaut und dadurch Fixkosten in der Höhe von 300.000 pro Monat eingespart werden könnten.

	A	B	C
Stückzahl/Monat	800	1.000	1.000
Maschinenstunden/Stück	1 h	3 h	5 h
variable Selbstkosten/Stück	100	400	700
Nettoverkaufspreis ohne Erlösschmälerungen	600	1.300	3.000

Beispiel 8 (L: S. 197):

In einer Brauerei herrscht Überbeschäftigung. Die variablen Selbstkosten der drei Sorten Märzen, Gold und Malz verhalten sich zueinander wie 1,1 : 1 : 1,4.

Produziert und abgesetzt werden pro Woche 10.000 Einheiten Märzen, 7.000 Einheiten Gold und 2.000 Einheiten Malz.

Eine Flasche Märzen wird um 4, eine Flasche Gold um 5 und eine Flasche Malz um 6 Geldeinheiten – jeweils inklusive 20% Mehrwertsteuer abgegeben.

Von der Sorte Märzen könnte zum gegebenen Preis beliebig mehr abgesetzt werden, von den beiden anderen Sorten jedoch nicht. Untersuchungen haben ergeben, dass eine Sorte Export zum Preis von 4,5 (inkl. 20% Mehrwertsteuer) je Einheit mit 3.000 Einheiten je Woche absetzbar wäre.

Die Abfüllanlage hat eine Kapazität von 100 Flaschen je Stunde und ist voll ausgelastet. Vom Produkt Export könnten jedoch – wegen der kleineren Flaschen – 120 Einheiten je Stunde abgefüllt werden.

Die variablen Gesamtkosten des bisherigen Produktionsprogrammes betragen 41.600.

Es besteht die Möglichkeit, die Kapazität der Abfüllanlage durch Installation eines zusätzlichen Aggregates um 35 Stunden je Woche zu erhöhen. Dieser Ausbau hätte aber zusätzliche fixe Kosten von 6.300 je Woche zur Folge.

a) Ermitteln Sie jene Äquivalenzzahl für das Produkt Export, bei der eine Aufnahme in das Produktionsprogramm – ohne Kapazitätsausbau – diskutabel wird.
b) Bei welcher Äquivalenzzahl für das Produkt Export wäre der Kapazitätsausbau gerade noch interessant? (Die nach Abfüllung der 3.000 Flaschen Export noch freien Kapazitäten könnten für eine Ausweitung der Produktion von Märzen herangezogen werden!)

Beispiel 9 (L: S. 198):

Gegeben sei folgender vereinfachter Betriebsabrechnungsbogen:

	Materialstelle	Fertigungsstelle I	Fertigungsstelle II	Verwaltung und Vertrieb
Fertigungsmaterial	100.000			
Fertigungslöhne		400.000	300.000	
Sonstige Kosten:				
variabel	2.000	80.000	90.000	48.600
fix	28.000	600.000	510.000	300.000

a) Berechnen Sie die Zuschlagsätze zu variablen Kosten und zu Vollkosten. Fertigungsstelle I wird nach Fertigungslöhnen, Fertigungsstelle II nach Maschinenstunden (6.000 Stunden sind angefallen) abgerechnet.

   Die Fertigungslöhne in Fertigungsstelle II sind keine Einzelkosten. Die Fertigungslöhne sind vollständig variabel anzunehmen. Zur Abrechnung der Materialstelle und der Verwaltungs- und Vertriebsstelle sind geeignete Basen anzunehmen.
b) Die Unternehmung ist unterbeschäftigt. Produkt A könnte auf einem neuen Markt zum Bruttoverkaufspreis von 800 abgesetzt werden. Für die Produktion

von Produkt A werden Fertigungsmaterialien zu 50, Fertigungslöhne in Fertigungsstelle I zu 100 und 3 Maschinenstunden in Fertigungsstelle II benötigt. Üblicherweise müssen ein Rabatt von 10% und 3% Skonto gewährt werden. Die Mehrwertsteuer beträgt 20%. Soll dieser Markt beliefert werden?

c) Die Unternehmung ist unterbeschäftigt. Erfahrungsgemäß könnte der Absatz von Produkt B bei einem Einsatz von 200.000 an Werbemittel je Kostenrechnungsperiode von derzeit 1.000 Stück auf 1.500 Stück gesteigert werden. In der Produktion würde dadurch kein Engpass auftreten. Zur Produktion von Produkt B werden folgende Einsätze getätigt: Fertigungsmaterial 30, Fertigungslöhne in Fertigungsstelle I 80, 2 Maschinenstunden in Fertigungsstelle II. Der Nettoverkaufspreis ohne Erlösschmälerungen beträgt 500. Weisen Sie nach, ob diese Maßnahme vom kostenrechnerischen Standpunkt aus sinnvoll ist.

d) Die Unternehmung ist überbeschäftigt. Der Engpass ist durch die Maschinenstunden in Fertigungsstelle II gegeben. Wie hoch ist der Grenzerfolg der Unternehmung, wenn neben den unter b) und c) beschriebenen Produkten A und B noch Produkt C produziert wird?

   Produkt C weist zu Vollkosten einen Nettogewinn von 400 und zu variablen Kosten einen Deckungsbeitrag von 1.200 bei einer Engpassbeanspruchung von 2 Stunden auf.

e) Die Unternehmung ist überbeschäftigt. Berechnen Sie die Preisuntergrenze für den Zusatzauftrag 500 Stück des Produktes Z, wenn 20% Rabatt und 3% Skonto gewährt werden müssen. Mehrwertsteuer 20%.

Die Produktion dieses Zusatzauftrages ist entweder durch Umgestaltung des bisherigen Produktionsprogrammes möglich (Verdrängung von A und/oder B und/oder C) oder alternativ durch Inkaufnahme von zusätzlichen Fixkosten in der Höhe von 150.000 je Kostenrechnungsperiode. Für die Produktion von Produkt Z sind folgende Einsätze notwendig: Fertigungsmaterial 120, Fertigungslöhne in Stelle I 150, 4 Maschinenstunden in Stelle II. Von Produkt A werden derzeit 400, von B 1.000 und von C 1.400 Stück hergestellt und abgesetzt.

Beispiel 10 (L: S. 200):

Eine Unternehmung produziert die Produkte A, B und C. Engpass ist die Abteilung I, deren Leistung mit 1.000 h je Periode begrenzt ist.

Die Bruttoverkaufspreise (20% MWSt.), die variablen Kosten je Stück, die Produktionskoeffizienten in Abteilung I und die Absatzzahlen entnehmen Sie der nachfolgenden Aufstellung:

	A	B	C
Bruttoverkaufspreis	3.600	2.160	4.200
variable Selbstkosten	600	800	300
Produktionskoeffizient in Abteilung I	1	0,5	6
Absatz	620	400	30

Für Produkt C ist noch zu berücksichtigen, dass ein Rabatt von 10% und ein Skonto von 2% gewährt werden.

a) Welches Produkt sollte unter dem Gesichtspunkt der Gewinnmaximierung forciert werden, welches unter dem Gesichtspunkt der Umsatzmaximierung?

b) Durch eine werbliche Maßnahme könnte in der nächsten Periode der Absatz von B verdoppelt werden. Die Maßnahme würde ca. 200.000 kosten und zur Folge haben, dass die Produkte A und C entsprechend eingeschränkt werden müssen. Ist die Maßnahme unter dem Gesichtspunkt der Gewinnmaximierung sinnvoll, und wie sind A und C gegebenenfalls einzuschränken?

c) Beantworten Sie a) und b), wenn die Kapazität der Abteilung 12.000 h beträgt.

Beispiel 11 (L: S. 201):

Ein Unternehmen ist derzeit mit folgenden Produkten am Markt, die alle in Abteilung 1 bearbeitet werden müssen:

	A	B	C
BVP (20% MWSt.)	4.200	5.400	12.000
variable Selbstkosten	800	780	2.100
Selbstkosten zu Vollkosten	3.400	3.800	7.200
Zeit pro Stück in Abteilung I (Stunden)	2	4	3
monatlich produzierte und abgesetzte Stück	1.000	2.000	500

In Abteilung I stehen monatlich 12.000 Stunden zur Disposition.

Die Unternehmung erwägt, die Produktion eines Produktes Z aufzunehmen. Für mit Z vergleichbare Produkte wird derzeit am Markt ein Nettoverkaufspreis ohne Erlösschmälerungen von ca. 8.000 erzielt. Die Herstellkosten zu variablen Kosten würden 1.800, zu Vollkosten ca. 6.800 betragen, in Abteilung I würden dafür 2,5 h Bearbeitungszeit anfallen.

Für Produkt Z sind keine zusätzlichen Fixkosten (etwa für Werkzeuge etc.) zu erwarten. Es ist mit einem monatlichen Produktionserfordernis von 1.000 Stück Z zu rechnen. Die Kapazität von Abteilung I kann derzeit nicht erweitert werden.

a) Welche der obigen Daten sind für die Entscheidung, Z zu produzieren, relevant?

b) Soll die Produktion aufgenommen werden, wenn nur obige Daten relevant sind? Wie sieht das Produktionsprogramm nach einer Entscheidung aus?

c) Welche nicht angegebenen Daten sind noch entscheidungsrelevant?

3. Einzelkostenrechnung (Deckungsbeitragsrechnung)

Mehrstufige Deckungsbeitragsrechnungen bauen auf der Zurechenbarkeit aller Kosten als Einzelkosten zu Entscheidungen (Entscheidungsebenen) auf. Deckungsbeitragsrechnungen, insbesondere stufenweise, sind üblicherweise für Abrechnungsperioden von einem Jahr konzipiert. Prinzipiell sind alle Entscheidungen aus dem Produktionsprogramm bzw. der Akquisition und Fertigung der Produkte ableitbar. Allerdings muss für eine theoretisch einwandfreie Behandlung von Kosten als Einzelkosten sehr rasch auf Zeiträume zurückgegriffen werden, die prinzipiell nur mit Investitionsrechnungen entscheidungsvorbereitend behandelt werden dürfen. So ist die Bindungsdauer von Anschaffungskosten von z. B. maschinellen Anlagen oder Gebäuden mehrjährig, und es ist ein Verstoß gegen die konsequente Einzelkostenrechnung, diese in Form von kalkulatorischen Abschreibungen Abrechnungsperioden – z. B. einem Jahr – zuzurechnen. Kalkulatorische Abschreibungen (mit Fixkostencharakter) sind somit keine Periodenfixkosten wie dies z. B. Jahresprämien für Versicherungen oder Aufwendungen für Lizenzen aus zeitbezogenen Kontrakten oder Mieten wären.

Genaugenommen stellen auch Arbeitskosten keine periodenfixen Kosten dar, da Arbeitsverträge üblicherweise mit einer Kündigungsfrist, Pensionszusagen etc. gestaltet sind und somit die daraus erwachsenden Pflichten auch zwei oder mehrere Abrechnungsperioden betreffen können. Daher können nur die periodenfixen Anteile der Arbeitskosten in stufenweisen Deckungsbeitragsrechnungen, die mit einem Jahr als Abrechnungsperiode begrenzt sind, theoretisch einwandfrei berücksichtigt werden.

Der Wert einer stufenweisen Deckungsbeitragsrechnung für eine Abrechnungsperiode von einem Jahr besteht also in der Hauptsache darin, dass unterjährig disponible Fixkosten entscheidungsabhängig den jeweils durch sie verursachten kumulierten und nach Abzug der Fixkosten der Folgeentscheidungen noch verbleibenden Deckungsbeiträgen gegenübergestellt werden. Dies erlaubt die Güte der Entscheidungen, die unterjährig zu treffen sind, zu beurteilen. Der ausgewiesene kumulierte Deckungsbeitrag selbst ist ein wichtiger Indikator für den Erfolg und ermöglicht auch eine Performancekontrolle, wenn er für den Zeitvergleich konzipiert ist (die Ermittlungsregeln dürfen im Zeitablauf nicht geändert werden). Weiters sind die aus der stufenweisen Deckungsbeitragsrechnung erhaltenen Werte von großer Bedeutung für die Investitionskontrolle.

Durch die – praktisch durchaus sinnvolle – Festlegung von Abrechnungsperioden ergeben sich auch Abgrenzungsprobleme für eindeutig leistungsabhängige Kosten, die an sich ohne weiteres als Einzelkosten verrechnet werden könnten. Am Beispiel der Instandhaltung können wir dies leicht verdeutlichen. Müssen z. B. jeweils nach einer bestimmten Anzahl von Betriebsstunden oder gefahrenen Kilometern etc. planmäßig Anlagenteile getauscht werden oder liegen Erfahrungswerte vor, in welchen Intervallen (Standzeiten) Reparaturkosten zu erwarten sind, besteht die Gefahr, dass einzelne Perioden durch den Zufall des Zusammenfallens von Betriebszeitintervallen mit Kalenderintervallen (Kongruenzproblem) mehr belastet werden als andere. Solche rein leistungsabhängig sprungfixe Kosten werden in der Praxis zweckmäßigerweise auf die Leistungseinheiten aufgeteilt und wie variable Kosten verrechnet. Der Vorgang stellt natürlich eine Proportionalisierung dar, die für periodenfixe Kosten strikt abzulehnen sind. Der

Unterschied liegt jedoch auf der Hand. Bei leistungsabhängigen sprungfixen Kosten dürfen wir aus der Proportionalisierung konstante Werte je Leistungseinheit im Periodenvergleich erwarten. Die Proportionalisierung von Periodenfixkosten weist diese Eigenschaft jedoch nicht auf – die Höhe der Kosten je Einheit schwankt mit der Anzahl der Leistungseinheiten (siehe dazu auch Beispiel 2 im vorangegangenen Abschnitt).

Beispiel 1 (L: S. 202):

Die Produkte A und B mögen jeweils in einem zweistufigen Produktionsprozess in einer Betriebsstätte hergestellt werden.

a) Es ist unter Berücksichtigung der nachfolgenden Angaben eine mehrstufige Deckungsbeitragsrechnung für eine Abrechnungsperiode von einem Jahr zu gestalten.
b) Kommentieren Sie die unter a) gemachten Zurechnungen unter dem Gesichtspunkt der konsequenten Einzelkostenzurechnung.

	Produkt A	Produkt B
Jahresproduktion (Stück)	20.000	10.000
NVP	300	400
Rabatt	20%	10%
Skonto	3%	3%
Fertigungsmaterial	10	12
Unechte Gemeinkosten/Stück	3	3
Werkzeugkosten/1.000 Stück	1.500	2.600
Arbeitskosten Fertigung/Jahr	1,000.000	800.000
Stücklizenzen/Stück		1
Entsorgungskosten ($^1/_2$jährlich)		20.000
Energiekosten/Stück	0,60	1,40
Energieeinsatz/Monat	800	800

Aufgrund der Rabattregelungen können Rabatte nur für 50% der Umsätze gewährt werden, $^2/_3$ der Verkäufe erfolgen unter Inanspruchnahme des Skontos.

Beide Produkte werden in einer gemeinsamen Montageabteilung zusammengebaut, in der Arbeitskosten in der Höhe von 700.000/Jahr anfallen.

Die für Entwicklung und Qualitätssicherung zuständige Abteilung – für beide Produkte gemeinsam – erfordert pro Jahr ca. 800.000 an Material- und Energieeinsatz. Die Kosten für Öffentlichkeitsarbeit und Werbung betragen 1,000.000 pro Jahr.

Weiters sind noch Jahresmieten im Ausmaß von 100.000 und Gehälter in der Betriebsleitung von 1,200.000 zu berücksichtigen.

Kalkulatorische Abschreibungen und kalkulatorische Zinsen fallen für den gesamten Betrieb in der Höhe von 1,800.000 an und sind als Fixkosten zu klassifizieren.

In den Arbeitskosten sind nur die auf Kontraktzeiträume entfallenden Entgelte enthalten. Abfertigungszahlungen, Pensionszusagen und Arbeitskosten für den Zeitraum, die innerhalb der Kündigungsfrist zu bezahlen wären, sind dort nicht enthalten.

Beispiel 2 (L: S. 205):

Eine Unternehmung produziert die Produktlinien A, B und C, wobei A in den Varianten A1 und A2 produziert wird. Die Fertigung von A erfolgt in einer eigenen Betriebsstätte und kann infolge eines Engpasses nicht mehr gesteigert werden. Für die Fertigung von B und C zeichnet sich zwar ein Engpass ab, es steht aber noch genügend Kapazität zur Verfügung.

Die monatlich produzierten und abgesetzten Stückzahlen sowie Preise, variable Stückkosten, Werkzeugkosten, Instandhaltungskosten, Arbeitskosten und Produktionskoeffizienten auf (potentiellen) Engpässen entnehmen Sie bitte tieferstehender Tabelle.

	Betriebsstätte I		Betriebsstätte II	
	A1	A2	B	C
BVP (20% MWSt.)	12.000	9.600	14.000	3.000
Stück/Monat	2.000	7.000	3.000	20.000
Engpassbelastung in h/Stück	1,5	1	2,5	0,5
var. Kosten/Stück	1.812	900	2.000	450
Werkzeugkosten/Monat	4 Mio.	11,8 Mio.	5 Mio.	3,5 Mio.
Instandhaltung (Ersatzteile, Fremdreparaturen)	2 Mio.		3 Mio.	
Arbeitskosten/Monat	10 Mio.		8 Mio.	

a) Wie hoch ist der monatliche Deckungsbeitrag der drei Produktlinien?
   Wie hoch ist der monatliche Deckungsbeitrag des Betriebes und welche Kostenarten sind damit abzudecken?
   Welche Kostenarten könnten in den variablen Stückkosten enthalten sein?

b) Geben Sie eine Rangfolge der Produkte an, wenn der Deckungsbeitrag maximiert werden soll und wie sich die Reihenfolge verändert, wenn auch für die Produktion von B und C ein Engpass auftritt.

c) Geben Sie eine Rangfolge der Produkte an, wenn der Umsatz maximiert werden soll und wie sich die Reihenfolge verändert, wenn auch für die Produktion von B und C ein Engpass auftritt.
   Wie und unter welchen Voraussetzungen würden Sie die kalkulatorischen Abschreibungen der Betriebsstätten berücksichtigen?

Beispiel 3 (L: S. 206):

Vergleichen Sie Entscheidungen auf Basis der Vollkostenrechnung und auf Basis der Deckungsbeitragsrechnung, wenn als Zielsetzung Maximierung des Periodengewinnes angenommen wird. Die Ausgangslage sei durch folgende Daten beschrieben:

Periodenfixe Kosten 1 (Monat)	100.000
Periodenfixe Kosten 2 (Jahr)	2,400.000
Effektiv verfügbare Kapazität, zugleich potentieller Engpass der Unternehmung	1.000 h/Monat

Die Periodenfixkosten 1 fallen jeweils für einen Monat an. D. h., bei einer Entscheidung nicht zu produzieren, werden sie erst im nächsten Kalendermonat abgebaut.

Bei den periodenfixen Kosten 2 möge die Bindungsdauer ein Jahr betragen. D. h., die Kosten verursachende Entscheidung kann frühestens für das nächste Jahr zurückgenommen werden.

Andere Fixkosten fallen nicht an. Die Fixkosten sind für alle Produkte gemeinsam und können keinem Produkt isoliert zugeordnet werden.

Weiters sind folgende Daten zum Produktionsprogramm erhoben worden:

Produkte	A	B	C
produzierte und abgesetzte Stk./Monat	100	30	40
Stunden/Stk.	4h	2h	6h
NVPoE/Stk.	2.400	800	2.800
variable Kosten/Stk.	100	300	100

a) Skizzieren Sie für die gegebene Situation der Unterbeschäftigung die Entscheidungen, die aus einer Deckungsbeitragsrechnung zur Maximierung des Periodengewinns resultieren und vergleichen Sie die Entscheidungen sorgfältig mit jenen, die aus einer Vollkostenrechnung bei gleicher Zielsetzung zu treffen wären. Gehen Sie insbesondere auf die Frage ein, ob etwa ein Produkt des Produktionsprogrammes stillzulegen wäre! Was wäre bei einer vorübergehenden Stilllegung der Produktion zu beachten?

b) Behandeln Sie dieselbe Fragestellung, wenn Produkt A im Ausmaß von 175 Stück produziert wird, d. h. das derzeitige Programm beansprucht die Kapazität vollständig (Überbeschäftigung, Engpasssituation).

c) In der Situation b) kann durch eine organisatorische Verbesserung – ohne zusätzliche variable Kosten oder zusätzliche Investitionen – die Zeit für Produkt B auf eine halbe Stunde am Engpass gesenkt werden. Die freiwerdenden Kapazitäten werden sofort vom Produktmanager des Produktes A für sein Produkt beansprucht, und zwar mit dem Hinweis, es hätte den größten Deckungsbeitrag pro Stunde, und man könnte die zusätzlichen Stücke auch spielend absetzen. Der Produktmanager des Produktes B protestiert. Auch er könne spielend eine durch die Umstellung mögliche Mehrproduktion von B absetzen und so seine ursprüngliche Kapazität ebenfalls voll ausnützen. Wer hat recht? Wie hat sich die Situation verändert? Wie hoch ist der Grenzerfolg der Unternehmung vor und nach der Umstellung?

IV. Sonderformen und Schwerpunkte der Kostenrechnung in verschiedenen Branchen

A. Formen der Kostenrechnung in Fertigungsbetrieben in Abhängigkeit vom Fertigungsverfahren

1. Die Divisionskalkulation

Den bisherigen Ausführungen wurde die Zuschlagskalkulation zugrunde gelegt. Sie ist dadurch charakterisiert, dass die (variablen) Kosten der Stellen auf eine oder mehrere Bezugsgrößen, wie zum Beispiel die Fertigungslöhne oder die Maschinenstunden, bezogen werden und über die Bezugsgrößen auf die Kostenträger verteilt werden. In vielen Fällen werden aber auch einfachere Kostenrechnungsverfahren angewendet.

Bei einer Divisionskalkulation werden die Stückkosten so ermittelt, dass die Kosten (die variablen Kosten) des Betriebes (einer Stelle) entweder durch die Erzeugungsmenge des gleichen Zeitraumes oder durch eine mit Hilfe von Äquivalenzzahlen ermittelte „rechnerische" Erzeugungsmenge dividiert werden.

a) Gesamtbetriebliche Divisionsrechnung

Bei dieser einfachsten Form der Kostenrechnung werden die Kosten des Betriebes während einer Periode durch die Erzeugungsmenge dieser Periode dividiert. Das Hauptgewicht liegt hier auf der Kostenartenermittlung.

Beispiel:

Summe der Kosten	2,000.000,–
Erzeugungsmenge	10.000,–
Kosten pro Einheit	200,–

Eine solche Kalkulation setzt voraus, dass der Betrieb in einem bestimmten Zeitraum gleichartige Leistungen erstellt und in allen Stellen eine gleiche Menge hergestellt wird, das heißt, dass die Halbfabrikatebestände unverändert bleiben. Selbstverständlich ist es möglich, die Kosten in fixe und proportionale zu gliedern und die Divisionsrechnung in erster Linie zur Ermittlung der proportionalen Kosten je Stück heranzuziehen.

b) Divisionsrechnung mit Kostenstellenrechnung (Stufendivisionsrechnung)

Wenn die Bestände an Halbfabrikaten schwanken oder Halbfabrikate verkauft werden, dann ist auch bei Einproduktbetrieben eine gesamtbetriebliche Divisionsrechnung nicht mehr durchführbar. Es müssen Kostenstellen eingerichtet werden, deren Kosten durch die jeweiligen Erzeugungsmengen dividiert werden, um die Stückkosten zu ermitteln. Eine solche Stufendivisionsrechnung ist zum Beispiel in Ziegelwerken (Formen, Pressen, Trocknen usw.), in Zementwerken (Steinbruch, Öfen, Zementmühle) oder in Eisenwerken (Hochofen, Walzwerk, Stahlwerk, Drahtzieherei) anwendbar.

Eine Stufendivisionskalkulation kann auf zwei Arten aufgebaut werden:

(1) Einmal können die Kosten je Stelle durch die jeweilige in dieser Stelle bearbeitete Produktmenge dividiert werden und die so ermittelten Teil-Stückkosten durch Addition zu Kosten je Produkt zusammengesetzt werden.

Beispiel:

Ein Betrieb erzeugt das Produkt X in drei Arbeitsgängen (Abteilungen I, II, III). In der Abteilung I wurden 1.500 Stück bearbeitet (Gesamtkosten 60.000,–), in der Abteilung II 2.200 Stück (Gesamtkosten 55.000,–) und in der Abteilung III 2.000 Stück (Gesamtkosten 30.000,–). Es wurden insgesamt 2.100 Einheiten verkauft.

	Abt. I	Abt. II	Abt. III
Summe der Kosten	60.000,–	55.000,–	30.000,–
Erzeugungsmenge	1.500	2.200	2.000
Kosten je Stück in den einzelnen Stellen	40,–	25,–	15,–

Kosten je Produkt daher: 40,– + 25,– + 15,– = 80,–. (Hätte man die entstandenen Kosten von insgesamt 145.000,– durch die Erzeugungsmenge in der Abteilung III dividiert, hätte man Stückkosten von nur 72,50 erhalten.)

(2) Eine Stufendivisionskalkulation kann aber auch so aufgebaut werden, dass die Kosten der vorgelagerten Arbeitsgänge (Kostenstellen) gleichsam als Werkstoffkosten (Kosten der übernommenen Halbfabrikate) mit Istansätzen oder Normalansätzen auf die nachgelagerten Kostenstellen vorgetragen werden. Der Betrieb wird rechnungstechnisch in Teilbetriebe zerlegt. Bei dieser Methode scheinen in jeder Kostenstelle sämtliche bisher entstandenen Kosten der bearbeiteten Produkte auf. Aus den Kosten der letzten Kostenstelle lassen sich dann die Stückkosten errechnen.

Beispiel mit Istansätzen:

Obiges Beispiel, mit Istkosten abgerechnet, ergibt:

	Abt. I	Abt. II	Abt. III
originäre Kosten	60.000,–	55.000,–	30.000,–
Kosten der vorgelagerten Stellen		2.200 × 40,– = 88.000,–	2.000 × 65,– = 130.000,–
Summe	60.000,–	143.000,–	160.000,–
Erzeugungsmenge	1.500	2.200	2.000
Kosten pro Stück	40,– →	65,– →	80,–

Beispiel mit Normalansätzen:

Betragen die Normalbearbeitungskosten in Abteilung I 35,– und in Abteilung II 32,– (zusammen somit 67,–), so ergibt die Stufendivisionsrechnung folgendes Bild:

	Abt. I		Abt. II		Abs. III
originäre Kosten	60.000,–		55.000,–		30.000,–
Kosten der vorgelagerten Stellen		2.200 × 35,– =	77.000,–	2.000 × 67,– =	134.000,–
Summe	60.000,–		132.000,–		164.000,–
Erzeugungsmenge	1.500		2.200		2.000
Kosten pro Stück	40,–		60,–		82,–

Diese Form der Kostenrechnung wird in den USA „process cost accounting" genannt. Schwierigkeiten entstehen durch Änderungen der Halbfabrikatebestände in den Kostenstellen und durch Ausschussproduktion. In der Stufendivisionsrechnung können anstelle der Vollkosten auch Teilkosten angesetzt werden.

c) Divisionsrechnung für Kostenstellen

Wenngleich in vielen Betrieben die Divisionsrechnung gesamtbetrieblich nicht angewendet werden kann, so ist es dennoch oft möglich, die Kosten eines oder einiger Bearbeitungsvorgänge beziehungsweise Kostenstellen durch eine Divisionsrechnung abzurechnen. So werden in der Papierindustrie häufig die Kosten der Holzschlifferzeugung auf die Menge des erzeugten (und zum Teil vielleicht verkauften) Holzschliffes umgelegt.

d) Gesamtbetriebliche Äquivalenzzahlenrechnung

Die Divisionsrechnung ist, wie gezeigt wurde, ausschließlich bei Einproduktbetrieben beziehungsweise bei Kostenstellen, in denen gleichartige Produkte bearbeitet werden, anwendbar. Bei Mehrproduktfertigung, falls die Produkte zueinander in einer festen Kostenrelation stehen (Sortenfertigung), kann die Äquivalenzzahlenrechnung angewendet werden. Mit Hilfe von Äquivalenzzahlen (Kostenverhältniszahlen) wird eine rechnerische Erzeugungsmenge ermittelt, durch die die Gesamtkosten zur Ermittlung der Stückkosten der einzelnen Produkte dividiert werden. Ein Beispiel soll dieses Rechenverfahren zeigen:

Beispiel:

In einer Ziegelfabrik werden in einem Monat 400.000 Normalziegel, 250.000 Dachziegel und 150.000 Klinkersteine erzeugt. Die Gesamtkosten betragen 472.000,–. Genaue Kostenuntersuchungen in der Vergangenheit haben ergeben, dass sich die Kosten dieser drei Sorten pro Stück wie 1 : 1,8 : 2,2 verhalten (Kostenverhältniszahlen). 250.000 Dachziegel entsprechen demnach 250.000 × 1,8 Normalziegel, das sind 450.000 Normalziegel; ebenso entsprechen 150.000 Klinkerziegel 150.000 × 2,2 = 330.000 Normalziegel. Die rechnungsmäßige Menge an Normalziegeln beträgt daher 400.000 + 450.000 + 330.000 = 1,180.000. Daraus ergeben sich die Stückkosten je Normalziegel mit 472.000,– : 1,180.000 = 0,40, die Stückkosten je Dachziegel mit 0,40 × 1,8 = 0,72 und die Stückkosten je Klinkerziegel mit 0,40 × 2,2 = 0,88. Eine Nachrechnung ergibt:

Sorte	Menge ×	Stückkosten	=	Gesamtkosten
Normalziegel	400.000 ×	0,40	=	160.000,–
Dachziegel	250.000 ×	0,72	=	180.000,–
Klinkerziegel	150.000 ×	0,88	=	132.000,–
Summe				472.000,–

Eine Äquivalenzzahlenrechnung ist weiters anwendbar in Bierbrauereien (Biere verschiedener Sorten), in der Mühlenindustrie (verschiedene Mehlsorten), in Blechwalzwerken (Bleche verschiedener Stärke), in Drahtziehereien u. a. m.

Eine Äquivalenzzahlenrechnung mit variablen Kosten und mit Berücksichtigung von Engpässen zeigt folgendes Beispiel:

Von den in einer Drahtzieherei hergestellten Sorten sollen nur zwei betrachtet werden, und zwar Sorte A (Durchmesser 3 mm) und Sorte B (Durchmesser 1 mm). Die Äquivalenzzahlen für die variablen Kosten sollen 1 und 2 betragen, woraus sich variable Kosten je Tonne von 2.000,– beziehungsweise 4.000,– Währungseinheiten errechnen lassen. Die bisher erzielten Preise betragen 4.000,– beziehungsweise 7.000,– je Tonne. Die Drahtzieherei ist überbeschäftigt. Für die Erzeugung einer Tonne der Sorte B (dünner Draht) wird die dreifache Zeit benötigt (mehrmaliges Ziehen) gegenüber der Sorte A. In diesem Fall ist trotz des geringeren Bruttogewinns die Herstellung der Sorte A vorzuziehen, da in der gleichen Zeit von Sorte A drei Tonnen (Bruttogewinn 6.000,–), von Sorte B dagegen nur eine Tonne (Bruttogewinn 3.000,–) erzeugt werden können. Um beide Sorten für den Betrieb gleich interessant zu machen, müsste der Preis der Sorte A um 1.000,– sinken oder der Preis der Sorte B um 3.000,– steigen.

e) Äquivalenzzahlenrechnung für Kostenstellen

Wie bei der reinen Divisionsrechnung ist es auch hier möglich, das Kostenverhältnis-Verfahren auf einzelne Arbeitsgänge (Kostenstellen) anzuwenden. Wenn zum Beispiel in der Zellstoffkocherei einer Papierfabrik, die weichen und harten Zellstoff herstellt, die Kosten der Kocherei für weichen Zellstoff das 1,2-fache der Kochkosten für harten Zellstoff betragen und sowohl vom weichen als auch vom harten Zellstoff 1.000 t erzeugt werden, so beträgt die rechnungsmäßige Erzeugung: 1.000 × 1,2 t + 1.000 t = 2.200 t harten Zellstoffs. Die Gesamtkosten von zum Beispiel 550.000,– müssen durch diese rechnungsmäßige Erzeugungsmenge dividiert werden. Es ergeben sich dann Kochkosten von 250,– für harten Zellstoff und 300,– für weichen Zellstoff.

f) Der Zusammenhang zwischen Äquivalenzzahlenrechnung und Zuschlagskalkulation

Abschließend soll hervorgehoben werden, dass die Äquivalenzzahlenrechnung der Zuschlagskalkulation sehr ähnlich ist. Auch bei der Zuschlagskalkulation werden die Kosten jeder Stelle nach Äquivalenzzahlen auf die Produkte verteilt, und zwar werden die Kostenverhältniszahlen – z. B. bei Fertigungsstellen – aus dem Einsatz an Fertigungslöhnen oder Maschinenstunden ermittelt. Wenn ein Erzeugnis in einer Stelle 20,– an Fertigungslohn verursacht, während für ein anderes 30,– an Fertigungslohn eingesetzt werden müssen, dann werden die Kosten dieser Stelle (von den anderen Produkten abgesehen) im Verhältnis Menge Erzeugnis A × 2 zu Menge Erzeugnis B × 3 auf die beiden Produkte verteilt. Die Zuschlagskalkulation unterscheidet sich nur dadurch von der Äquivalenzzahlenrechnung, dass bei ersterer die „Äquivalenzzahlen" durch die Einzelkosten- beziehungsweise Maschinenstundenaufschreibung ständig ermittelt werden und daher variieren können, während sie bei der Äquivalenzzahlenrechnung nur einmal für einen längeren Zeitraum festgelegt werden. Die Zuschlagskalkulation ist insofern genauer und anpassungsfähiger, weist aber gegenüber der Äquivalenzzahlenrechnung den Nachteil auf, dass nur eine oder wenige Einflussgrößen für die Ermittlung der Äquivalenzzahlen herangezogen werden (zum Beispiel Fertigungslohnverbrauch oder/und Maschinenstundeneinsatz).

2. Die Kalkulationsmethoden bei Kuppelproduktion

Unter Kuppelprodukten versteht man Erzeugnisse, die zwangsläufig gemeinsam anfallen. So ergibt z. B. die Destillation von Erdöl eine größere Zahl von Erdölprodukten und der Einsatz des Ausgangsstoffes Kohle in Gaswerken neben Gas auch Koks. Da die Kosten für Kuppelprodukte zwangsläufig gemeinsam anfallen, können sie nur mehr oder weniger willkürlich auf die Produkte aufgeteilt werden. Zwei Kalkulationsmethoden wurden dafür entwickelt: die Restwertmethode und die Verteilungsmethode.

a) Die Restwertmethode

Bei der Restwertmethode werden die Gesamtkosten um die Erlöse aus dem Verkauf weniger wichtiger Produkte (Nebenprodukte, Abfallprodukte) vermindert. Der verbleibende Rest wird als Kosten des Hauptprodukts aufgefasst.

Beispiel:

Ein chemischer Spaltungsprozess ergibt 1.000 kg des Produkts A (Hauptprodukt) und 200 kg des Produkts B (Nebenprodukt). Die Kosten des Spaltungsprozesses betragen 100.000,–. Für das Nebenprodukt kann ein Preis von 40,– je kg erzielt werden (Vertriebskosten 10%). Der Nettoerlös für das Nebenprodukt beträgt daher (40,– minus 4,–) × 200 = 7.200,–. Dem Hauptprodukt werden daher noch Kosten von 100.000,– minus 7.200,– = 92.800,– zuzüglich Vertriebskosten zugerechnet.

b) Die Verteilungsmethode

Bei dieser Methode werden die Kosten eines einheitlichen Erzeugungsvorganges auf die Kuppelprodukte mit Hilfe eines Schlüssels verteilt. Als Verteilungsschlüssel werden verwendet: die Marktpreise der Produkte, ihr Erzeugungsgewicht u. a. m.

Bei beiden Methoden werden die Kosten willkürlich auf die Produkte verteilt. Die Methoden können daher preispolitische Entscheidungen kaum erleichtern. Die Preise für die bei der Kuppelproduktion anfallenden Produkte werden daher unter Bedachtnahme auf die Marktverhältnisse und die Gesamtkosten des Prozesses gemeinsam festzusetzen sein. Simultan dazu muss das optimale Erzeugungsverhältnis zwischen allen Kuppelprodukten bestimmt werden, falls das Erzeugungsverhältnis überhaupt – in Grenzen – variiert werden kann.

3. Kalkulationsmethode und Fertigungsverfahren

Es ist zusammenfassend festzustellen, dass das Fertigungsverfahren nicht nur die Zusammensetzung der Kosten (z. B. fixe und variable Kosten), sondern auch die Kalkulationsmethode beeinflusst. So ist bei Einzelfertigung (Auftragsfertigung) die Zuschlagsrechnung die zweckmäßige Kalkulationsform, bei Sortenfertigung die Äquivalenzzahlenrechnung (verbunden mit Zuschlagskalkulation), bei Massenfertigung, Fließbandfertigung und Chargenfertigung einheitlicher Produkte vielfach die Divisions- bzw. Stufendivisionsrechnung. Das Verfahren der Serienfertigung verursacht zusätzliche Probleme, vor allem durch das Auftreten serienfixer Auflagekosten, die von der Größe der Serie unabhängig sind, und durch die – infolge der wachsenden Geschicklichkeit der Belegschaft – sinkende Arbeitszeit je Stück bei zunehmender Seriengröße. Im Allgemeinen wird hier die Zuschlagskalkulation (Kleinserien) oder die Stufendivisionskalkulation (Großserien) die geeignete Kalkulationsform sein.

B. Kostenrechnung und Preispolitik im Hinblick auf die Auftragsgröße

Variable und fixe Kosten gibt es nicht nur im Hinblick auf die Beschäftigung, sondern z. B. auch bezüglich der Auftragsgröße. Jeder von einem Kunden erteilte Auftrag und auch jeder Fertigungsauftrag (d. h. an die Produktionsabteilung weitergegebene Auftrag) verursacht Fixkosten, die in gleicher Höhe für kleine und große Aufträge anfallen. Die auftragsfixen Kosten setzen sich zusammen aus Verwaltungs- und Vertriebskosten (Ausschreiben des Werkauftrages, Vorkalkulation, Ausfertigung der Versandpapiere, Verbuchung), Produktionskosten (Einrichten von Maschinen, Kontrollkosten) und eventuell Beschaffungskosten. Die auftragsfixen Kosten je Produkteinheit sind umso geringer, je größer der Auftrag ist. Wenn z. B. die auftragsfixen Kosten 100,– betragen und zwei Aufträge zu 10 bzw. 1.000 Stück gegenübergestellt werden, so entfallen auf eine Einheit des kleinen Auftrages 10,– an auftragsfixen Kosten, während auf eine Einheit des größeren Auftrages nur 0,10 entfallen. Daraus ist zu folgern, dass bei ins Gewicht fallenden auftragsfixen Kosten die Kleinaufträge bedeutend weniger gewinnbringend sind als die Großaufträge, wenn sie zu gleichen Preisen pro Einheit ausgeführt werden. Umsatzanalysen zeigen oft, dass 50% aller Aufträge nur zu 5 bis 10% des Umsatzes führen, ja sogar 80% der Aufträge nicht einmal ein Viertel der Gesamterlöse erbringen.

Die auftragsfixen Kosten können bei einzelnen Erzeugnissen verschieden sein und hängen davon ab, ob der Betrieb unter- oder überbeschäftigt ist. Bei Unterbeschäftigung zählen zu diesen Fixkosten nur Kosten, die zusätzlich durch die Übernahme eines Auftrages anfallen. Wenn somit Belegschaft und Maschinen nicht ausgelastet sind, dürfen die Kosten des Verwaltungspersonals bzw. die auf die Einrichtezeit entfallenden fixen Abschreibungs- und Zinskosten der Maschinen nicht zu den fixen Kosten je Auftrag gezählt werden. Bei Unterbeschäftigung sind daher auch relativ kleine Aufträge gewinnbringend.

Beispiel:

Ein nicht ausgelasteter Betrieb könnte einen Auftrag für das Produkt X erhalten. Der erzielbare Nettopreis wäre 50,–, die proportionalen Kosten 40,– je Einheit. Die zusätzlichen auftragsfixen Kosten betragen 150,–. Wieviele Einheiten muss der Auftrag umfassen, damit zumindest Kostendeckung erzielt wird, mit anderen Worten: Wie groß ist die minimale Auftragsgröße? Die Lösung ergibt nach der Formel

$$\frac{\text{auftragsfixe Kosten}}{\text{Bruttogewinn je Einheit}} = \frac{150,-}{10,-} = 15 \text{ Stück.}$$

15 Einheiten erbringen einen Bruttogewinn von 150,–, der zur Deckung der fixen Kosten je Auftrag reicht. Jeder größere Auftrag lässt einen Gewinn erzielen.

Bei Überbeschäftigung stellt sich dieses Problem anders dar. Jede Behandlung eines Auftrages verursacht in den überbeschäftigten Abteilungen nicht nur zusätzliche Kosten, sondern benötigt auch Kapazität, die man für die Erzeugung anderer Produkte verwenden könnte.

Fortführung des Beispiels:

Es soll in Ergänzung zu obigem Beispiel angenommen werden, dass eine Fertigungsabteilung einen Engpass bildet. Ihre Kapazität betrage 10.000 Stunden, der Grenzerfolg je Stunde (siehe oben) betrage 30,–. Weiters wird angenommen, dass für die Einrichtung der Maschinen für diesen Auftrag 5 Stunden benötigt werden und für die Fertigung einer Einheit 15 Minuten. Wie groß ist die minimale Auftragsgröße, die gewährleistet, dass sich die Gewinnsituation nicht verschlechtert? Zu den proportionalen Kosten je Stück von 40,– ist für die 15 Minuten Fertigungszeit ein entgangener Gewinn von 30,– : 4 = 7,50 zu rechnen. Das heißt, das Interesse des Betriebes an der Fertigung einer Einheit beträgt nur noch 50,– minus 47,50 = 2,50. Die fixen Kosten je Auftrag erhöhen sich um 150,– (5 Stunden à 30,–) auf 300,–, da durch die Maschineneinrichtung 5 Fertigungsstunden für andere Aufträge verlorengehen. Das bedeutet, dass die minimale Auftragsgröße nun 300,– : 2,50 = 120 Stück beträgt. Erst eine Auftragsgröße von über 120 Einheiten würde die Gewinnsituation verbessern.

Die auftragsfixen Kosten können dann verringert werden, wenn mehrere Kundenaufträge zu einem Fertigungsauftrag zusammengefasst werden können.

Um Kleinaufträge zurückzudrängen bzw. die Kunden zu Großaufträgen zu bewegen, kann das Mittel der Preisdifferenzierung nach der Auftragsgröße angewendet werden. So kann man einen Großteil der fixen Kosten den Kunden gesondert in Rechnung stellen, oder die Preise werden unter der Voraussetzung kleiner Auftragsgrößen erstellt und den Kunden, die größere Mengen bestellen, Mengenrabatte gewährt. Die Errechnung der Höhe von Mengenrabatten soll an einem Beispiel demonstriert werden.

Beispiel:

Es wird angenommen, die auftragsfixen Kosten (Ausschreiben des Fertigungsauftrages, Einrichten der Maschinen, Belegwesen, Verbuchung, Verpackung, Zustellung u. dgl.) betragen für das Produkt A 100,– und die sonstigen variablen Kosten pro Produkt 35,–. Ein Deckungsbeitrag von 25,– je Einheit werde angestrebt. Der Mindestauftrag beträgt 10 Stück

Bei einem Auftrag von 10 Stück ergeben sich

auftragsfixe Kosten	100,–
sonstige Kosten 10 × 35,–	350,–
	450,–
Bruttogewinnzuschlag 10 × 25,–	250,–
	700,–

Der Stückpreis wäre somit mit 70,– anzusetzen.

Bei einer Auftragsgröße von 20 Stück würde der Erlös 700,– × 2 = 1.400,– erreichen. Da die auftragsfixen Kosten konstant sind, belaufen sich Kosten und erwünschter Deckungsbeitrag für 20 Einheiten auf 1.300,–. Es könnte somit ein Rabatt von 100,–, d. s. 7%, gewährt werden.

Eng verbunden mit der Frage der Auftragsgröße ist das Problem der optimalen Artikel- bzw. Sortenzahl, d. h. die Zusammensetzung des Produktionsprogramms. Je mehr Produkte oder Sorten in einem Betrieb bestimmter Größe geführt werden, desto kleiner sind zwangsläufig die Auflagegrößen und desto höher die auftrags- und losfixen Kosten.

Wenn ein Betrieb sich gezwungen sieht, „verlustbringende“ Artikel (gemäß Ausweis in der Grenzkostenrechnung und/oder in der Vollkostenrechnung) zu erzeugen oder „verlustbringende“ Aufträge durchzuführen, um andere „gewinnbringende“ Aufträge nicht zu verlieren, so spricht man von einem kalkulatorischen bzw. preispolitischen Ausgleich. Tatsächlich lässt sich bei einem solchen Absatzverbund zwischen Erzeugnissen gar nicht feststellen, ob ein Produkt verlust- oder gewinnbringend ist; man kann dies nur für das gesamte Produktbündel ermitteln.

C. Die Erfassung und Verrechnung von Vertriebskosten (Vertriebskostenrechnung)

Die Vertriebskosten bestimmen in steigendem Maße die Kosten der Produkte mit. Sie werden vor allem durch die absatzpolitischen Mittel „Werbung“ und „Absatzorganisation“ beeinflusst. Die Kombination von preispolitischen Maßnahmen und anderen absatzpolitischen Mitteln ist eine schwierige Aufgabe. Ein Beispiel soll die notwendigen Überlegungen vereinfacht darstellen.

Beispiel:

Ein Betrieb konnte beim Produkt A im abgelaufenen Jahr einen Umsatz von 1.000 Stück à 100,– = 100.000,– erzielen. Der Betriebsleiter plant, im nächsten Jahr durch vertriebspolitische Maßnahmen den Umsatz von 20% auf 1.200 Stück zu erhöhen. Fachleute schätzen, dass dies entweder durch eine 3%ige Preissenkung oder durch zusätzlichen Werbeaufwand von 8.000,– oder durch verstärkten Einsatz von Reisenden (Kosten 4.000,–) erreicht werden könnte.

Die Kosten bzw. die Erlösminderungen der drei Maßnahmen würden im nächsten Jahr betragen bei

Erlösminderung auf Grund der Preissenkung	Kosten des Einsatzes von Reisenden	Werbekosten
3% von 120.000,– = 3.600,–	4.000,–	8.000,

Auf den ersten Blick scheint die Preisermäßigung die günstigste Maßnahme zu sein. Berücksichtigt man aber die Auswirkungen der verschiedenen Maßnahmen auf lange Sicht, so könnte sich zeigen, dass bei einem zusätzlichen Werbeaufwand in Höhe von 8.000,– mit einem Anhalten der Umsatzsteigerung von 20% in den nächsten drei Jahren gerechnet werden kann, während die Preissenkung oder der verstärkte Einsatz von Reisenden aufrechterhalten werden müsste, um die gewünschte Wirkung zu erzielen. Der Einsatz des Werbeverfahrens wäre dann die günstigste Alternative. In vielen Fällen wird durch die Kombination verschiedener Maßnahmen das günstigste Ergebnis erzielt werden.

Aufgabe der Vertriebskostenrechnung – der Erfassung und Verrechnung der Vertriebskosten – ist es, die Kosten der angewandten absatzpolitischen Verfahren detailliert zu ermitteln und ihre Abhängigkeit vom Absatzprogramm (Produktmengen, Produktarten im Produktionsprogramm, belieferte Absatzgebiete etc.) aufzuzeigen. Dies kann durch folgende Maßnahmen erreicht werden:

Zunächst können durch eine detaillierte Kostenartengliederung und Kostenstellenbildung im Vertriebsbereich die Kosten von Vertriebsprozessen (Werbeverfahren, Versand, Fakturierung etc.) transparent gemacht werden. Weiters muss im Auge behalten werden, dass es in der Regel zweckmäßig sein wird, den Absatzerfolg segmentmäßig festzustellen bzw. zu kontrollieren, wobei sich die Segmente häufig überlagern werden. So kann es aufschlussreich sein, den Absatzerfolg einerseits für Produkte (Produktgruppen), andererseits aber auch für Absatzgebiete oder für Kundengruppen (Großhändler, Einzelhändler) zu ermitteln. Es muss daher möglich sein, die Vertriebskosten mehrfach zu Absatzsegmenten zuzuordnen. Versandkosten für eine Ware z. B. betreffen gleichzeitig ein

Produkt, einen Kunden und ein Absatzgebiet. Eine Aufteilung der Kosten in Einzel- und Gemeinkosten wird in diesem Zusammenhang dadurch erschwert, dass eine bestimmte Kostenposition gegenüber einem Kostenträger Einzelkostenart sein kann, gegenüber einem anderen jedoch Gemeinkostenart: Kosten für den Versand einer Bestellung an einen Kunden können kundenbezogene Einzelkosten sein (z. B. Postversand), aber produktbezogene Gemeinkosten, wenn mehr als eine Produktart gemeinsam versandt wird (vgl. zu diesen Fragen die ausführliche Darstellung bei Seicht, G., Moderne Kosten- und Leistungsrechnung, 8. Aufl., Wien 1995, S. 353 ff., und die dort angegebene Literatur).

D. Die Erfassung und Verrechnung von Verwaltungskosten (Verwaltungskostenrechnung)

Im einführenden Beispiel in Abschnitt II wurden die Verwaltungskosten – ebenso wie die Vertriebskosten – nur in einer Kostenstelle erfasst und in Form eines globalen Zuschlags auf die Herstellkosten verrechnet. Um die Verursachung von Verwaltungskosten besser zu erkennen und die Verwaltungskosten (fixe und variable, oder nur variable) verursachungsgerechter auf die Produkte zu verteilen, können folgende Maßnahmen ergriffen werden. Zunächst können für abgrenzbare Verwaltungsprozesse (Buchhaltung, Kostenrechnung, Personalverwaltung, EDV) eigene Kostenstellen mit tiefer Kostenartengliederung gebildet werden. Weiters ist für jede dieser Kostenstellen zu erwägen, ob es nicht adäquat ist, ihre Kosten im Rahmen der innerbetrieblichen Leistungsverrechnung nach einem verursachungsgerechten Schlüssel (z. B. Anzahl der Buchungszeilen für die Kostenstelle Buchhaltung; zu betreuende Kopfzahl für die Personalverwaltung) auf die anderen Kostenstellen zu verteilen. Nur die Kosten jener Verwaltungskostenstellen, bei denen ein solcher Schlüssel nicht gefunden werden kann bzw. wo eine Einbeziehung in die innerbetriebliche Leistungsverrechnung unwirtschaftlich erscheint, sollten in einen globalen, von den Herstellkosten zu rechnenden Verwaltungskostenzuschlag eingehen (vgl. zu diesem Problemkreis die ausführliche Darstellung bei Seicht, G., Moderne Kosten- und Leistungsrechnung, 8. Aufl., Wien 1995, S. 341 ff.). Abschließend sei darauf hingewiesen, dass es bei manchen Prozessen fraglich sein kann, ob man sie eher dem Vertriebs- oder dem Verwaltungsbereich zuordnen soll (z. B. Fakturierung, Kundenbuchhaltung). Auch gibt es Abgrenzungsprobleme zwischen Verwaltungs- bzw. Vertriebsbereich und dem nachfolgend zu besprechenden Logistikbereich.

E. Die Erfassung und Verrechnung von Logistikkosten (Logistikkostenrechnung)

Der Fertigungs- und Absatzlogistik kommt im Zuge der fortschreitenden Automatisierung der Fertigung und des zunehmenden EDV-Einsatzes für Planungs- und Steuerungsaufgaben zunehmende Bedeutung zu. Dem entspricht ein zunehmendes Interesse daran, die Kosten der Logistik in der Kostenrechnung transparenter zu machen. Der Begriff Logistik wird nun sehr unterschiedlich weit gefasst. Im engsten Sinn werden darunter nur Transport- und Lagerungsprozesse subsumiert, im weitesten Sinn fällt auch die Steuerung sämtlicher Produktions- und Absatzprozesse unter Logistik. In neuerer Zeit wendet man sich eher der weiteren Begriffsfassung zu. Unter einer Logistikkostenrechnung versteht Weber „... ein auf die Bereitstellung detaillierter Logistikkosten- und -leistungsinformationen gerichtetes Informationssystem" (Weber, J., Logistikkostenrechnung, Berlin u. a. 1987, S. 5). Ein Weg, Logistikkosten transparent zu machen, ist die Einrichtung eigener Kostenstellen für bestimmte logistische Aktivitäten (z. B. innerbetrieblicher Transport; Lager; Fertigungssteuerung). Ist dies für bestimmte logistische Aktivitäten nicht zweckmäßig, können ihre Kosten durch eine entsprechend tiefe Kostenartengliederung transparent gemacht werden. Z. B. mag es nicht zweckmäßig sein, eine eigene Kostenstelle für Rüstkosten einzurichten. Dann können aber die durch den Rüstvorgang verursachten Personalkosten und eventuell auch sonstigen Kosten in den Fertigungskosten gesondert ausgewiesen werden. Auch eine Mehrfachzuordnung von Logistikkosten – so wie dies für die Vertriebskosten besprochen wurde – ist möglich: so könnten Rüstkosten sowohl in den betreffenden Fertigungskostenstellen als auch in einer Logistikkostenstelle erfasst werden. Das in Abschnitt IV. B. behandelte Auftragsgrößenproblem ist eine der Problemstellungen, zu deren Lösung man Informationen über Logistikkosten benötigt.

F. Die Kostenrechnung in Handelsbetrieben

Die Ausführungen über den Einsatz der Kostenrechnung für die Preisermittlung in Fertigungsbetrieben werden in diesem Abschnitt durch einige Aussagen über die Bedeutung der Kostenrechnung für die Preisbildung in Handelsbetrieben ergänzt.

1. Die Kalkulation mittels eines einheitlichen Regiezuschlags

Die einfachste Form der Kostenrechnung in Handelsbetrieben ist folgendermaßen aufgebaut:

(1) Es wird der Wareneinsatz ermittelt, d. h. der Einstandswert der verkauften Waren. Zum Einstandswert gehören neben dem Rechnungspreis (minus Rabatte und Skonti) die Bezugskosten, wie Fracht, Zoll, Tara, Versicherungskosten.

(2) Die übrigen Kosten (einschließlich Erlösminderungen) werden in direkt zurechenbare Kosten (und Erlösminderungen) und Gemeinkosten gegliedert.

(3) Die Gemeinkosten einer Periode werden in Beziehung gesetzt zum Wareneinsatz der Periode. Man erhält so den Regie- oder Gemeinkostensatz.

(4) Mittels des Regiesatzes wird ein Angebotspreis für eine Handelsware etwa nach folgendem Schema errechnet:

		Rechnungspreis (ohne abzugsfähige Vorsteuern)
	+	Bezugskosten
		Einstandspreis
	+	Regiesatz in %
	+	direkt zurechenbare Kosten, soweit sie nicht vom Verkaufspreis abhängig sind
		Zwischensumme
Handelsspanne	+	erwünschter (erzielbarer) Gewinn
		Zwischensumme
	+	vom Verkaufspreis abhängige direkte Kosten bzw. Erlösschmälerungen, wie Skonto, Verkaufsprovision, Frachtkosten usw.
		Nettoverkaufspreis

Die Differenz zwischen Einkaufspreis und Verkaufspreis wird als *Handelsspanne* bezeichnet. Sie wird meist in Prozenten vom Einkaufspreis ausgedrückt, kann aber auch in Prozenten vom Verkaufspreis dargestellt werden.

Ein einfaches *Beispiel* soll zeigen, wie der Regiesatz aus den Zahlen der Buchhaltung abgeleitet werden kann.

Die Aufwandssummen betragen:

Wareneinsatz:	4,010.000,–
Personalaufwand:	260.000,–
Sonstiger Aufwand:	120.000,–

Eine Analyse ergibt, dass im sonstigen Aufwand Frachtkosten für Warenbezüge (für bereits eingesetzte Waren) von 6.000,– und weiters Aufwendungen von 4.000,– für ein nicht betriebsnotwendiges Gebäude enthalten sind. Die Aufwendungen, die den Artikeln direkt zugerechnet werden können (Transporte durch Dritte, Versicherungsaufwand usw.), betragen 40.000,–. Die gebuchten Fremdkapitalzinsen belaufen sich auf 10.000,–, während die nach Gesichtspunkten der Kostenrechnung ermittelten kalkulatorischen Zinsen 20.000,– betragen. Für den Unternehmer soll ein Unternehmerlohn von 50.000,– eingesetzt werden. Im Wareneinsatz sind weiters 16.000,– für Schwund und modische Entwertung als Einsatz verrechnet. Die entsprechenden kalkulatorischen Wagnisse betragen 10.000,–.

Auf Grund dieser Angaben ist folgende Umformung notwendig: Der *Wareneinsatz* erhöht sich um 6.000,– (Bezugskosten) und vermindert sich um 16.000,– (Verluste aus Schwund und modischer Entwertung). Er beträgt somit 4,000.000,–.

Der sonstige Aufwand ist wie folgt zu korrigieren:

	Sonstiger Aufwand	120.000,–
–	direkt zurechenbare Aufwendungen	– 40.000,–
–	Bezugskosten	– 6.000,–
–	betriebsfremde Aufwendungen	– 4.000,–
–	Fremdkapitalzinsen	– 10.000,–
		60.000,–
+	kalkulatorische Zinsen	20.000,–
+	Unternehmerlohn	50.000,–
+	kalkulatorische Wagnisse	10.000,–
	Summe der Gemeinkosten	140.000,–

Die Summe der Gemeinkosten beträgt daher 400.000,– (260.000,– Personalkosten, 140.000,– sonstige Kosten). Wenn sie in Beziehung zum Wareneinsatz gesetzt wird (400.000,– : 4,000.000,–), ergibt sich ein Regiesatz von 10%.

Die Anwendung des Regiesatzes soll folgende beispielhafte Kalkulation für eine zu importierende Ware zeigen:

Rechnungspreis C.I.F. Antwerpen 1.000 Stk. à $ 1,70 à öS 20,–		34.000,–
Frachtkosten Antwerpen – österreichische Grenze		2.000,–
Frachtkosten österreichische Grenze – Wien		500,–
Transportversicherung		500,–
Einstandspreis frei Wien[1])		37.000,–
+ Regien 10%		3.700,–
+ Direkt zurechenbare Kosten (zum Beispiel besondere Wartungskosten)		1.300,–
		42.000,–
Gewinnzuschlag (zum Beispiel 5% von 42.000,–)		2.100,–
Zwischensumme		44.100,–
+ Verkaufsprovision 3,8% i. H. + Skontoaufschlag 2% i. H.	} 5,8% i. H.	2.715,–
Nettoverkaufspreis		46.815,–
Nimmt man nun an, dass 10% Rabatt gewährt werden müssen, wird man bei der Angebotslegung noch 10% i. H. hinzurechnen		5.202,–
		52.017,–
Nimmt man weiter an, dass von den 1.000 Einheiten nur 910 absatzfähig sind und dass für zwölf bestellte Einheiten eine Einheit als Draufgabe geliefert werden muss, so wird man von den angeschafften 1.000 Stück nur 910 – $^1/_{13}$ von 910 = 840 Stück gegen Entgelt veräußern können. Daher beträgt der Angebotspreis pro Stück ab Lager (vor Mehrwertsteuer)		62,–

Diese weit verbreitete Form der Kalkulation in Handelsbetrieben hat schwer wiegende Nachteile.

[1]) Die (Einfuhr-)Umsatzsteuer wird, da abzugsfähig, nicht berücksichtigt.

(1) Es werden alle Artikel, egal ob sie hohe oder niedrige Raumkosten, Zinskosten, Verwaltungskosten, Verkaufskosten usw. erfordern, mit den gleichen Sätzen kalkuliert. Die Besonderheiten der Kostenstruktur bleiben unberücksichtigt. Die Nachteile gleicher Regiesätze sind besonders offensichtlich, wenn die Einstandspreise sehr ungleich sind. Ein Unternehmen vertreibe Waren mit einem Einstandspreis von 1,– (A) bzw. 1.000,– (B). Bei einem Regiesatz von 25% sind die Nettoverkaufspreise 1,25 bzw. 1.250,–, obwohl in vielen Fällen die der Ware A zurechenbaren Kosten höher als 0,25, die der Ware B zurechenbaren Kosten niedriger als 250,– sein werden.

(2) Die Gemeinkosten werden nicht in variable und fixe (sprungfixe) Kosten geteilt. Es sei angenommen, dass der Regiesatz eines Betriebes 15% beträgt. Ein Artikel kann mit einem Aufschlag von 20%, ein anderer mit einem solchen von 10% verkauft werden. Daraus kann aber nicht geschlossen werden, dass der zweite Artikel einen Verlust von 5% verursacht. Ob die Eliminierung dieser Ware aus dem Verkaufsprogramm vorteilhaft ist, kann nur entschieden werden, wenn man die diesem Artikel zurechenbaren variablen und erzeugnisfixen Kosten kennt und die Komplementaritäts- und Substitutionsbeziehungen zu anderen Artikeln beachtet.

2. Die Verkaufsakte als Bezugsgröße

Die Nachteile eines einheitlichen Regiesatzes könnten zu der Untersuchung veranlassen, ob nicht die Anzahl der Verkaufsakte unter Berücksichtigung ihrer Dauer eine geeignetere Verteilungsgrundlage für die Gemeinkosten ist. Eine solche Bezugsgröße wird dann in Frage kommen, wenn die Mehrzahl der Gemeinkosten durch die Verkaufstätigkeit (Verkaufsgespräch, Fakturierung usw.) verursacht wird. Ob nun in einem Modegeschäft ein Anzug, ein Hemd oder eine Krawatte Gegenstand eines „Verkaufsaktes" ist, es wird nach dieser Argumentation jedem Gut ein gleicher Betrag für die Deckung der Gemeinkosten zuzurechnen sein, falls die Verkaufsakte gleiche Dauer haben.

Beispiel:

Betragen die Gemeinkosten eines Handelsbetriebes 400.000,– und die Zahl der Verkaufsakte 20.000, so sollte jeder Verkaufsakt 20,– an Gemeinkosten (zusätzlich zum Einstandspreis der Ware, den direkten Kosten und Erlösschmälerungen) erbringen.

Aber auch eine solche Kalkulation hat manche Schwächen. Besonders problematisch ist die Festlegung eines Verkaufsaktes. Ist der Verkauf von 1 kg Mehl ein Verkaufsakt oder der Verkauf von 5 kg oder 10 kg? Wieviele Verkaufsakte liegen vor, wenn einem Kunden unter einem mehrere Artikel verkauft werden? Die kürzeren Verkaufszeiten je Einheit bei größeren Verkaufsmengen könnte man durch Mengenrabatte berücksichtigen. Falls unterschiedliche Artikel unterschiedliche Verkaufszeiten verursachen, müsste man die Kosten je Verkaufsakt nach Artikelarten differenzieren.

Die beiden Verteilungsgrundlagen Einstandspreise und Anzahl der Verkaufsakte könnten auch kombiniert werden. So könnte man die Hälfte der Gemeinkosten nach dem Wareneinsatz und die andere Hälfte nach der Zahl der Verkaufsakte verteilen.

Beispiel:		
	Wareneinsatz	4,000.000,–
	Gemeinkosten	400.000,–
	Anzahl der Verkaufsakte	20.000
	Regiezuschlag auf Wareneinsatz	$\frac{200.000,–}{4,000.000,–} = 5\%$
	Gemeinkosten	$\frac{200.000,–}{20.000} = 10,–$

Eine solche Rechnung bewirkt, dass hochwertige Waren zu niedrigeren Kosten und billige Waren zu höheren Kosten ausgewiesen werden als in einer Rechnung mit einheitlichem Regiesatz.

3. Die Kostenstellenrechnung in Handelsbetrieben

Eine genauere Zurechnung der Gemeinkosten auf Warengruppen kann durch die Einrichtung von Kostenstellen versucht werden.

Kostenstellen können nach Warengruppen, nach Verrichtungen und nach räumlichen Gesichtspunkten gebildet werden. Wenn (nur) für Warengruppen Kostenstellen gebildet werden, so wird versucht, möglichst viele Kostenarten den Warengruppen direkt oder mit Hilfe von Schlüsseln, die von der Warengruppe abhängen, zuzurechnen. Raumkosten können z. B. nach dem Volumen der Lagerbestände, Zinskosten nach dem Wert der durchschnittlich gelagerten Bestände je Warengruppe, kalkulatorische Wagnisse nach den Risiken aus den Warengruppen verteilt werden. Die Kostenarten, für die keine von der Warencharakteristik abhängigen Schlüssel gefunden werden, können nach dem Einstandswert der Waren zugeordnet werden. Es erweist sich hier als vorteilhaft, die Warengruppen schon in der Buchhaltung (auf Bestands-, Einsatz- und Erlöskonten, auf Letzteren mit Hilfe von Symbolen auf Registrierkassen oder Kassablocks) zu trennen.

Beispiel:

	A	B	C
Warengruppen	2,000.000,–	1,200.000,–	800.000,–
Personalkosten	70.000,–	130.000,–	60.000,–
Sonstige Gemeinkosten	50.000,–	50.000,–	40.000,–
Summe der Gemeinkosten	120.000,–	180.000,–	100.000,–
Regiezuschlag	6%	15%	12,5%

Bei einer Stellenbildung nach Verrichtungen könnten folgende Kostenstellen eingerichtet werden: Einkauf, Lagerung, Gebäudeverwaltung, Rechnungswesen, Werbung, Dekoration, Kreditgewährung, Transporte zu Kunden, Verkauf, Warenbearbeitung usw. Bestimmte nach Verrichtungen gegliederte Stellen (Bereiche) können nach Warengruppen und/oder Regionen unterteilt werden: z. B. Werbung Warengruppe A, Werbung Warengruppe B. Nach der Zurechnung der Kosten auf Stellen müssen die Kosten der als Hilfsstellen (Dekoration, Verwaltung, Werbung usw.) geführten Stellen auf die Hauptstellen umgelegt werden. Mittels Zuschlagsbasen werden die Kosten der Hauptstellen dann den Waren zugerechnet. Mögliche Zuschlagsbasen sind aus folgendem Beispiel ersichtlich.

Kostenarten	Kostenstellen nach Verfahren					
	Einkauf	Lager	Verkauf	Versand	Verwaltung	Summe
Wareneinsatz						4,000.000
dir. Kosten						40.000
Personalkosten	24.000	12.000	170.000	24.000	30.000	260.000
sonst. Gemeinkosten	12.000	20.000	70.000	20.000	18.000	140.000
Summe	36.000	32.000	240.000	44.000	48.000	4,440.000
Umlage Verwaltungskosten	6.000	6.000	20.000	16.000	– 48.000	
Summe	42.000	38.000	260.000	60.000		4,440.000
Zuschlagsbasen	3.000 Bestellungen	4 Mill. Wareneinsatz	50% nach Wareneinsatz von 4 Mill., 50% nach Anzahl der Verkaufsakte (20.000)	6.000 Postversendungen		
Zuschlagssätze	14,– je Bestellung	0,95%	3,25% und 6,50 je Verkaufsakt	10,– je Versendung		

Es wird eine Ware mit folgenden Charakteristika kalkuliert: Einkaufspreis 20,–, die Bestellung erfolgt jeweils zu 100 Einheiten, es werden durchschnittlich zwei Einheiten in einem Verkaufsakt abgesetzt, die Ware wird nicht versendet.

Es ergibt sich:	Einstandspreis für 1 Einheit	20
	Kosten des Einkaufs 14,–/100	0,14
	Kosten der Lagerung 0,95% von 20,–	0,19
	Kosten des Vertriebes	
	a) 3,25% von 20,–	0,65
	b) 0,5 Verkaufsakte	3,25
		24,23

Zu dieser Zahl müssen noch die direkt zurechenbaren Verkaufskosten bzw. Erlösschmälerungen gezählt werden.

Eine Kostenstellenbildung nach räumlichen Gesichtspunkten liegt nahe bei Filialbetrieben, Warenhäusern (hier fällt eine räumliche Gliederung weitgehend mit einer solchen nach Warengruppen zusammen) und bei Unternehmungen, die unterschiedliche Absatzgebiete, z. B. durch Handelsvertretungen, bearbeiten. Die räumliche Grundgliederung kann nach verrichtungsmäßigen Gesichtspunkten und/oder nach Warengruppen unterteilt werden.

4. Die Anwendung von Teilkostenrechnungen für die Preispolitik der Handelsbetriebe

Sämtliche der oben besprochenen Kalkulationsmethoden in Handelsbetrieben könnten auch auf Teilkosten angewendet werden.

Es wird vorerst angenommen, dass keine Rücksicht auf Engpässe genommen werden muss. An einem Beispiel sollen die Vorteile der Trennung in variable und fixe Kosten für preispolitische Erwägungen demonstriert werden:

Beispiel:

Es soll der Preis für ein Kühlschrankmodell festgesetzt werden. Der Regiezu schlag des Betriebes (einschließlich eines normalen Gewinnzuschlages) beträgt 20%, der Zuschlag für variable Gemeinkosten nur 4%. Die direkten Verkaufskosten (Skonto usw.) betragen 10% vom Verkaufspreis. Der Einstandspreis je Kühlschrank beträgt 2.000,–. Die möglichen Verkaufsmengen bei unterschiedlichen Preisen vor Mehrwertsteuer sind:

2.800,–	15 Stück
2.600,–	30 Stück
2.500,–	50 Stück
2.400,–	70 Stück
2.300,–	100 Stück

Bei Vollkostenrechnung würde man kalkulieren:

Einstandspreis	2.000,–
+ 20% Regien und Gewinn	400,–
	2.400,–
+ 10% Verkaufskosten i. H.	266,–
	2.666,–

Man würde daher die Kühlschränke zu 2.666,– anbieten.

Rechnet man aber mit variablen Kosten, so ergibt sich:

	Preis	2.800,–	2.600,–	2.500,–	2.400,–	2.300,–
–	10% direkte Verkaufskosten	280,–	260,–	250,–	240,–	230,–
		2.520,–	2.340,–	2.250,–	2.160,–	2.070,–
–	(Einstandspreis + variable Gemeinkosten)	2.080,–	2.080,–	2.080,–	2.080,–	2.080,–
	Bruttogewinn	440,–	260,–	170,–	80,–	– 10,–
×	Stückzahl	15	30	50	70	100
erzielbarer Bruttogewinn		6.600,–	7.800,–	8.500,–	5.600,–	– 1.000,–

Es zeigt sich, dass ein Preis von 2.500,– am günstigsten ist, ein Preis, der gemäß Vollkostenüberlegungen nicht kostendeckend wäre. Entstehen durch die Aufnahme des Kühlschranks in das Verkaufsprogramm zusätzliche Fixkosten (Miete eines zusätzlichen Lagerraums, Einstellung weiteren Personals), so wäre zu erwägen, eine geringere Anzahl von Kühlschränken zu einem höheren Preis anzubieten, wenn dadurch sprungfixe Kosten erspart werden können.

Eine Schwachstelle dieser Argumentation soll nicht übersehen werden: Eine Preissenkung mag kurzfristig zu einer Bruttogewinn-(und Nettogewinn-)Steigerung führen. Wenn aber Konkurrenten gleichfalls mit Preisermäßigungen reagieren, so kann in der Folge der Gewinn unter das Ausgangsniveau sinken, da ein Teil der gewonnenen Absatzmenge den Konkurrenten (wieder) zuströmt. Es können also kurzfristig gewinnbringende Preisunterbietungen zu langfristigen Gewinnminderungen führen.

Auch muss beachtet werden, dass die Aufnahme eines zusätzlichen Artikels den Absatz anderer Artikel fördern (komplementäre Artikel) oder hemmen (substitutive Artikel) kann.

„Sonderleistungen" des Handels, wie die Speisenzubereitung in Delikatessengeschäften, die Hauszustellung usw., sind ebenfalls nicht nach den Ergebnissen einer Vollkostenrechnung zu beurteilen. Können solche Dienstleistungen in Zeiten der Unterbeschäftigung durchgeführt werden, so sind den Mehrerlösen nur die direkten Kosten (plus eventuelle sprungfixe Kosten, wie Fahrzeugkosten) gegenüberzustellen, um die Vorteile der „Sonderleistungen" zu errechnen.

Sind Engpässe vorhanden, müssen den Grenzkosten für die zu beurteilenden Waren Grenzerfolge für die in Anspruch genommenen Engpassfaktoren hinzugerechnet werden. Engpassfaktoren können sein: Räume (in Warenhäusern kann der Grenzerfolg je m^2 Raum vom Stockwerk abhängen), Schaufensterflächen, Werbemittel (falls das Budget fixiert ist) und vor allem das Personal. Der Grenzerfolg je Personalstunde ergibt sich z. B. aus dem Gewinn, der bei bester alternativer Verwendung des Aufgabenträgers erzielt wird.

G. Die Kostenrechnung in Dienstleistungsbetrieben

Im Dienstleistungssektor (Banken, Versicherungen, Transportbetriebe) wurden Kostenrechnungen im Allgemeinen erst später eingeführt als in Industrieunternehmungen. Viele Dienstleistungsunternehmungen sind erst in jüngster Zeit darum bemüht, differenziertere Kostenrechnungen zu entwickeln. Das besondere Problem der Dienstleistungsbetriebe im Hinblick auf die Kostenstruktur ist die Immaterialität der Leistung. Es fehlt ein materieller Kostenträger, dem Einzelkosten in Form von Material, Fertigungslöhnen etc. zugerechnet werden können. Entsprechend niedrig ist daher der Anteil klassischer variabler Kosten und entsprechend hoch der Anteil der Personalkosten an den Gesamtkosten. Eine weitere Besonderheit, die den Aufbau einer Kostenrechnung beeinflusst, ist die häufig gegebene Unmöglichkeit einer Produktion auf Vorrat und die Existenz „besonderer“ Produktionsfaktoren, wie z. B. Kapitalnutzungsrechte (Spareinlagen etc.) bei Banken.

Wie im Vertriebs-, Logistik- und Verwaltungssektor von Industriebetrieben ist bei der Entwicklung eines Kostenrechnungssystems für Dienstleistungsbetriebe die Bildung von Kostenstellen für möglichst einheitliche Verrichtungen und die Bezugsgrößenwahl für Kostenstellen – von welchen Einflussgrößen hängen die variablen Kosten der Stelle ab? – von besonderer Relevanz. Für die Zurechnung der in Kostenstellen gesammelten Kosten auf Leistungen ist die Ermittlung von durchschnittlichen Arbeitszeiten je Kostenträger wichtig (z. B. durchschnittliche Zeit für die Betreuung eines Schalterkunden mit bestimmtem Profil bei einer Bank). Auch im Dienstleistungsbetrieb wird häufig eine mehrdimensionale Kostenzuordnung (zu Kunden; zu Leistungsarten; zu Regionen) wichtig sein. (Über Möglichkeiten der Ausgestaltung von Kostenrechnungen im Dienstleistungssektor berichtet ausführlich Vikas, K., Controlling im Dienstleistungsbereich mit Grenzplankostenrechnung, Wiesbaden 1988.)

H. Beispiele

Beispiel 1 (L: S. 210):

In einer Textilfabrik werden 3 Arten von Stoffen (A, B, C) aus demselben Ausgangsmaterial hergestellt. Das Verhältnis der Kosten zwischen den 3 Stoffarten beträgt 1 : 1,2 : 1,5 und gilt für alle Kostenstellen. Nachstehende Kostenstellen sind eingerichtet:

	Spinnerei	Weberei	Färberei	Imprägnierung	Verwaltung und Vertrieb
Material	2.000				
Hilfsstoffe			1.000	2.000	
Personalaufwand	1.000	2.000	1.500	1.500	3.000
kalk. Abschreibung	1.500	3.500	1.000	1.000	1.200
Energie	700	2.500	1.100	1.400	500
Sonstige Kosten	520	1.090	500	900	2.800

Folgende Mengen wurden in den einzelnen Kostenstellen verarbeitet:

	Spinnerei	Weberei	Färberei	Imprägnierung	Verwaltung und Vertrieb
A	1.000 m	900 m	1.000 m	1.000 m	1.000 m
B	800 m	900 m	1.000 m	1.000 m	1.000 m
C	600 m	700 m	800 m	800 m	800 m

Berechnen Sie die Selbstkosten der drei Stoffe A, B und C je m.

Beispiel 2 (L: S. 210):

Die Kostenstelle X eines Produktionsbetriebes ist mit drei Maschinen A, B und C, welche eine heterogene Kostenverursachung aufweisen, ausgestattet. Sie ist daher im Sinne einer Platzkostenrechnung in der folgenden Art gegliedert und weist für die Abrechnungsperiode untenstehende Kosten aus:

	Kostenstelle X		
	A	B	C
Löhne und Lohnnebenkosten	3.000	2.000	6.000
Energie	500	1.000	1.500
kalkulatorische Abschreibung	500	3.000	1.000
kalkulatorische Zinsen	200	800	5110
Sonstige Gemeinkosten der Kostenstelle X		6.000	

Die Laufzeiten der Aggregate im Abrechnungszeitraum betrugen für A 700 Stunden, für B 800 Stunden und für C 500 Stunden. Die Kostenstelle wird nur von einem einzigen Produkt, dem Produkt P, durchlaufen. Infolge von Produktionsschwankungen und des teilweisen Verkaufes der Halbfabrikate nach Bearbeitung auf den Maschinen A und B wurden unterschiedliche Stückzahlen auf den einzelnen Maschinen bearbeitet. Auf Maschine A wurden im Abrechnungszeitraum 1.000 Stück gezählt, auf B 1.200 Stück und auf C 800 Stück.

Mit welchen Kosten ist eine Einheit vom Produkt P zu belasten, wenn es

a) die Kostenstelle X vollständig durchlaufen hat,
b) nur auf den Maschinen A und B bearbeitet wurde.

V. Die flexible Plankostenrechnung (Grenzplankostenrechnung)

Je langfristiger die Auswirkungen betrieblicher Entscheidungen sind, desto wichtiger ist es, die in der Zukunft erwarteten Kosten (und Erträge) der in Betracht gezogenen Entscheidungsalternativen zugrunde zu legen. Die Istkostenrechnungen haben den Nachteil, dass die in ihnen verrechneten Faktoreinsatzmengen und Faktorpreise vergangener Perioden nicht repräsentativ für die in Zukunft erwarteten Einsatzmengen und Preise sein müssen. Diesem Mangel kann nur teilweise dadurch abgeholfen werden, dass anstelle der Isteinsatzmengen und Istpreise einer Periode Normaleinsatzmengen und Normalpreise angesetzt werden.

In Plankostenrechnungen dagegen werden die für eine zukünftige Periode bzw. für ein geplantes Produktionsprogramm a) prognostizierten, b) erstrebten Kosten verrechnet. Die Ausdrücke: „erstrebt" und „prognostiziert" stehen für verschiedene Formen der Plankostenrechnung. Für den betrieblichen Entscheidungsprozess, vor allem die Programm- und Preisentscheidungen, wird wohl die Verrechnung von prognostizierten (erwarteten) Kosten (= Prognosekostenrechnung) am zweckmäßigsten sein. Im Vordergrund der Einrichtung von Plankostenrechnungen steht aber häufig der Zweck, die Effektivität des Produktionsprozesses durch Vorgabe von Normen, die von den Abteilungsleitern anzustreben sind, und durch eine Analyse der Abweichungen zwischen den Plankosten und den Istkosten (mit entsprechenden Kontrollwirkungen) zu verbessern. Diesem Zweck dürfte die Verrechnung von erstrebten Kosten, die meist niedriger als die prognostizierten Kosten sind, besser entsprechen. Die folgenden Ausführungen sind an einer solchen Form der Plankostenrechnung ausgerichtet (Plankostenrechnung im engeren Sinn, Standardkostenrechnung).

Man unterscheidet weiters starre und flexible Plankostenrechnungen. Sie unterscheiden sich dadurch, dass in den Kostenplänen der flexiblen Plankostenrechnungen nach fixen und variablen Plankosten gegliedert wird, während in starren Plankostenrechnungen der Variabilitätsgrad der Kosten nicht zum Ausdruck kommt. Im Folgenden werden nur flexible Plankostenrechnungen behandelt, da sie sich erstens in der Praxis durchgesetzt haben, und weil zweitens starre Plankostenrechnungen letztlich die gleichen Schwächen aufweisen wie Istkostenrechnungen zu Vollkosten.

Flexible Plankostenrechnungen kann man weiter unterteilen in flexible Plankostenrechnungen zu Vollkosten und flexible Plankostenrechnungen zu Grenzkosten (= Grenzplankostenrechnung). In den Kostenplänen beider Formen werden fixe und variable Plankosten unterschieden. Bei der Grenzplankostenrechnung erfolgt aber auch die innerbetriebliche Leistungsverrechnung und die Produktkalkulation zu Grenzkosten. Bei der flexiblen Plankostenrechnung zu Vollkosten werden für diese Abrechnungsschritte Vollkosten herangezogen. In der Praxis hat sich primär die Grenzplankostenrechnung durchgesetzt, wobei jedoch zumeist parallel neben den Kostenträgerrechnungen zu Grenzkosten auch solche zu Vollkosten durchgeführt werden. Die folgenden Ausführungen beziehen sich zumeist auf die preispolitisch interessantere Grenzplankostenrechnung.

Da in den meisten Fällen neben den Plankosten auch die Istkosten aufgezeichnet werden, um durch die Analyse der Abweichungen Daten für den Entscheidungsprozess zu gewinnen, besteht keine Alternative zwischen Plan- und Istkostenrechnung, sondern nur die Wahl zwischen Istkostenrechnung einerseits und Ist- und Plankostenrechnung anderseits.

A. Die Kostenplanung und Abweichungsermittlung

1. Die Planung der Einzelkosten

Für die Planung der Einzelkosten ist der Materialeinsatz (in Stücklisten) und der Fertigungsstundeneinsatz (in Operationslisten) pro Produkt festzuhalten. Diese Mengenstandards sind mit Planpreisen zu multiplizieren.

Beispiel:

Werden für ein Modellkleid laut Messung 3 m Stoff benötigt und schätzt man den Preis des Stoffes auf 120,– pro m, so betragen die Planmaterialkosten 3 × 120,– = 360,–. Es stelle sich heraus, dass die Istmaterialkosten pro Kleid 387,50 betragen haben. Zwei Ursachen können für diese Abweichung von 27,50 verantwortlich sein: ein Mehrverbrauch an Stoff (Verbrauchsabweichung) oder/und eine Preiserhöhung (Preisabweichung)[1]). Nimmt man an, dass der Stoffverbrauch pro Kleid 3,10 betragen hat und der Stoff um 125,– pro Meter gekauft werden musste, so errechnen sich die Verbrauchs- und die Preisabweichung üblicherweise wie folgt:

	Istmenge × Istpreis (Istkosten)	3,1 × 125,– = 387,50
–	Istmenge × Planpreis	– 3,1 × 120,– = – 372,–
	Preisabweichung	3,1 × 5,– = 15,50
	und	
	Istmenge × Planpreis	3,1 × 120,– = 372,–
–	Planmenge × Planpreis (Plankosten)	– 3 × 120,– = – 360,–
	Verbrauchsabweichung	0,1 × 120,– = 12,–

(Mehrkosten werden positiv, Minderkosten negativ ausgewiesen.)

Eine exaktere Abweichungsermittlung würde eine „reine" Verbrauchsabweichung, eine „reine" Preisabweichung und eine gemischte Abweichung unterscheiden. Die „reine" Verbrauchsabweichung errechnet sich unter Annahme, dass nur eine Verbrauchsabweichung, nicht aber eine Preisabweichung stattgefunden hat:

(Istmenge – Planmenge) × Planpreis = 12,–.

Für die Ermittlung der „reinen" Preisabweichungen gilt die gegenteilige Annahme, dass sich nur der Preisfaktor geändert hat:

(Istpreis – Planpreis) × Planmenge = 15,–.

[1]) Alle in diesem Abschnitt erwähnten Abweichungen, auch die Beschäftigungs- und Intensitätsabweichung, sind Kostenabweichungen.

Hinzu tritt die gemischte Abweichung, d. h. die Preisabweichung für den Mehrverbrauch:

(Istmenge – Planpreis) × (Istmenge – Planmenge) = 0,5.

Es ist ersichtlich, dass bei obiger üblicher Berechnungsweise die gemischte Abweichung in die Preisabweichung – da diese zuerst berechnet wird – eingeht.

Sind Verbrauchsabweichungen dadurch verursacht, dass vom geplanten Mischungsverhältnis verschiedener Materialsorten abgegangen wird, heißen sie Mischungsabweichungen.

Lohnsatz- und Verbrauchsabweichungen bei Fertigungslöhnen werden analog ermittelt. Bei Akkordlöhnen entfällt die Verbrauchsabweichung, falls nicht Zusatzlöhne (etwa für nicht von Arbeitern zu verantwortende Stillstandszeiten) anfallen und die Mindestlöhne nicht unterschritten werden.

2. Die Planung der Gemeinkosten

Bei der Planung der Gemeinkosten ist zu berücksichtigen, dass die Kosten (bei konstanter Kapazität) beeinflusst werden können durch:

a) den zeitlichen Einsatz (die Produktionszeit = Beschäftigung) je Aggregat
b) die Produktmenge je Zeiteinheit je Aggregat (Intensität)
c) die Produktionsverfahren
d) die Losgrößen
e) die Auftragszusammensetzung (das Produktionsprogramm)
f) die Faktorqualitäten [soweit nicht durch c) bestimmt]
g) die Wirtschaftlichkeit des Faktoreinsatzes (gemessen durch das Verhältnis von Istverbrauch zu Sollverbrauch)
h) die Faktorpreise

a) Die Planung der Kosten in Abhängigkeit von der Kosteneinflussgröße Beschäftigung; die Ermittlung der Beschäftigungsabweichung

In einem ersten Schritt sind die Bezugsgrößen (Zuschlagsbasen) festzulegen, für die die Kosten zu planen sind. Diesbezüglich gelten die gleichen Gesichtspunkte, wie sie unter Abschnitt II. B. 4. erarbeitet wurden. Bei homogener Kostenverursachung kommt man mit einer Bezugsgröße aus, bei heterogener Kostenverursachung sind mehrere Bezugsgrößen zu wählen. Im Fall mehrerer Bezugsgrößen müssen die variablen Plankosten für jede Bezugsgröße gesondert geplant bzw. die gesamten geplanten variablen Kosten der Stelle auf die Bezugsgrößen aufgeteilt werden. Die geplanten Fixkosten müssen nicht nach Bezugsgrößen differenziert werden.

In einer Plankostenrechnung kommt der Bezugsgrößenfestlegung nicht nur für die Kalkulation der Produkte (wie in Istkostenrechnungen) Bedeutung zu, sondern auch für die Kontrolle der Istkosten an den Sollkosten, denn die Sollkosten hängen von den gewählten Planbezugsgrößen ab (siehe später).

Zweitens ist das Ausmaß der Bezugsgrößen, für das geplant werden soll (= Planbeschäftigung), festzulegen. Diesbezüglich bestehen folgende alternative Möglichkeiten:

a) Planbeschäftigung ist die Kapazität der Kostenstelle (die Kapazität des bedeutendsten Engpassfaktors der Kostenstelle);

b) die Planbeschäftigung einer Kostenstelle leitet sich aus der Kapazität derjenigen Fertigungsstelle ab, die den bedeutendsten Engpass des Betriebes darstellt;

c) die Planbeschäftigung wird vom geplanten Produktionsprogramm der nächsten Periode abgeleitet;

d) die Planbeschäftigung entspricht der Normalbeschäftigung.

Alle diese Varianten haben Vor- und Nachteile. Für a) spricht, dass die Planansätze nicht geändert werden müssen, wenn sich die Absatzmenge ändert, oder wenn der bedeutendste betriebliche Engpass erweitert wird [wie bei Methode b) und c)]. Vorteilhaft ist auch, dass diese Methode als einzige in der Relation Istbeschäftigung zu Sollbeschäftigung das Ausmaß der Unterbeschäftigung der Kostenstelle zeigt. Nachteil dieser Methode ist, dass die Planansätze bei stark unterbeschäftigten Stellen sehr unrealistisch sind.

Drittens ist festzulegen, welche Kostenarten in Bezug auf Änderungen der Beschäftigung, d. h. der Bezugsgrößen, fix und variabel sind. Die Probleme der Trennung in fixe und variable Kosten sind bereits bei der Behandlung der Istkostenrechnung zu variablen Kosten besprochen worden. Anhaltspunkte für eine Isolierung der fixen und variablen Kosten kann man durch eine Analyse der Istkosten der vergangenen Monate im Verhältnis zu der jeweils gegebenen Beschäftigung gewinnen (statistische Methode, z. B. Regressionsrechnung). Zu verlässlicheren Daten werden jedoch Untersuchungen der Kostenfunktion von Aggregaten bei optimalem Einsatz unter Heranziehung von technischen Experten, Experimenten, Branchenvergleichszahlen usw. führen. Solche Untersuchungen sind durch Überlegungen zu ergänzen, wie die Kostenstellenleiter bei Änderungen der Beschäftigung disponieren sollen. (Ist z. B. nicht geplant, die Hilfsarbeitsstunden bei Rückgang der Beschäftigung einer Stelle einzuschränken, so sind die entsprechenden Kosten als fix zu veranschlagen.) Insbesondere ist die Frage problematisch, inwieweit die sprungfixen Kosten (Kosten, die sprunghaft angepasst werden, wenn die Beschäftigungsänderung ein bestimmtes Ausmaß erreicht hat) und remanenten Kosten (Kosten, die erst nach einem bestimmten zeitlichen Abstand von der Beschäftigungsänderung angepasst werden können) als proportional oder fix zu verrechnen sind. In der Plankostenrechnung neigt man dazu, solche Kosten weitgehend als proportional zu verrechnen, um besser kontrollieren zu können, ob die Kostenstellenleiter sprungfixe und remanente Kosten plangerecht anpassen (siehe dazu auch die abschließenden Ausführungen zur „dynamischen" Grenzplankostenrechnung).

Die formellen Verfahren zur Kostenplanung in Abhängigkeit von der Beschäftigung sollen an einem Beispiel aufgezeigt werden.

Beispiel:
In der Stelle X fallen nur drei Kostenarten an: Abschreibungskosten: 5.000,– (fix); Energiekosten: Grundgebühr 200,– (fix); Laufgebühr bei Planbeschäftigung 800,– (proportional); Lohnkosten: Lohnsatz 10,– je Stunde. Planbeschäftigung: 2 Arbeiter à 200 Stunden.

Das Stellenblatt der Plankostenrechnung (ohne Kennzeichnung der Kostenabhängigkeit vom Beschäftigungsgrad) würde so aussehen:

Kostenstelle X, Planbeschäftigung	400 Stunden
1. Lohnkosten, 400 Std. à 10,–	4.000,–
2. Abschreibungskosten	5.000,–
3. Energiekosten	1.000,–
	10.000,–

(1) Die älteste, sehr arbeitsaufwendige Form der Kennzeichnung der Variabilität der Kosten besteht darin, dass die Kosten nicht nur für den Beschäftigungsgrad von 100%, sondern auch für andere in Frage kommende Beschäftigungsgrade geplant werden (Stufenplanung). Die für Beschäftigungsgrade von 99% und darunter geplanten Kosten heißen Sollkosten.

Fortführung des Beispiels:

	Plankosten bei einem Beschäftigungsgrad von					
Kostenstelle X	100%	90%	80%	70%	60%	50%
1. Lohnkosten	4.000.–	3.600,–	3.200,–	2.800,–	2.400,–	2.000,–
2. Abschreibungskosten	5.000,–	5.000,–	5.000,–	5.000,–	5.000,–	5.000,–
3. Energiekosten	1.000,–	920,–	840,–	760,–	680,–	600,–
	10.000,–	9.520,–	9.040,–	8.560,–	8.080,–	7.600,–

Bei den Energiekosten ist zu beachten, dass eine Abnahme des Beschäftigungsgrades um 10% die Kosten nicht um 10% von 1.000,–, sondern nur um 10% von 800,– sinken lässt (fixer Anteil 200,–).

Stellt sich heraus, dass der tatsächliche Beschäftigungsgrad zwischen zwei geplanten liegt (z. B. 85%), dann kann man die Sollkosten durch Interpolieren feststellen.

Die in der Praxis kaum mehr angewandte Stufenplanung hätte den Vorteil, auch nichtlineare Kostenverläufe und stufenfixe Kosten berücksichtigen zu können.

(2) Zweitens kann den Kostenarten eine Kennzahl beigegeben werden, die über die Variabilität der Kostenarten informiert (Variator-Methode). Die Kennzahl (Variator) zeigt an, wieviele Zehntel der Plankosten variabel sind. So bedeutet Variator 10: Plankosten zur Gänze proportional; Variator 0: Plankosten zur Gänze fix; Variator 6: Plankosten zu 60% variabel und zu 40% fix; Variator 3: Plankosten zu 30% variabel, zu 70% fix, usw.

Fortführung des Beispiels:

Kostenstelle X	Kostenarten	Variator
1. Lohnkosten	4.000,–	10
2. Abschreibungskosten	5.000,–	0
3. Energiekosten	1.000,–	8
	10.000,–	4,8

Der Variator der Kostenart Energiekosten ist 8, da 80% (800,–) der Plankosten (1.000,–) variabel sind. Der Gesamtvariator für die Kostenstelle beträgt 4,8, da 48% (4.800,– von 10.000,–) der Kosten proportional sind. Will man nun zum Beispiel für einen Beschäftigungsgrad von 90% die Sollkosten ermitteln, so ist wie folgt zu rechnen: 48% der Kosten von 10.000,–, das sind 4.800,–, sind proportional. Sie werden bei einem Beschäftigungsgrad von 90% daher 90% von 4.800,– = 4.320,– betragen. Die übrigen Kosten von 5.200,– bleiben fix. Es betragen daher die Sollkosten für einen Beschäftigungsgrad von 90%: 4.320,– + 5.200,– = 9.520,–. Das Resultat ist das gleiche wie bei Methode 1.

Auch die Variator-Methode wird in der Praxis kaum angewandt.

(3) Die einprägsamste und gegenwärtig fast ausschließlich verwendete Methode ist der getrennte Ausweis der fixen und der variablen Kosten.

Fortführung des Beispiels:

Kostenstelle X	fixe Kosten	proportionale Kosten	gesamt
1. Lohnkosten		4.000,–	4.000,–
2. Abschreibungskosten	5.000,–		5.000,–
3. Energiekosten	200,–	800,–	1.000,–
	5.200,–	4.800,–	10.000,–

Sinkt der Beschäftigungsgrad auf 90%, so bleiben die fixen Kosten unverändert, die variablen sinken um 10% auf 4.320,–, sodass sich – wie bei den anderen Methoden – Sollkosten von 9.520,– ergeben.

Der getrennte Ausweis von fixen und variablen Kosten ist vor allem dann die zweckmäßigste Methode, wenn für mehrere Bezugsgrößen zu planen ist. In diesem Fall benötigt man eine Spalte für die fixen Kosten der Stelle und je eine Spalte für die variablen Kosten jeder Planbezugsgröße.

Aus Plan- und Sollkosten lässt sich die Beschäftigungsabweichung errechnen.

Fortführung des Beispiels:

In obiger Kostenstelle wurden in einem Monat statt der geplanten 400 Fertigungsstunden 360 Fertigungsstunden geleistet (Beschäftigungsgrad 90%). Die ursprünglichen (und in den Plankalkulationen – falls diese auf Basis der Vollkosten erstellt werden – verrechneten) Plankosten für die 360 geleisteten Stunden betragen 360 × (10.000,– : 400) = 90% von 10.000,– = 9.000,– (verrechnete Plankosten). Die Beschäftigungsabweichung ist nun die Differenz zwischen Sollkosten (9.520,–) und verrechneten Plankosten (9.000,–). Sie beträgt 520,–.

Die Beschäftigungsabweichung kann auch errechnet werden, indem man die geplanten Fixkosten (5.200,–) mit folgender Größe mulitpliziert:

$$\frac{\text{Planbeschäftigung} - \text{Istbeschäftigung}}{\text{Planbeschäftigung}}:$$

$$5.200,\text{–} \times \frac{400 - 360}{400} = 520,\text{–}.$$

Die Beschäftigungsabweichung zeigt also jenen Anteil der Fixkosten, der den Produkten (bei einer Plankostenrechnung auf Vollkostenbasis) nicht weiterverrechnet wurde. Wenn die Planbeschäftigung mit der Kapazität zusammenfällt, lässt die Beschäftigungsabweichung auf den Grad der Unterbeschäftigung der Stelle schließen.

Die zweite Variante der Ermittlung der Beschäftigungsabweichung zeigt deutlich, dass die Beschäftigungsabweichung nur fixe Kosten enthält. In einer reinen Grenzplankostenrechnung muss die Beschäftigungsabweichung daher überhaupt nicht ermittelt werden.

b) Die Festlegung der Planverbrauchsmengen; die Ermittlung von Preis- und Verbrauchsabweichungen

Beim Aufbau einer Plankostenrechnung, die die Aufgabenträger zu größerer Sparsamkeit anregen soll – in der also nicht die erwarteten Kosten verzeichnet werden –, muss folgende Entscheidung getroffen werden: Sind die Planverbrauchsmengen eher so festzulegen, dass sie nur in seltenen, besonders günstigen Ausnahmesituationen erreicht werden können (hoher Anspannungsgrad), oder sollten sie so angesetzt werden, dass sie mit einiger Wahrscheinlichkeit eingehalten oder unterschritten werden können (niedriger Anspannungsgrad)? Die meisten Autoren neigen zu der Auffassung, dass ein niedriger Anspannungsgrad günstiger ist. Je höher der Anspannungsgrad der Kosten ist, desto höher wird die Differenz zwischen Ist- und Sollkosten sein, durch die die Kosteneinflussgröße g) (Wirtschaftlichkeit des Faktoreinsatzes) gemessen wird.

Um die Verbrauchsabweichungen zu ermitteln, werden die Sollkosten nicht von den Istkosten, sondern von den Istmengen mal Planpreisen abgezogen. Vor der Ermittlung der Verbrauchsabweichungen müssen daher die Preisabweichungen isoliert werden. Das kann – wie bei Materialien – bereits vor der Verrechnung der Istkosten im Kostenstellenblatt geschehen, so durch die Einschaltung eines Preisdifferenzenkontos. Die Preisabweichung kann aber auch – wie im folgenden Beispiel – erst bei der Abweichungsermittlung im Kostenstellenblatt isoliert werden.

Fortführung des Beispiels:

Es soll nun zusammenfassend der Rechnungsvorgang der Plankostenrechnung von der Planung der Kosten bis zur Ermittlung der Beschäftigungs-, Preis- und Verbrauchsabweichungen gezeigt werden. Es wird dabei angenommen, dass andere Kostenabweichungen nicht auftreten.

Plankostenblatt, Kostenstelle X: Planbeschäftigung: 400 Stunden, Istbeschäftigung 360 Stunden.

	fix	Plankosten variabel	gesamt	Sollkosten b. 90% Besch.-Gr.	Ist-kosten	Preisab-weichung	Ver-brauchsab-weichung
1. Lohnkosten		4.000,–	4.000,–	3.600,–	3.960,–	360,–	
2. Abschreibungskosten	5.000,–		5.000,–	5.000,–	5.000,–		
3. Energiekosten	200,–	800,–	1.000,–	920,–	910,–		– 10,–
	5.200,–	4.800,–	10.000,–	9.520,–	9.870,–	360,–	– 10,–
pro Stunde (:400)	13,–	12,–	25,–				

Die Rechnung zeigt, dass der Lohnsatz um 10% erhöht wurde (Preisabweichung daher 10% von 3.600,– = 360,–) und dass an Strom um 10,– weniger als geplant verbraucht wurde (Verbrauchsabweichung – 10,–).

Werden den Plankosten der Istbeschäftigung die zugehörigen Abweichungen hinzugefügt, so ergeben sich die Istkosten. Eine solche Kontrollrechnung ist bei einer flexiblen Plankostenrechnung zu Vollkosten folgendermaßen aufgebaut:

Volle Plankosten der Istbeschäftigung: 360 Stunden à 25,–	9.000,–
+ Beschäftigungsabweichung (9.520,– – 9.000,–)	+ 520,–
+ Preisabweichung	+ 360,–
– Verbrauchsabweichung	– 10,–
Istkosten	9.870,–

Bei einer flexiblen Plankostenrechnung zu Grenzkosten wäre folgendermaßen zu rechnen:

Proportionale Plankosten der Istbeschäftigung: 360 Std. à 12,–	4.320,–
+ Preisabweichung	+ 360,–
– Verbrauchsabweichung	– 10,–
Proportionale Istkosten	4.670,–

In letztere Kontrollrechnung sind keine Beschäftigungsabweichungen aufzunehmen, da sie ausschließlich aus fixen Kosten bestehen. Weiters ist angenommen worden, dass Preis- und Verbrauchsabweichungen ausschließlich die variablen Kosten betreffen.

c) Die Planung der Kosten in Abhängigkeit von der Kosteneinflussgröße Intensität; die Ermittlung von Intensitätsabweichungen

Intensitätsabweichungen entstehen generell dann, wenn die geplante Relation zwischen Produktionsmenge und Produktionszeit nicht eingehalten werden kann. Folgende Fälle sind zu unterscheiden und in einer Plankostenrechnung gesondert zu behandeln:

(1) Die Maschinen- bzw. Arbeitsgeschwindigkeit ist plangemäß. Dennoch weicht die Relation zwischen Produktionsmenge und Produktionszeit von der Planrelation ab. Ursachen können Maschinenleerlauf oder unplanmäßiger Ausschuss sein. In diesem Fall spricht man von Ausbeuteabweichung.

(2) Die Maschinen- bzw. Arbeitsgeschwindigkeit ist nicht plangemäß. In diesem Fall liegen Intensitätsabweichungen im engeren Sinn vor.

Zur Ausbeuteabweichung (1)

Dieser Fall soll in Anknüpfung an obiges Zahlenbeispiel an Hand der zusätzlichen Annahme illustriert werden, dass in den 360 Iststunden eine Produktionsmenge bearbeitet wird, die man – bei planmäßiger Ausbeute – in 90% der Zeit, also in 324 Stunden, hätte bewerkstelligen sollen.

Die Behandlung dieser Situation hängt nun davon ab, inwieweit die variablen Kosten der betreffenden Kostenstelle von der Maschinenlaufzeit oder der effektiv erzeugten Produktmenge (bei Mehrproduktfertigung gemessen durch die Planstunden der Istproduktion) abhängen.

Falls die variablen Kosten zur Gänze von der Produktmenge abhängen, entstehen überhaupt keine Ausbeuteabweichungen, da die variablen Produktkosten vom Ausbeutegrad ja nicht beeinflusst sind. Man wird hier den Beschäftigungsgrad auch nicht an den Iststunden, sondern an den Planstunden der Istproduktion – d. s. 324 Stunden – messen und die den Istkosten gegenüberzustellenden Sollkosten nicht wie oben für 360 Stunden, sondern für 324 Stunden ermitteln. Entsprechend höher werden die Beschäftigungsabweichung und bei gegebenen Istkosten auch die Verbrauchsabweichungen sein.

Falls die variablen Kosten zur Gänze von der Produktionszeit abhängen – etwa bei Ausschussproduktion –, ergeben sich Ausbeuteabweichungen. Im Rahmen einer Grenzplankostenrechnung sind sie wie folgt zu rechnen:

variable Plankosten für die Iststunden	4.320,–
– variable Plankosten für die Istleistung (324 Stunden à 12,–)	– 3.888,–
Ausbeuteabweichung	432,–

In einer flexiblen Plankostenrechnung zu Vollkosten gibt es zwei Methoden für die Berechnung der Ausbeuteabweichung in dieser Situation. Gemäß der einen – im Allgemeinen vorgezogenen – Methode wird die Intensitätsabweichung wie in der Grenzplankostenrechnung ermittelt (im gegebenen Beispiel 432,–). In diesem Fall muss aber die Beschäftigungsabweichung auf Basis der Planstunden der Istproduktion errechnet werden:

Sollkosten für 324 Planstunden (Istleistung)	9.088,–
– verrechnete Plankosten für 324 Planstunden	– 8.100,–
Beschäftigungsabweichung	988,–

Die Summe aus Intensitäts- und Beschäftigungsabweichung beträgt 432,– + 988,– = 1.420,–.

Bei der zweiten Methode wird davon ausgegangen, dass die Beschäftigungsabweichung die Differenz zwischen den Sollkosten und den verrechneten Plankosten für die Iststunden ist, somit im vorliegenden Beispiel 9.520,– – 9.000,– = 520,–.

Die Intensitätsabweichung ergibt sich dann aus:

	verrechnete Plankosten für die Iststunden	9.000,–
–	verrechnete Plankosten für die Istleistung (324 Std. à 25,–)	– 8.100,–
		900,–

Die Summe aus Intensitäts- und Beschäftigungsabweichung beträgt wieder 1.420,–. Zum Unterschied zu Methode 1 enthält die Intensitätsabweichung hier auch fixe Kosten. Die Kontrollrechnung für die beiden Methoden zeigt folgende Zahlen:

	Methode 1	Methode 2
Verrechnete Plankosten der Istproduktion		
(324 Stunden à 25,–)	8.100,–	8.100,–
Intensitätsabweichung	432,–	900,–
Beschäftigungsabweichung	988,–	520,–
– Verbrauchsabweichung	– 10,–	– 10,–
Preisabweichung	360,–	360,–
Istkosten	9.870,–	9.870,–

Bis jetzt wurden nur die Fälle betrachtet, in denen die variablen Kosten einer Stelle (Bezugsgröße) entweder zur Gänze oder zumindest überwiegend von der Produktionszeit oder von der Produktionsmenge abhängen. Wenn einige Kostenarten von der Produktionszeit, andere wieder von der Produktionsmenge abhängen, ist es vorteilhaft, zunächst so zu verfahren, als ob alle Kostenarten von der Produktionsmenge abhängen würden, somit die Sollkosten nach Maßgabe der Planstunden der Istproduktion zu ermitteln. Bei den von der Produktionszeit abhängigen Kostenarten ist dann bei der Analyse der Verbrauchsabweichungen festzustellen, welcher Teil der Verbrauchsabweichung auf die Ausbeuteabweichung entfällt.

Zur Intensitätsabweichung im engeren Sinn (2)

Abweichungen von der kostenoptimalen Intensität führen zu meist nichtlinearen und zudem je nach Kostenart unterschiedlichen Kostenverläufen. Intensitätsabweichungen im engeren Sinn können daher nur aus den Verbrauchsabweichungen eliminiert werden, was besonders dann kompliziert ist, wenn in einer Periode mit wechselnden Intensitäten gefahren wird. Die Sollkosten sind hier jedenfalls nach Maßgabe der Planstunden der Istproduktion – und nicht nach der Istzeit – zu bemessen.

d) Die Planung der Kosten in Abhängigkeit von der Kosteneinflussgröße Produktionsverfahren; die Ermittlung von Verfahrensabweichungen

Verfahrensabweichungen treten auf, wenn statt des geplanten Produktionsverfahrens ein anderes angewendet wird (z. B. Verwendung einer Reserveanlage anstelle des vorgesehenen Aggregats). Die durch die Verfahrenssubstitution entstehenden Änderungen in den Plankosten werden folgendermaßen errechnet:

Verfahrensabweichung = variable Plankosten des Istverfahrens minus variable Plankosten des Planverfahrens (beide für die Istleistung).

e) *Die Planung der Kosten in Abhängigkeit von der Kosteneinflussgröße Losgröße; die Ermittlung von Losgrößenabweichungen*

Die Kosten einer Stelle, in der die Häufigkeit der Einrichtung der Aggregate variabel ist, hängen von der Relation zwischen Einrichtezeit und eigentlicher Produktionszeit ab. Kommt den Einrichtekosten große Bedeutung zu, ist eine eigene Bezugsgröße zu wählen (Einrichtezeit, neben z. B. Maschinenlaufzeit). Die *Losgrößenabweichung* wird dann wie folgt errechnet:

Variable Plankosten je Einrichtestunde mal Ist-Einrichtezeit minus variable Plankosten je Einrichtestunde mal Planeinrichtezeit für die Istleistung.

Die Losgrößenabweichung kann nach Produkten differenziert werden. Wird auf eine eigene Bezugsgröße „Einrichtezeit" verzichtet, können Losgrößenabweichungen nur ungefähr aus den Verbrauchsabweichungen (z. B. der Kostenart Einrichtelöhne) extrahiert werden.

f) *Die Planung der Kosten in Abhängigkeit von der Kosteneinflussgröße Auftragszusammensetzung; die Ermittlung von Auftragszusammensetzungsabweichungen*

Falls die Kosten pro Bezugsgrößeneinheit (z. B. Maschinenstunde) von der jeweils gefertigten Produktgruppe abhängen, z. B. wegen unterschiedlichem Hilfsstoffeinsatz, besteht die Möglichkeit, mehrere Bezugsgrößen einzuführen (z. B. Maschinenstunden Produktgruppe A, Maschinenstunden Produktgruppe B). In diesem Fall können die Produkte mit den ihnen angemessenen Stundensätzen kalkuliert werden, und es entstehen keine Auftragszusammensetzungsabweichungen. Wenn man aber von dieser Möglichkeit keinen Gebrauch macht und der Kostenplanung eine bestimmte Auftragszusammensetzung zugrunde legt, die von der tatsächlich realisierten abweicht, entsteht folgende Auftragszusammensetzungsabweichung:

Variable Plankosten der Iststunden bei tatsächlicher Auftragszusammensetzung minus variable Plankosten der Iststunden bei geplanter Auftragszusammensetzung.

g) Zusammenfassendes Beispiel

Für die Kostenstelle Dreherei einer Fabrikations-AG wurde folgender Kostenplan pro Monat erstellt:

Firma: Fabrikations-AG **Planungsbezugsgröße:** 2.925 Maschinenstunden **Kostenstellenleiter:** Meister Huber			**Kostenstelle:** Dreherei
	Plankosten		
	gesamt	prop.	fix
Primäre Kostenarten			
Fertigungslöhne 2.925 à 80,–	234.000,–	234.000,–	
Hilfslöhne	22.000,–	11.000,–	11.000,–
Nichtleistungslöhne 25%	64.000,–	61.250,–	2.750,–
Gehälter	11.400,–		11.400,–
Sozialaufwand und lohnabhängige Abgaben 20%	66.280,–	61.250,–	5.030,–
Hilfsmaterialeinsatz	7.200,–	7.200,–	
Betriebsstoffeinsatz	2.000,–	1.000,–	1.000,–
Werkzeugverbrauch	7.000,–	5.600,–	1.400,–
Kalk. Abschreibungen	260.000,–		260.000,–
Kalk. Zinsen	60.000,–		60.000,–
Kalk. Wagnisse	1.400,–		1.400,–
Instandhaltungskosten	20.000,–	12.000,–	8.000,–
Versicherungskosten	19.000,–		19.000,–
Vermögensteuern	24.000,–		24.000,–
Energiekosten (Laufgebühren 21.600 kWh à 2,–)	48.000,–	43.200,–	4.800,–
Sekundäre Kostenarten			
von Reparaturstelle:			
Anteil an den var. Kosten	36.000,–	18.000,–	18.000,–
Anteil an den Fixkosten	28.000,–		28.000,–
von Allg. Stelle	14.000,–		14.000,–
Summen	924.280,–	454.500,–	469.780,–
Planverrechnungssatz je Fertigungsstunde	316,–	155,40	160,60

Hinsichtlich der sekundären Kostenarten ist zu beachten, dass es bei einer Grenzplankostenrechnung nicht notwendig wäre, die Fixkosten der Hilfsstellen auf die empfangenden Stellen zu verteilen. Die bei der leistenden Stelle variablen Kosten der innerbetrieblichen Leistungen können bei der empfangenden Stelle ganz oder zum Teil fix sein (z. B. Reparaturkosten bei fixen Wartungsplänen).

Man rechnet damit, dass 10% der Fertigungsstunden auf Einrichtestunden entfallen. Da das Verhältnis zwischen Einrichte- und Ausführungsstunden nicht vom Produktionsprogramm abhängt, ist eine eigene Bezugsgröße Einrichtezeit nicht notwendig.

Auf die während des Monats Juni in der Kostenstelle bearbeiteten Produkte entfallen 2.340 Planmaschinenstunden (80% der Planungsbezugsgröße). Die Istbeschäftigungszeit lag jedoch nur um 10% unter der Planbeschäftigungszeit. Die erhöhte zeitliche Beschäftigung ist zum Teil auf eine Verringerung der Losgrößen zurückzuführen, ansonsten handelt es sich um Leerlauf. Da die Istleistung 2.340 Planfertigungsstunden entspricht, sollten 234 Rüststunden aufgelaufen sein. Tatsächlich betrug die Einrichtezeit 250 Stunden. Diese Differenz von 16 Stunden musste den Fertigungsarbeitern gesondert vergütet werden, auch fielen Hilfslöhne und Betriebsstoffe für sie an. Der Werkzeugverbrauch während der Rüstzeit ist 2,– pro Stunde.

Bei der Isolierung der Intensitätsabweichung (= Ausbeuteabweichung) ist zu beachten, dass ausschließlich folgende Kosten zeit-(und nicht leistungs-)abhängig sind: Hilfslöhne und Betriebsstoffe.

Ermittlung der Sollkosten und der Preis- und Verbrauchsabweichungen (die Verbrauchsabweichungen enthalten die anschließend isolierten Seriengrößen- und Ausbeuteabweichungen):

	Sollkosten für 80% der Planleistung	Istkosten	Preisabweichung	Verbrauchsabweichung
Primäre Kostenarten				
Fertigungslöhne	187.200,–	189.200,–		2.000,–
Hilfslöhne	19.800,–	21.800,–		2.000,–
Nichtleistungslöhne	51.750,–	52.750,–		1.000,–
Gehälter	11.400,–	12.000,–	600,–	
Sozialaufwand und lohnabhängige Abgaben	54.030,–	55.150,–	120,–	1.000,–
Hilfsmaterialeinsatz	5.760,–	6.000,–		240,–
Betriebsstoffeinsatz	1.800,–	1.900,–		100,–
Werkzeugverbrauch	5.880,–	6.200,–		320,–
Abschreibungen	260.000,–	260.000,–		
Kalk. Zinsen	60.000,–	60.000,–		
Kalk. Wagnisse	1.400,–	1.400,–		
Instandhaltungskosten	17.600,–	21.940,–		4.340,–
Versicherungskosten	19.000,–	20.000,–	1.000,–	
Vermögensteuer	24.000,–	24.000,–		
Energiekosten	39.360,–	40.000,–	780,–[1]	– 140,–[1, 2]
Sekundäre Kostenarten				
von Reparaturstelle	60.400,–	58.940,–		– 1.460,–
von Allg. Stelle	14.000,–	14.000,–		
Summen	833.380,–	845.280,–	2.500,–	9.400,–
Verrechnungssätze je Fertigungsstunde	356,–	362,–		

[1]) Errechnet sich aus: 2% von 40.000 a. H. = $\frac{2 \times 40.000}{102}$ = 780.
Es ist somit eine 2%ige Preiserhöhung eingetreten.

[2]) Errechnet sich aus: (40.000 – 780) – 39.360 = – 140.

Wie aus dem Text ersichtlich, sind in diesem Fall die Sollkosten nach den Planstunden der Istleistung zu rechnen (2.340 Stunden), da die variablen Kosten vornehmlich leistungs- und nicht zeitabhängig sind.

Ermittlung der Beschäftigungsabweichung

Sollkosten der Istleistung	833.380,–
Plankosten der Istleistung (80% von 924.280,–)	739.424,–
Beschäftigungsabweichung	93.956,–
oder: 20% der Plan-Fixkosten von 469.780,–	93.956,–

Isolierung der Seriengrößenabweichung aus der Verbrauchsabweichung

Fertigungslöhne 16 Std. à 80,–	1.280,–
Hilfslöhne $\frac{11.000 \times 16}{2.925}$	60,–
Zwischensumme	1.340,–
Nichtleistungslöhne 25%	335,–
Zwischensumme	1.675,–
Sozialaufwand und lohnabhängige Abgaben 20%	335,–
Zwischensumme	2.010,–
Betriebsstoffe $\frac{1.000 \times 16}{2.925}$	6,–
Werkzeugverbrauch 16 Std. à 2,–	32,–
Seriengrößenabweichung	2.048,–

Isolierung der Ausbeuteabweichung aus der Verbrauchsabweichung

Istbeschäftigung: 2.925 minus 10% von 2.925	2.632,50
– Planzeit der Istleistung	2.340,–
Mehrbeschäftigung in Stunden	292,50
davon verursacht durch geringere Seriengrößen	– 16,–
Mehrbeschäftigung in Stunden, verursacht durch Leerlauf	276,50
Hilfslöhne $\frac{11.000 \times 276,50}{2.925}$	1.040,–
Nichtleistungslöhne und Sozialaufwand 50%	520,–
Betriebsstoffe $\frac{1.000 \times 276,50}{2.925}$	94,–
Ausbeuteabweichung	1.654,–

Ermittlung der eigentlichen Verbrauchsabweichung

Verbrauchsabweichung einschließlich Ausbeute- und Seriengrößenabweichung	9.400,–
– Seriengrößenabweichung	2.048,–
– Ausbeuteabweichung	1.654,–
eigentliche Verbrauchsabweichung	5.698,–
davon entfallen auf Fertigungslöhne (einschließlich Nichtleistungslöhne und Sozialaufwand)	1.080,–
auf Hilfslöhne (einschließlich Nichtleistungslöhne und Sozialaufwand)	1.350,–
auf Hilfsmaterialien	240,–
auf Werkzeugverbrauch	288,–
auf Instandhaltungskosten 4.340 – 1.460 (!)	2.880,–
auf Energiekosten	– 140,–
	5.698,–

Abweichungszusammenstellung für eine Plankostenrechnung auf Vollkostenbasis (Grundlage für die Abweichungsverrechnung auf Kostenträger)

Plankosten	739.424,–	100,0%
Beschäftigungsabweichung	93.956,–	12,7%
Seriengrößenabweichung	2.048,–	0,3%
Ausbeuteabweichung	1.654,–	0,2%
Verbrauchsabweichung	5.698,–	0,8%
Preisabweichung	2.500,–	0,3%
Istkosten (zu Vollkosten)	845.280,–	114,3%

B. Die Plankalkulation

Je länger man an Preisentscheidungen gebunden ist, desto wichtiger ist es, sich nicht an Istkosten, sondern an den in Zukunft erwarteten Kosten zu orientieren. Will man die Plankosten für die Preisermittlung einsetzen, so können folgende Wege eingeschlagen werden:

(1) Man kann nur die geplanten variablen Kosten für die Kalkulation heranziehen. Wenn die Plankosten geringer sind als die erwarteten Kosten, kann dies durch Zuschläge (erwartete Abweichungen) berücksichtigt werden. Sämtliche in Abschnitt III hervorgehobenen Modifikationen der Kostenrechnung, die dazu dienen, adäquate Daten für die Preispolitik zu gewinnen, können auch in Bezug auf die Plankostenrechnung vorgesehen werden.

(2) Man kann die vollen Plankosten einschließlich erwarteter Abweichungen in der Kalkulation verrechnen.

Eine Plankalkulation mit variablen Plankosten und Zuschlägen für Abweichungen der variablen Kosten könnte folgendermaßen aufgebaut werden:

Planfertigungsmaterialkosten	100,–
variable Planfertigungsmaterialgemeinkosten 5%	5,–
Planfertigungslohn in Stelle A	20,–
variable Planfertigungsgemeinkosten in Stelle A 250%	50,–
variable Planfertigungskosten in Stelle B, 3 Std. à 30,–	90,–
variable Planherstellkosten	265,–
+ 2% variable Verwaltungs- und Vertriebsgemeinkosten	5,–
variable Planselbstkosten (ohne Sonderkosten d. Vertriebs)	270,–
+ erwartete Abweichungen z. B.:	
+ 10% der Fertigungskosten in A	7,–
+ 20% der Fertigungskosten in B	18,–
erwartete variable Selbstkosten (ohne Sonderkosten des Vertriebs)	295,–

Wie bereits hervorgehoben, hängt das Ausmaß der variablen Kosten, die einem Produkt zugerechnet werden, von der Fristigkeit ab, die man bei der Gliederung zwischen variablen Kosten und fixen Kosten zugrunde legt: Müssen Personalkosten innerhalb einer Woche oder innerhalb eines Jahres abbaubar sein, damit man sie zu den variablen Kosten zählt? Einem kleinen Zusatzauftrag, den man in der nächsten Woche fertigen könnte, sind daher unter Umständen viel weniger variable Kosten zuzurechnen als einem großen Auftrag, dessen Fertigung sich auf zwei Jahre erstreckt. Weitere Probleme der Anwendung von Plankalkulationen für kurzfristige Preisentscheidungen liegen darin, dass die Planpreise nicht den für die betreffende Periode relevanten Preisen entsprechen müssen und dass – wegen Überlastung von Kapazitäten – nicht in jedem Fall das günstigste Produktionsverfahren für einen Zusatzauftrag angewendet werden kann. Daher schlägt Kilger eine sogenannte „dynamische“ Grenzplankostenrechnung vor, die parallel mit mehreren Fristigkeiten der variablen Kosten arbeitet und eine bequeme Umwertung der wichtigsten Planpreise bzw. Umrechnung der Plankosten auf alternative Produktionsverfahren erlaubt (vgl. Kilger, W., Flexible Plankostenrechnung, 10. Aufl., Wiesbaden 1993, S. 96 ff.).

C. Beispiele

Die Plankostenrechnung ist das wohl effizienteste Instrument der betrieblichen Wirtschaftlichkeitskontrolle. Zuerst erfolgt die kostenstellenweise Planung der Einzel- und der Gemeinkosten. Hiebei wird in jeder Kostenstelle eine geplante Beschäftigung zugrunde gelegt. Am Ende jeder Abrechnungsperiode (meist 1 Monat oder 1 Quartal) werden Sollkosten ermittelt, d. h. die Plankosten werden auf die tatsächlich realisierte Beschäftigung umgerechnet. Durch einen Vergleich der Sollkosten mit den Istkosten und anschließender Analyse der Abweichungen wird der abgelaufene betriebliche Prozess kontrolliert. Die Plankostenrechnung ist somit keine Alternative zur Istkostenrechnung, sondern eine Erweiterung der Istkostenrechnung um Kostenplanung und um die Analyse der Abweichungen der Istkosten von den Sollkosten. Die hier gegebenen Beispiele stellen eine Einführung in die Problematik der Einzelkosten- und Gemeinkostenplanung sowie der Abweichungsanalyse für eine flexible Plankostenrechnung, unter Einbeziehung fixer Kosten, dar.

Für die Preispolitik sind Plankostenrechnungen weniger von Bedeutung – ihre Domäne ist die Kostenkontrolle.

Beispiel 1 (L: S. 211):

Um eine Produkteinheit bestimmter Qualität zu erhalten, können alternativ folgende Mischungen verwendet werden:

	1. Mischung (kg)	2. Mischung (kg)	Planpreis je kg	Istpreis je kg
Rohstoff A	0,40		2	3
Rohstoff B	0,80	0,70	3	3
Rohstoff C		0,50	2,50	2,50

Da gemäß der Planpreise die 1. Mischung günstiger erschien, wurde sie als Planmischung gewählt. Infolge der zu Beginn der Planperiode eingetretenen Preisänderungen wurde jedoch die 2. Mischung tatsächlich realisiert, und zwar wurden 2.000 Produkteinheiten mittels dieser Mischung erzeugt. Verbraucht wurden 1.500 kg des Rohstoffes B und 950 kg des Rohstoffes C.

Errechnen Sie die Gesamtabweichung und gliedern Sie diese in Ihnen zweckmäßig erscheinender Form in Verbrauchs- und Mischungsabweichungen auf.

Beispiel 2 (L: S. 212):

Ein Produkt ist in einer Kostenstelle plangemäß 1 Stunde durch einen Arbeiter der Gruppe 1 (Stundenentlohnung 80) und 0,60 Stunden durch einen Arbeiter der Gruppe 2 (Stundenentlohnung 60) zu bearbeiten. Die Arbeiter werden im Zeitlohnsystem bezahlt. Tatsächlich fielen für das Produkt in Periode t (effektive Erzeugungsmenge 2.000 Einheiten) folgende Lohnkosten an: Lohnkosten der Gruppe 1: 180.000, Lohnkosten der Gruppe 2: 65.000. Bei der Analyse der Abweichungen ist zu beachten, dass infolge Personalknappheit bei den Arbeitern der Gruppe 2 200 Arbeitsstunden, die von Arbeitern der Gruppe 2 zu leisten gewesen wären, von den Arbeitern der Gruppe 1 erbracht wurden. Weiters ist zu beachten, dass infolge Verzögerungen in der Materialzufuhr 10 Arbeitsstunden der Gruppe 1 verloren gingen. Lohnsatzänderungen sind in der Periode t nicht eingetreten.

Führen Sie die Lohnkostenabweichung auf die ihr zugrunde liegenden Ursachen zurück.

Beispiel 3 (L: S. 212):

Der Kostenplanung liegen 200 Stunden pro Monat zugrunde. Die geplanten Fixkosten betragen 50.000, die geplanten variablen Kosten 80.000. Tatsächlich sind nur 180 Stunden angefallen, es hätte aber – infolge überdurchschnittlich vieler freier Tage – nur 195 Stunden gearbeitet werden können.

a) Ermitteln Sie beide Formen der Beschäftigungsabweichung.
b) Kann die Beschäftigungsabweichung auch negativ sein?

Beispiel 4 (L: S. 213):

Die Planbeschäftigung einer Kostenstelle beträgt 10.000 Maschinenstunden. Tatsächlich wurden 8.200 Maschinenstunden gefahren. Die Istleistung der Kostenstelle betrug 3.000 Eh Produkt A und 4.000 Eh Produkt B. Der Planmaschinenstundeneinsatz für Produkt A beträgt 1 Stunde pro Eh, für Produkt B 1,2 Stunden pro Eh. Plankosten der Stelle sind 3.830.000, davon fix 1.800.000. Die Istkosten (nach Eliminierung der Preisabweichungen) beliefen sich auf 3.500.000.

Welche beiden Varianten gibt es, um für diese Kostenstelle die Istbeschäftigung festzulegen? Errechnen Sie Beschäftigungs- und Summe der Verbrauchsabweichungen für beide Varianten. Unter welchen Umständen ist welche Variante vorzuziehen?

Beispiel 5 (L: S. 214):

Die (vereinfachten) Kostenpläne für die zwei Bezugsgrößen Maschinenstunden und Einrichtestunden der Kostenstelle X zeigen folgende Zahlen:

Kostenstelle X	Bezugsgröße: 1.000 Maschinenstunden		Bezugsgröße: 200 Einrichtestunden	
	fixe Kosten	variable Kosten	fixe Kosten	variable Kosten
Löhne	20.000	80.000		10.000
Hilfsmaterial		9.000		
Energie	2.000	12.000		1.000
Instandhaltung	5.000	5.000		
Sonstige Kosten	80.000	10.000		4.000
	107.000	116.000		15.000

Produkt A sollte an sich in Kostenstelle Y gefertigt werden. Die variablen Plankosten für eine Einheit A (wenn in Kostenstelle Y gefertigt) sind 0,3 Maschinenstunden à 120. Dazu kommen noch anteilige Rüstkosten. Die Planlosgröße für Produkt A in Y ist 100 Stück, bei einer Plan-Einrichtezeit von 10 Stunden je Los und variablen Planeinrichtekosten von 80 je Stunde.

Wegen Überlastung von Stelle Y wurde aber Produkt A im abgelaufenen Monat in Stelle X erzeugt: Planmaschinenstundeneinsatz 0,4 Stunden je Einheit, Planlosgröße 100 Stück, bei einer Planeinrichtezeit von 11 Stunden je Los. Die Istproduktion betrug 300 Einheiten in 4 Losen. Für die Istproduktion wurden 43 Einrichtestunden und 125 Maschinenstunden verwendet. Die variablen Kosten sind produktionszeitabhängig.

Ermitteln Sie die dem Produkt A zurechenbaren

- Verfahrensabweichungen
- Seriengrößenabweichungen und
- Intensitätsabweichungen (nur variable Kostenbestandteile!)

VI. Moderne Ausprägungen bzw. Sonderformen der (Plan-)Kostenrechnung

A. Die Prozesskostenrechnung

Die Prozesskostenrechnung, zunächst in den USA als activity based costing propagiert, hat auch in Europa Anhänger gefunden. Sie geht von der Grundidee aus, dass infolge der Zunahme der Bedeutung der Gemeinkosten vor allem in den Nicht-Fertigungsbereichen (Arbeitsvorbereitung, Verwaltung etc.) die herkömmliche Plan- bzw. Istkostenrechnung zu undifferenziert ist. Primäres Kennzeichen der Prozesskostenrechnung ist die Kostenplanung bzw. Istkostenermittlung für abteilungsübergreifende Prozesse, vor allem im indirekten Bereich (Beschaffung, Arbeitsvorbereitung, Verwaltung, Vertrieb etc.) und deren Zurechnung an die diese Prozesse in Anspruch nehmenden Produkte. Zu diesem Zweck werden Teilprozesse definiert, deren Kosten ermittelt und in einem nächsten Schritt die Kosten von Teilprozessen zu Kosten von Hauptprozessen aggregiert.

An der Prozesskostenrechnung ist positiv zu werten, dass sie dazu anregt, den Kosten der indirekten Bereiche größere Aufmerksamkeit zu widmen und – anstelle einer Verrechnung globaler Material-, Verwaltungs- oder Vertriebsgemeinkostenzuschläge – die Kosten von Teilprozessen der Materialbeschaffung, der Verwaltung, des Vertriebs etc. differenziert zu ermitteln (siehe dazu auch die in den Abschnitten C–E diskutierten Ansätze). Diese Aufgabe kann aber durchaus im Rahmen eines „traditionellen" Kostenrechnungsverfahrens, vor allem in einer flexiblen Plankostenrechnung, mit gleichem Differenzierungsgrad erreicht werden. Vor allem bietet eine Grenzplankostenrechnung die Möglichkeit, die Kosten von Prozessen nicht nur zu planen, sondern sie auch in variable und fixe Bestandteile im Hinblick auf die gewählten Bezugsgrößen zu untergliedern. (In der Prozesskostenrechnung werden die Bezugsgrößen „cost drivers" genannt. Mögliche Bezugsgrößen für Prozesse im indirekten Bereich sind etwa die Anzahl der Bestellungen, der Fakturen etc.) Die „klassischen" Ansätze der Prozesskostenrechnung sind dagegen eher Istkostenrechnungen auf Vollkostenbasis und bieten daher die gleichen Angriffsflächen wie diese Form der Kostenrechnung.

B. Die konstruktionsbegleitende Kostenrechnung

Es ist einsichtig, dass gerade in der Entwicklungs- und Konstruktionsphase eines Produktes entscheidende Maßnahmen zur Beeinflussung der künftigen Kosten getroffen werden können. Übliche (Plan-)Kostenrechnungen nehmen aber erst ab der Produktionsphase von neuen Produkten Notiz. Die konstruktionsbegleitende Kostenrechnung versucht diese Lücke zu schließen. Ausgehend von Plankosten für ähnliche Produkte bzw. Prozesse werden Plankosten für das zu konstruierende Produkt ermittelt, die es dem Controller erlauben, die Konstruktionsaktivitäten in Richtung auf Kostensenkungen zu beeinflussen bzw. zeitgerecht einzustellen. Über verschiedene Ausprägungen der konstruktionsbegleitenden Kostenrechnung (Kalkulation) berichten insbesondere Schweitzer/Küpper, Systeme der Kosten- und Erlösrechnung, 6. Aufl., München 1995, S. 310 ff.

C. Die Lebenszyklus-Kostenrechnung

Die Aufnahme neuer Produkte in das Produktionsprogramm erfordert häufig hohe Initialkosten für Forschung, Konstruktion und Markteinführung. Es kann daher das Bedürfnis bestehen, die Entwicklung der Kosten während des gesamten Lebenszyklus des Produktes oder der Produktfamilie einschließlich Vorlauf und Nachlauf zu planen – nicht nur, um eventuell Änderungen im Entwicklungsprozess vorzunehmen, sondern gerade auch um die Preispolitik optimieren zu können. Eine Lebenszyklus-Kostenrechnung unterscheidet sich von einer herkömmlichen Plankostenrechnung durch Mehrperiodigkeit und ausschließliche Objektbezogenheit. Die Mehrperiodigkeit veranlasst dazu, Kostenentwicklungen über mehrere Jahre zu prognostizieren (Faktorpreise; Einsparungen aus der Einführung rationellerer Verfahren oder aus Lernprozessen etc.). Auch wird die größere Unsicherheit infolge des längeren Planungszeitraums nahelegen, alternative Kostenplanungen für unterschiedliche Szenarien zu erstellen. Infolge der Langfristigkeit der Lebenszyklus-Kostenrechnung ist sie vornehmlich eine Plankostenrechnung auf Vollkostenbasis.

D. Die Zielkostenrechnung

Mit zunehmender Intensität des Wettbewerbs werden die Preise immer weniger von den Kosten und immer stärker vom Markt bestimmt. Dies hat zunächst in Japan, dann in den USA und Europa zur Entwicklung der Zielkostenrechnung (target costing) geführt. Soll ein neues Produkt ins Programm aufgenommen werden, wird zunächst der erzielbare Preis (bzw. ein möglicher Preisbereich) ermittelt. Durch Abschlag eines angestrebten Gewinnzuschlags erhält man die Zielkosten (target costs). Erst im nächsten Schritt wird festgestellt, ob es möglich ist, das Produkt zu diesen Zielkosten zu produzieren. Dabei können alternative Materialien, Konstruktionen, Fremdfertigung von Teilen anstelle von Eigenfertigung etc. in Erwägung gezogen werden ebenso wie Rückwirkungen von Material- und Konstruktionsänderungen auf den erzielbaren Preis. Die enge Verbindung zwischen Zielkostenrechnung, konstruktionsbegleitender Kostenrechnung und Lebenszyklus-Kostenrechnung ist offensichtlich.

E. Die Primärkostenrechnung

Im Hinblick auf überraschende Preisänderungen ist es von Interesse, rasch zu wissen, wie sich die Preisänderung einer Kostenart – z. B. elektrischer Strom – auf die Produktion auswirkt. Eine übliche (Plan-)Kostenrechnung kann diese Frage kaum beantworten, da in den Kostenstellen, die ein Produkt durchläuft, nicht nur direkte Stromkosten entstehen, sondern in den zahlreichen Umlagen für innerbetriebliche Leistungen ebenfalls Stromkosten enthalten sind. Eine Primärkostenrechnung ist eine Ausgestaltung einer Kostenrechnung – vor allem einer Plankostenrechnung –, die eine Aufgliederung der Produktkosten (fixe wie variable) in die wichtigsten Kostenarten gewährleistet. Dies bedingt, dass bei jeder Kostenumlage und jeder Errechnung eines Zuschlagssatzes die Aufgliederung in Primärkosten mitgeführt werden muss.

VII. Abschluss

In der vorliegenden Einführung wurden die am meisten verbreiteten Kostenrechnungsformen (Istkostenrechnung zu Vollkosten und zu Teilkosten, flexible Plankostenrechnung) mit einigen Modifikationen dargestellt, und es wurden ihre Einsatzmöglichkeiten für Preisentscheidungen untersucht. Die Gefahren einer kritiklosen Anwendung, besonders der Vollkostenrechnung, wurden herausgestellt. Es wurde erarbeitet, wie bei unterschiedlichen Beschäftigungslagen eine Kostenrechnung aufzubauen ist, die vornehmlich für die Preispolitik eingesetzt wird. Dabei wurde Teilkostenrechnungen mit möglichst exakter Berücksichtigung der Kosteneinflussgrößen und der Auswirkungen betrieblicher Engpässe der Vorzug gegeben.

VIII. Lösungen

A. Die Istkostenrechnung zu Vollkosten

1. Die Arbeitskosten

Beispiel 1 (B: S. 48):

Die gegebenen Aufwendungen für Nichtleistungslöhne dürfen nicht direkt in die Kostenrechnung übernommen werden, da sie unzweckmäßig periodisiert sind.

Ausgehend von den Leistungswochen muss die durchschnittliche prozentuelle Belastung der Leistungslöhne mit Nichtleistungslöhnen ermittelt werden. Die im betrachteten Monat ausbezahlten Fertigungslöhne müssen mit dem durchschnittlichen Belastungssatz multipliziert werden, um die in der Kostenrechnung anzusetzenden Nichtleistungslöhne zu erhalten.

Durchschnittliche Anzahl der Leistungswochen eines Arbeiters pro Jahr:

	Fertigungsstelle A	Fertigungsstelle B
Wochen pro Jahr	52	52
Urlaubswochen	– 5	– 5,5
Krankheitswochen	– 2	– 2
sonstige Nichtleistungswochen	– 2	– 2
Arbeitswochen	43	42,5

Durchschnittlich bezahlte Nichtleistungswochen eines Arbeiters pro Jahr:

	Fertigungsstelle A	Fertigungsstelle B
Urlaubswochen	5	5,5
Wochen Urlaubszuschuss	4	4
Wochen Weihnachtsremuneration	4	4
Krankheitswochen	2	2
sonstige bezahlte Nichtleistungswochen	2	2
bezahlte Nichtleistungswochen	17	17,5

Die durchschnittliche Belastung der Leistungslöhne mit Nichtleistungslöhnen beträgt daher in der Fertigungsstelle A

17 / 43 ⇒ 39,5% und in der Fertigungsstelle B 17,5 / 42,5 ⇒ 41,2%

Im betrachteten Monat Juli sind in der Fertigungsstelle A daher 2.500.000 × 0,395 = 988.372 und in der Fertigungsstelle B 2.000.000 × 0,412 = 823.529 als Nichtleistungslöhne anzusetzen.

Hinsichtlich der Gehälter ist zu beachten, dass auch die Sonderzahlungen anteilig auf 12 Monate umgelegt werden müssen. An Gehaltskosten sind daher 150.000 × $^{14}/_{12}$ = 175.000 anzusetzen.

Berechnung der gesetzlichen Sozialleistungen und der lohn- und gehaltsabhängigen Abgaben:

Die Arbeitgeberanteile für Arbeiter und Angestellte betragen für Angestellte ca. 29,5% und für Arbeiter ca. 30%.

Es ist zu beachten, dass der Arbeitnehmeranteil zur gesetzlichen Sozialversicherung durch den Ansatz von Bruttolöhnen bzw. -gehältern bereits berücksichtigt ist.

Die ermittelten Prozentsätze werden nun auf jene Lohnkosten (Leistungslohn plus Nichtleistungslohn) bzw. Gehaltskosten bezogen, für die die Unternehmung den gesetzlichen Sozialaufwand zu tragen hat.

In der Fertigungsstelle A ergeben sich Lohnkosten von

$$2.500.000 + 17 / 43 \times 2.500.000 = 3.488.372$$

Die entsprechenden Sozialaufwendungen plus Abgaben betragen

$$3.488.372 \times 0,30 = 1.046.512$$

Für Fertigungsstelle B ergibt sich entsprechend

$$2.000.000 \times (1 + 17,5 / 42,5) \times 0,30 = 847.059$$

Die den Gehältern entsprechenden Sozialaufwendungen plus Abgaben ergeben sich aus 175.000 × 0,295 = 51.625

Die gesamten Lohnkosten für Juli betragen somit:

	Fertigungsstelle A	Fertigungsstelle B
Leistungslöhne	2.500.000	2.000.000
Nichtleistungslöhne	988.372	823.529
Ges. Sozialaufwand plus lohnabhängige Abgaben	1.046.512	847.059
	4.534.884	3.670.588

Die gesamten Gehaltskosten für Juli betragen:

Gehälter	175.000
Ges. Sozialaufwand plus gehaltsabhängige Abgaben	51.625
	226.625

Beispiel 2 (B: S. 49):

Ermittlung der durchschnittlichen Belastung der Leistungslöhne mit Nichtleistungslöhnen:

Durchschnittliche Anzahl von Leistungswochen pro Jahr:

52 Wochen pro Jahr
– 5 Urlaubswochen
– 1 Krankheitswoche
– 2 sonstige Nichtleistungswochen

44 Arbeitswochen

Durchschnittliche Anzahl bezahlter Nichtleistungswochen pro Jahr:

5 Wochen Urlaub
4 Wochen Urlaubszuschuss
4 Wochen Weihnachtsremuneration
1 Krankheitswoche
2 sonstige bezahlte Nichtleistungswochen

16 bezahlte Nichtleistungswochen

Die durchschnittliche Belastung der Fertigungslöhne und Hilfslöhne mit Nichtleistungslöhnen beträgt daher

$$16 / 44 \Rightarrow 36{,}4\%$$

Die Gehaltsaufwendungen sind unzweckmäßig periodisiert. Im Zuge der Transformation der Aufwendungen in Kosten müssen die Sonderzahlungen des 13. und 14. Gehaltes auf 12 Monate umgelegt werden. Die entsprechenden monatli chen Gehaltskosten ergeben sich daher aus:

$$4000 \times {}^{14}/_{12} = 4.667.$$

Berechnung der gesetzlichen Sozialleistungen und der lohn und gehaltsabhängigen Abgaben:

Die entsprechenden Prozentsätze für Arbeiter und Angestellte betragen für Angestellte 29,5%, für Arbeiter 30%.

Diese Prozentsätze müssen wieder auf die gesamten Lohn- bzw. Gehaltskosten bezogen werden:

$$10.300 / 44 \times [(44 + 16) \times 0{,}30] = 4.214$$

Insgesamt ergeben sich folgende Arbeitskosten:

Fertigungslöhne	7.000
Hilfslöhne	3.300
Nichtleistungslöhne	3.745
gesetzlicher Sozialaufwand und lohnabhängige Abgaben	4.214
Gehälter	4.667
gesetzlicher Sozialaufwand und gehaltsabhängige Abgaben	1.377

2. Die Vermögenskosten

a) Die kalkulatorischen Zinsen

Beispiel 1 (B: S. 50):

Es muss das zinsberechtigte bzw. betriebsnotwendige Kapital ermittelt werden. Hierbei ist von der Aktivseite der Bilanz auszugehen.

Im Folgenden wird die Behandlung der einzelnen Vermögenspositionen erläutert:

- Unbebaute Grundstücke: 20% sind als betriebsfremd auszuscheiden. Die restlichen 80% sind zu Tagespreisen, also mit 400.000 zu bewerten.
- Gebäude: vom Gesamtbuchwert (BW = 450.000 minus indirekte Abschreibung von 100.000 = 350.000) ist der Buchwert der betriebsfremden Wohnung (BW = 40.000 minus 10.000 indirekte Abschreibung = 30.000) abzuziehen. Die verbleibenden 320.000 sind auf den Tagespreis von 600.000 aufzuwerten.
- Maschinen: Der Buchwert der Maschinen beträgt 380.000 minus der indirekten Abschreibung von 170.000, also 210.000. Reserveanlagen sind grundsätzlich als betriebsnotwendig zu betrachten.

  Es muss eine Umwertung in Höhe der Sonderabschreibungen von 80.000 erfolgen, da den Sonderabschreibungen keine Wertminderung gegenübersteht.
- Da hinsichtlich der Betriebsausstattung keine zusätzlichen Angaben verfügbar sind, kann man annehmen, dass der Buchwert dem Tageswert entspricht.

  An zinsberechtigtem Kapital ist daher 120.000 anzusetzen.
- Vorräte: Argumentation wie unter Betriebsausstattung. Es werden 150.000 angesetzt.
- Lieferforderungen: Da die Produkte mit Skontoaufschlag kalkuliert werden, sind in den Lieferforderungen bereits Zinsen verrechnet. Die Lieferforderungen sind in dem Ausmaß nicht zum zinsberechtigten Kapital zu zählen, in dem die Kunden die Zielzeit ausnutzen. Hier wird angenommen, dass alle Kunden das Zahlungsziel beanspruchen.
- Sonstige Forderungen: Mietforderungen in Höhe von 1.000 sind als betriebsfremd auszuscheiden.
- Kassa/Bank: Die 40.000 sind als betriebsnotwendig anzusetzen.

Folgende Punkte sind bei der Analyse der Passivseite der Bilanz zu berücksichtigen:

- Lieferverbindlichkeiten: Da die Rohstoffe zu Barpreisen eingebucht sind, enthält der Ansatz der Vorräte (richtigerweise) keine Finanzierungskosten für die Lieferantenkredite.

  Es ist nun zu untersuchen, ob die Lieferverbindlichkeiten tatsächlich zinsenlos zur Verfügung stehen. Für den Teil der Lieferverbindlichkeiten, der unter

Abzug des Skontos noch innerhalb der Skontofrist beglichen wird, trifft dies jedenfalls zu. Dieser Teil der Lieferverbindlichkeiten gehört daher zum Abzugskapital. Für den Teil der Lieferverbindlichkeiten, der erst am Ende des Zahlungszieles beglichen wird, entstehen Finanzierungskosten in der Höhe des Skontoaufwandes (entgangener Skontoertrag), der beispielsweise bei 2% Skonto und 30 Tagen Ziel einem Jahreszinssatz von 24% entspricht. Um nun die (erhebungstechnischen) Komplikationen, die sich aus einer Einbeziehung dieses Zinssatzes in die Berechnung des kalkulatorischen Zinssatzes ergeben, zu vermeiden, ist folgende Vorgangsweise zweckmäßig:

Die Lieferverbindlichkeiten werden vollständig zum Abzugskapital gezählt, der Skontoaufwand wird als Finanzierungskosten in den entsprechenden Kostenstellen (zumeist Materialstelle) eingesetzt.

– Kundenanzahlungen: Die Kundenanzahlungen sind als zinsenlose Kredite vom zinsberechtigten Kapital abzuziehen. Allerdings sind mit Kundenanzahlungen oft Preisnachlässe verbunden, die wiederum als Zinskosten interpretiert werden müssten.

Berechnung des zinsberechtigten Kapitals:

Vermögensgegenstand	Buchwerte	betriebsfremd	betriebsnotwendig	Umwertung	Tageswert
unbebaute Grundstücke	300.000	60.000	240.000	160.000	400.000
Gebäude	350.000	30.000	320.000	280.000	600.000
Maschinen	210.000	–	210.000	80.000	290.000
Betriebsausstattung	120.000	–	120.000	–	120.000
Vorräte	150.000	–	150.000	–	150.000
Lieferforderung	140.000	–	140.000	– 140.000	–
sonstige Forderungen	60.000	1.000	59.000	–	59.000
Kassa/Bank	40.000	–	40.000	–	40.000
	1,370.000	91.000	1,279.000	380.000	1,659.000
– Kundenanzahlungen } Abzugskapital					– 70.000
– Lieferverbindlichkeiten } Abzugskapital					– 120.000
Betriebsnotwendiges Kapital					1,469.000

Die kalkulatorischen Zinsen betragen daher 6% von 1,469.000, also 88.140.

Beispiel 2 (B: S. 51):

Bei diesem Beispiel wird von den Vermögenswerten mit Stichtag 31. 12. ausgegangen. Die daraus resultierenden Ergebnisse sind somit nur dann richtig, wenn im abgelaufenen Jahr keine wesentlichen Schwankungen im betriebsnotwendigen Vermögen zu verzeichnen waren. Andernfalls wäre von Durchschnittswerten auszugehen.

Aus den Zusatzangaben ergeben sich hinsichtlich der Ermittlung des betriebsnotwendigen Kapitals folgende Konsequenzen:

- Der Wert der Grundstücke ist mit 150.000 anzusetzen.
- Auf Grund der vorübergehenden Stilllegung der Produktion in einer Halle kann nicht geschlossen werden, dass diese als betriebsfremd zu betrachten ist. Es sind daher die gesamten 300.000 anzusetzen.
- Der Wert der einen Anlage ist mit 110.000, der Wert der Maschinen insgesamt daher mit 200.000 anzusetzen.
- Da die Beteiligungen einen Zinsertrag in Höhe von 6% bringen und der Zinssatz mit 7% angegeben ist, dürfen kalkulatorische Zinsen nur für $^1/_7$ des betriebsnotwendigen Teiles im Wert von 25.000, also 3.571, verrechnet werden.

  Eine alternative Vorgangsweise wäre es, die Beteiligungen im betriebsnotwendigen Ausmaß von 25.000 zum zinsberechtigten Kapital zuzuzählen. In diesem Falle müsste aber der Zinsertrag dieser Beteiligung im Ausmaß von 25.000 × 0,06 = 1.500 von den kalkulatorischen Zinsen abgezogen werden.
- Der für die geringwertigen Wirtschaftsgüter anzusetzende Wert ergibt sich folgendermaßen:

Wert der Mitte 19X0 angeschafften Güter zum 31. 12. 19X1:	1.250
Wert der Mitte 19X1 angeschafften Güter zum 31. 12. 1 9X1:	3.750
Gesamtwert:	5.000
- Da die Vorräte zu Zielpreisen eingebucht sind, werden automatisch Zinskosten, die durch Lieferverbindlichkeiten entstehen, in Form erhöhter Materialkosten den Kostenträgern zugerechnet. In diesem Fall muss daher das zinsberechtigte Kapital um die Lieferverbindlichkeiten vermindert werden. Sollten Teile der Lieferverbindlichkeiten unter Ausnutzung des Skontos bezahlt werden, ist der daraus resultierende Skontoertrag von den Material- oder Zinskosten der entsprechenden Kostenstelle abzuziehen.
- Da die Produkte mit Skontoaufschlag kalkuliert werden, zählen die Lieferforderungen nicht zum zinsberechtigten Kapital, wenn, wie hier unterstellt, alle Kunden das Zahlungsziel ausnutzen.

  Weiters muss das zinsberechtigte Kapital um die Kundenanzahlungen, die einen zinsenlosen Kredit darstellen, vermindert werden.

Es ergibt sich folgende Tabelle:

Berechnung des zinsberechtigten Kapitals:

Vermögensgegenstand	Buchwerte	betriebsfremd	betriebsnotwendig	Umwertung	Tageswert
unbebaute Grundstücke	100.000	–	100.000	50.000	150.000
Gebäude	230.000	–	230.000	70.000	300.000
Maschinen	140.000	–	140.000	60.000	200.000
Beteiligungen	50.000	25.000	25.000	– 21.429	3.571
Vorräte	170.000	–	170.000	–	170.000
Halb- und Fertig erzeugnisse	60.000	–	60.000	–	60.000
Kassa/Bank	80.000	–	80.000	–	80.000
Lieferforderungen	340.000	–	340.000	– 340.000	–
sonstige Forderungen	50.000	–	50.000	–	50.000
geringwertige Wirtschaftsgüter	–	–	–	5.000	5.000
	1,220.000	25.000	1,195.000	– 176.429	1,018.571
– Lieferverbindlichkeiten } Abzugskapital					– 300.000
– Kundenanzahlungen					– 20.000
Betriebsnotwendiges Kapital					698.571

Die kalkulatorischen Zinsen betragen daher: 698.571 × 7% = 48.900.

b) Kalkulatorische Abschreibungen

Beispiel 1 (B: S. 52):

a) Geht man von der Annahme linearer Abschreibung auf Basis von Tagesbeschaffungspreisen aus, so ergeben sich für die verschiedenen Nutzungsjahre folgende Abschreibungen:

19X0: 100.000 / 10 = 10.000
19X1: 100.000 × 1,05 / 10 = 10.500
19X2:100.000 × 1,05 / 10 = 10.500
19X3:100.000 × 1,1 /10 = 11.000
19X4: Da sich Anfang 19X4 die geschätzte Nutzungsdauer der Maschine ändert und eine werterhöhende Generalreparatur durchgeführt wird, muss der Wert der Maschine zu Beginn 19X4 berechnet werden. Eine neue Maschine würde zu diesem Zeitpunkt 100.000 × 1, 1 = 110.000 kosten. Die vorhandene Anlage ist jedoch 4 Jahre genutzt. Es ergibt sich daher ein Wert vor Generalreparatur von

110.000 × (1 – 4 / 10) = 66.000.

Nach der Generalreparatur hat die Maschine einen Wert von 116.000. Dieser Wert wird nun grundsätzlich linear über die Restnutzungsdauer von 8 Jahren abgeschrieben. Für 19X4 ergibt sich: 116.000 / 8 = 14.500.

19X5: 116.000 × 1,15 / (1,1 – 8) = 15.159.
Bzw. ausgehend von der Abschreibungsquote 19X4:
14.500 × 1,15 / 1,1 = 15.159.

19X6: Der Reproduktionswert von 20.000 wird über die abermals geänderte Restnutzungsdauer der Maschine abgeschrieben: 20.000 / 2 = 10.000

19X7: 20.000 × 1,2 / (1,15 2) = 10.435 bzw.
10.000 × 1,2 / 1,15 = 10.435.

b)

	Bilanz	Kostenrechnung
Nutzungsdauer	meist: kürzeste, steuerlich noch zulässige Nutzungsdauer	optimale Nutzungsdauer
Nutzungsdauer-korrekturen	grundsätzlich Abschreibung von 100% des Anschaffungspreises	Möglichkeit, dass mehr oder weniger als 100% des Anschaffungspreises abgeschrieben werden
Bewertung	Anschaffungspreisprinzip	meist: Tagesbeschaffungspreisprinzip

Beispiel 2 (B: S. 52):

Die Abschreibungsbeträge für die ersten 4 Nutzungsjahre der Anlage ergeben sich folgendermaßen:

1. Jahr: 100.000 × 0,4 = 40.000
2. Jahr: Im zweiten Jahr sinkt der Abschreibungsbetrag auf Grund der degressiven Abschreibungsform um 40%. Der entsprechende Abschreibungsbetrag beträgt daher 60% des Abschreibungsbetrages des ersten Jahres. Es muss jedoch eine Umwertung auf das gestiegene Tagespreisniveau erfolgen.
40.000 × 0,6 × 1,1 = 26.400
3. Jahr: 26.400 × 0,6 × 1,2 / 1,1 = 17.280
4. Jahr: 17.280 × 0,6 × 1,3 / 1,2 = 11.232

Der Abschreibungsprozentsatz ist so zu wählen, dass am Ende der (optimalen) Nutzungsdauer (n) der rechnerische Restwert (RW) mit dem tatsächlichen Marktrestwert übereinstimmt. Der Abschreibungsprozentsatz p wird – allerdings ohne Berücksichtigung der Preisindizes – mit der Formel

$$p = 1 - \sqrt[n]{RW / A} \text{ bestimmt.}$$

Beispiel 3 (B: S. 52):

Abschreibungskosten werden erst ab der Inbetriebnahme der Anlage verrechnet. Die Abschreibungsbeträge für die folgenden Jahre ergeben sich folgendermaßen:

19X3: Auf Grund des Preisindex ergibt sich der Abschreibungsbetrag:
500.000 × 1,7 / (1,65 × 6) = 85.859

19X4: $85.859 \times 1,8 / 1,7 = 90.909$

19X5: Der Abschreibungsbetrag für das erste Halbjahr ergibt sich analog zu den ersten beiden Jahren:

$90.909 \times 1,85 / (1,8 \times 2) = 46.717$

Für die Berechnung des Abschreibungsbetrages für das zweite Halbjahr 19X5 muss der Wert der Anlage Mitte 19X5 ermittelt werden. Dieser ergibt sich aus dem Tagesbeschaffungspreis einer neuen Maschine vermindert um die auf dieser Basis berechneten 2,5 Abschreibungsraten plus dem Wert der Generalreparatur:

$$500.000 \times 1,85 / 1,65 \times (1 - 2,5 / 6) + 60.000 = 387.020$$

Dieser Wert soll über die Restnutzungsdauer auf Null abgeschrieben werden. Der Abschreibungsbetrag für das zweite Halbjahr 19X5 ist daher $387.020 / (5,5 \times 2) = 35.184$

19X6: $35.184 \times 2 \times 1,9 / 1,85 = 72.270$

19X7: Für das erste Halbjahr beträgt die kalkulatorische Abschreibung

$72.270 \times 1,05 / 2 = 37.941$

Für das zweite Halbjahr muss vom Wert der Anlage Mitte 19X5 ausgegangen werden. Dieser (jeweils Index zu bereinigende) Wert sollte grundsätzlich innerhalb von drei Jahren, nämlich bis Mitte 19X8, auf 80.000 abgeschrieben werden.

„Falsche Abschreibungskosten in der Vergangenheit sollen nicht daran hindern, sie in Zukunft richtig anzusetzen." Es ergeben sich daher Abschreibungskosten von:

$(387.020 \times 1,9 \times 1,05 / 1,85 - 80.000) / (3 \times 2) = 56.226$

19X8: Für das erste Halbjahr 19X8 ergeben sich Abschreibungen von

$(387.020 \times 1,9 \times 1,05^2 / 1,85 - 80.000) / (3 \times 2) = 59.704$

Beispiel 4 (B: S. 53):

Geht man davon aus, dass die zusätzlichen 45.000 km genauso viel zur Wertminderung beitrugen wie die ersten 45.000 km, kann man von einer leistungsabhängigen Wertminderung von 3.000/45.000 = 0,067 je km ausgehen. Die durchschnittlichen zeitabhängigen Abschreibungen betragen demnach pro Jahr (35.000–6.000–14.000) / 3 = 5000.

Ein Marktrestwert von Null ist nach $35.000/(5.000 + 0,067 \times 30.000) = 5$ Jahren erreicht. Das Ergebnis ist natürlich unwahrscheinlich, ein gut gepflegter 5 Jahre alter Wagen (Zustandsklasse 2) mit 150.000 km wird natürlich noch einen von null verschiedenen positiven Restwert haben, der aber vielleicht nur mehr die Stilllegungskosten deckt. Das Beispiel zeigt, dass die tatsächlichen Wertminderungen nicht oder nur stückweise linear verlaufen. Die errechneten Werte für die Abschreibungen sind somit Durchschnittswerte, die für die Amortisierung der Anschaffungskosten des Fahrzeuges in den Preisen für die Nutzung enthalten sein müssen. Eine derartige Betrachtung kann aber keineswegs eine Investitionsrechnung auf Basis von Kapitalwerten ersetzen.

c) Die kalkulatorischen Wagnisse

Beispiel 1 (B: S. 53):

Es kann die fiktiv zu bezahlende Versicherungsprämie abzüglich Verwaltungskosten, Steuern und Gewinnmarge der Versicherungsgesellschaft angesetzt werden. Probleme bereitet hier die Schätzung des Ausmaßes der von der Prämie abzuziehenden Teile.

Beispiel 2 (B: S. 53):

In der Kostenrechnung ist der durchschnittliche Gewährleistungsaufwand zu verrechnen. Wird der sich für das Vorjahr ergebende Prozentsatz von 2000 / 2.000.000 berücksichtigt, so erhält man ein arithmetisches Mittel von

$$(0{,}1\% + 3\% + 2{,}5\% + 3\% + 6\% + 1\% + 2\%) / 7 = 2{,}514\%$$

Bei einem Umsatz von 2.000.000 ergeben sich daher 50.286 an kalkulatorischen Kosten auf Grund des Gewährleistungswagnisses.

Bereinigt man diese Zahlungsreihe um statistische Ausreißer, wie den für das laufende Jahr mit 0,1 berechneten Wert und den Wert von 6%, dann ergibt sich der sinnvollere korrigierte Wert von

$$(3\% + 2{,}5\% + 3\% + 1\% + 2\%) / 5 = 2{,}3\%.$$

Basiert der jüngste Wert von 0,1% allerdings auf Änderungen im Betriebsprozess (z. B. neues Material wurde erstmalig verwendet), dann sind die 0,1% bester Schätzer für das Wagnis, da eine neue Zeitreihe erst im Aufbau begriffen ist.

3. Integrierende Beispiele zur Transformation von Aufwendungen in Kosten

Beispiel 1 (B: S. 53):

- Als Preisfaktor der Kosten wird meist der Tagesbeschaffungspreis zum Zeitpunkt der Kostenermittlung gewählt. Die Kosten für den Rohstoffeinsatz sind daher mit

  5,5 / 5 = 110% des Aufwandes, also mit 2.200.000 anzusetzen.

- Die Berechnung der Nichtleistungslöhne:

52	Wochen	5	Wochen Urlaub
– 5	Wochen Urlaub	2	Wochen Feiertage und sonstige Nichtleistungszeit
– 3	Wochen Krankheitsdauer	3	Krankheitswochenanteil
– 2	Wochen Feiertage und sonstige Nichtleistungszeit	4	Wochenlöhne Weihnachtsgeld
		4	Wochenlöhne Urlaubszuschuss
42	Leistungswochen	18	bezahlte Nichtleistungswochen

Daraus ergibt sich ein prozentueller Anteil der Nichtleistungslöhne an den Leistungslöhnen (Fertigungs- und Hilfslöhne) von

$$18 / 42 \Rightarrow 42{,}9\%.$$

Die Nichtleistungslöhne für Mai betragen daher 4.200.000 × 0,429 = 1.800.000.

Es ergeben sich dadurch im Vergleich zur Buchhaltung auch andere Werte für gesetzliche Sozialaufwendungen. Die gesetzlichen Sozialaufwendungen bzw. lohnabhängigen Abgaben betragen nun 30% von 4.200.000 × (1 + 18/42), also 1.800.000.

- Die Kosten, die durch Auszahlung eines 13., 14. und 15. Gehaltes entstehen, müssen in der Kostenrechnung auf alle Monate des Jahres gleichmäßig verteilt werden. Es ergibt sich für Mai eine Kostenbelastung von

  600.000 × 15 / 12 = 750.000

- Die entsprechenden gesetzlichen Sozialaufwendungen sind daher

$$170.000 / 600.000 \times 750.000 = 212.500$$

- Durch Ansetzen von Tagespreisen und unter Zugrundelegung der tatsächlich erwarteten Nutzungsdauer ergeben sich kalkulatorische Abschreibungen von:

$$30.000.000 \times 1{,}05^5 / (15 \times 12) = 212.714$$

- Zusätzlich zu den Fremdkapitalzinsen werden Zinsen auf das Eigenkapital angesetzt.
- Im betrachteten Monat Mai dürfen nur die durch die tatsächliche Produktion verursachten Energiekosten von 100.000 zugerechnet werden!
- Die Grundsteuer für das landwirtschaftlich genutzte, verpachtete Grundstück ist als produktionsfremder Aufwand auszuscheiden.

Es ergibt sich folgende Tabelle:

Aufwandsart	Aufwand	Kosten
Rohstoffeinsatz	2,000.000	2,200.000
Fertigungslöhne	4,000.000	4,000.000
Hilfslöhne	200.000	200.000
Nichtlcistungslöhnc	800.000	1,800.000
ges. Sozialaufwand und lohnabhängige Abgaben zu Löhnen	1,500.000	1,800.000
Gehälter	600.000	750.000
ges. Sozialaufwand und gehaltsabhängige Abgaben zu Gehältern	170.000	212.500
kalkulatorische Abschreibungen	250.000	212.714
kalkulatorische Zinsen	600.000	1,400.000
elektrische Energie	100.000	100.000
sonstige Aufwendungen	700.000	690.000

Beispiel 2 (B: S. 54):

- Durch Ansatz des Tagespreises ergeben sich Fertigungsmaterialkosten in der Höhe von 300.000 × 0,95 = 285.000.
- Die Berechnung der Nichtleistungslöhne:

52	Wochen	5	Wochen Urlaub
– 5	Wochen Urlaub	4	Wochenlöhne Urlaubsgeld
– 1	Woche Feiertage	2	Krankheitswochenanteil
– 2	Wochen Krankenstand	4	Wochenlöhne Weihnachtsgeld
		1	Woche Feiertage
44	Leistungswochen	16	bezahlte Nichtleistungswochen

Daraus ergibt sich ein prozentueller Anteil der Nichtleistungslöhne an den Fertigungs- und Hilfslöhnen von

$$16 / 44 \Rightarrow 36{,}4\%.$$

Die Nichtleistungslöhne betragen daher 1.000.000 × 0,364 = 363.636.

Der gesetzliche Sozialaufwand beträgt laut Buchhaltung

$$360.000 / 1.200.000 \Rightarrow 30\% \text{ der Gesamtlöhne.}$$

Die entsprechende Kostenart gesetzlicher Sozialaufwand und lohnabhängige Abgaben und Steuern ist daher mit

$$1.000.000 \times (1 + 16 / 44) \times 0{,}30 = 409.091 \text{ anzusetzen.}$$

- Die Kosten, die durch Auszahlung eines 13. bzw. 14. Gehalts entstehen, müssen gleichmäßig auf die Monate verteilt werden.

  400.000 / 1,5 = 267.000 = Gehalt für einen Monat
  267.000 × 14 / 12 = 311.500 = durchschnittliche monatliche Gehaltskosten

  Die anzusetzenden Kosten für den entsprechenden Sozialaufwand und die Abgaben betragen:

$$(110.000 / 400.000) \times 311.500 = 85.663$$

- Der Verbrauch an Schweröl für Juni ergibt sich aus der Differenz zwischen Anfangsbestand + Zukäufe (5.000 + 30.000) minus Endbestand (29.000) mit 6.000 Litern.

  Als Preis pro Liter sind 2 anzusetzen (da die Mehrwertsteuer für den Unternehmer nur ein Durchlaufposten ist, darf sie nicht als Kostenbestandteil behandelt werden). Es sind wegen unzweckmäßiger Periodisierung überhöht ausgewiesene Aufwendungen in Höhe von 30.000 × 2 – 6000 × 2 = 48.000 auszuscheiden.

  Legt man den Abschreibungen für Gebäude den Tagespreis zugrunde, so ergeben sich Abschreibungskosten von

$$24.000.000 / (50 \times 12) = 40.000$$

  Analog erhält man als Abschreibungskosten für die Maschinen

$$275.000 \times 205 / 174 = 324.000$$

  Für den Lastkraftwagen sind in der Kostenrechnung Abschreibungskosten von 60.000 / 12 = 5.000 anzusetzen.

  Insgesamt ergeben sich Abschreibungskosten von:

40.000
324.000
5.000
369.000

- Zusätzlich zu den Fremdkapitalzinsen werden in der Kostenrechnung Zinsen für das Eigenkapital angesetzt.

  In diesem Fall betragen sie 30.000.000 × 0,12 / 12 = 300.000.

– Die Wohnungsinstandhaltungskosten werden als produktionsfremd ausgeschieden.

Aufwandsart	Aufwand	Kosten
Fertigungsmaterial	300.000	285.000
Fertigungslöhne und Hilfslöhne	1,000.000	1,000.000
Nichtleistungslöhne	200.000	363.636
ges. Sozialaufwand und lohnabhängige Abgaben	360.000	409.091
Gehälter	400.000	311.500
ges. Sozialaufwand und gehaltsabhängige Abgaben	110.000	85.663
Betriebsstoffe	500.000	452.000
kalkulatorische Abschreibungen	300.000	369.000
kalkulatorische Zinsen	120.000	420.000
sonstige Kosten	550.000	450.000

4. Die innerbetriebliche Leistungsverrechnung und die Zuschlagsatzermittlung

Beispiel 1 (B: S. 56):

Nach der Verteilung der Gemeinkosten (und zumeist auch der Einzelkosten) auf die Kostenstellen müssen die Bezugsgrößen – das sind Größen, von denen die Höhe der Gemeinkosten einer Kostenstelle abhängt – festgelegt werden. Zu beachten ist in diesem Beispiel, dass die Gemeinkosten der Fertigungsstelle B von zwei Größen – nämlich Fertigungslöhne und Maschinenstunden – abhängen. Auf die Bezugsgröße Fertigungslöhne werden folgende Kosten bezogen:

Auf Fertigungslöhne entfallende Nichtleistungslöhne (30% der Fertigungslöhne, da 420.000 / 1.400.000 = 0,30)	360.000
Sozialaufwand (25% der Fertigungslöhne und der Nichtleistungslöhne für Fertigungslöhne von 360.000 – der Prozentsatz ergibt sich wiederum aus dem BAB)	390.000
Sonstige Kosten (50%)	1,000.000
	1,750.000

Die verbleibenden Gemeinkosten der Fertigungsstelle B von 2.445.000 werden auf die Maschinenstunden bezogen.

Die Bezugsgröße für die Verwaltungs- und Vertriebskostenstelle sind die Fertigungskosten, die aus Fertigungslöhnen plus Fertigungsgemeinkosten bestehen.

Fertigungslöhne der Fertigungsstelle A	1,800.000
Fertigungsgemeinkosten der Fertigungsstelle A	3,870.000
Fertigungslöhne der Fertigungsstelle B	1,200.000
Fertigungsgemeinkosten der Fertigungsstelle B	4,195.000
Fertigungskosten	11,065.000

Es ergibt sich folgende Lösung:

	Material-stelle	Fertigungs-stelle A	Fertigungs-steile B	Verwaltung und Vertrieb
Fertigungsmaterial	1.000.000			
Fertigungslöhne		1.800.000	1.200.000	
Hilfslöhne		200.000	200.000	
Nichtleistungslöhne		600.000	420.000	
ges. Sozialaufwand zu Löhnen und lohnabhängige Abgaben		650.000	455.000	
Gehälter		100.000	100.000	1,000.000
ges. Sozialaufwand zu Gehältern und gehalts-abhängige Abgaben		20.000	20.000	200.000
kalk. Abschreibung		500.000	600.000	100.000
kalk. Zinsen	20.000	300.000	400.000	80.000
sonst. Zinsen	80.000	1,500.000	2,000.000	420.000
Summe der Gemeinkosten	100.000	3,870.000	4,195.000	1,800.000
Bezugsgröße	1,000.000	1,800.000	1,200.000 bzw. 2.000 Std.	11,065.000
Zuschlagsatz	10%	215%	145,83% bzw. 1.222,5/Std.	16,27%

Beispiel 2 (B: S. 57):

In diesem Beispiel müssen die Kosten der innerbetrieblichen Leistungen nach dem Kostenträgerverfahren den empfangenden Stellen zugerechnet werden. Hierbei ist zu beachten, dass mit den Leistungen jener Kostenstellen begonnen wird, die keine innerbetrieblichen Leistungen in Anspruch nehmen. Nur für diese Kostenstellen können nämlich endgültige Gemeinkostenzuschlagsätze ermittelt werden. In diesem Beispiel müssen daher zuerst die innerbetrieblichen Leistungen der beiden Hilfsstellen verrechnet werden, erst dann jene der Hauptstelle B. Es ergibt sich folgender BAB:

	Haupt- stelle A	Haupt- stelle B	Hilfs- stelle r	Hilfs- stelle h
Fertigungslöhne	700.000	518.000		
Hilfsmaterial für inner- betriebliche Leistungen		4.000	14.000	30.000
sonstiges Hilfsmaterial	50.000	35.000		
Hilfslöhne	20.000	15.000	40.000	45.000
sonstige Gemeinkosten	1,100.000	850.000	320.000	450.000
I. Σ primäre Gemeinkosten	1,170.000	904.000	374.000	525.000
1. Umlage Hilfsstelle h:				
Umlage Stelleneinzelkosten				
Hilfsmaterial	14.000	16.000		– 30.000
Hilfslöhne	21.000	24.000		– 45.000
Σ Stellengemeinkosten der Stelle h				450.000
Bezugsgröße (HL)				(45.000)
Zuschlagsatz				(1000%)
Umlage Stellengemeinkosten	210.000	240.000		– 450.000
II. Σ Gemeinkosten	1,415.000	1,184.000	374.000	0
2. Umlage Hilfsstelle r:				
Umlage Stelleneinzelkosten				
Hilfsmaterial	8.000	6.000	– 14.000	
Hilfslöhne	22.000	18.000	– 40.000	
Σ Stellengemeinkosten der Stelle r			320.000	
Bezugsgröße (HL)			(40.000)	
Zuschlagsatz			(800%)	
Umlage Stellengemeinkosten	176.000	144.000	– 320.000	
III. Σ Gemeinkosten	1,621.000	1,352.000	0	
3. Umlage Hauptstelle B:				
Umlage				
Hilfsmaterial	4.000	– 4.000		
Σ Stellengemeinkosten der Hauptstelle B		1,348.000		
Bezugsgröße (FL)		(518.000)		
Zuschlagsatz		(260,23%)		
Umlage Fertigungslöhne	6.000	(– 6.000)		
Umlage Stellengemeinkosten	15.614	– 15.614		
IV. Σ Gemeinkosten	1,646.614	1,332.386		
Bezugsgröße (FL)	700.000	512.000		
Zuschlagsatz	235,23%	260,23%		

Beispiel 3 (B: S. 58):

	Materialstelle	F 1
Fertigungsmaterial	1.000.000	
Fertigungslöhne		400.000
Hilfslöhne	20.000	130.000
Hilfsmaterial	5.000	150.000
Energie, Betriebsstoffe	3.000	200.000
kalk. Abschreibungen	6.000	100.000
kalk. Zinsen (6%)	3.000	50.000
sonstige Kosten	30.000	240.000
I. Σ primäre Gemeinkosten	67.000	870.000
– enthaltene Stelleneinzelkosten der innerbetrieblichen Leistungen:		
Hilfslöhne		– 6.000
Hilfsmaterial		– 14.000
II. Σ Gemeinkosten	67.000	850.000
1. Umlage F 1:		
Bezugsgröße		400.000 bzw. 2.000 Std.
Zuschlagsatz		70% bzw. 285/Std.
Stellengemeinkosten		– 2.800
		– 5.700
kalk. Abschreibung	1.625	
kalk. Zinsen	975	
III. Σ Gemeinkosten	69.600	841.500
Bezugsgröße	1,000.000	
Zuschlagsatz	6,96%	

Zur Berechnung der Zuschlagsätze für die Fertigungsstelle 1: Auf die Bezugsgröße Maschinenstunden werden folgende Gemeinkosten bezogen:

Energie, Betriebsstoffe	200.000
kalk. Abschreibung	80.000
kalk. Zinsen	40.000
Hilfsmaterial [50% von (150.000 – 14.000)]	68.000
Hilfslöhne [50% von (130.000 – 6.000)]	62.000
sonstige Kosten	120.000
	570.000

Es ergibt sich ein Zuschlagsatz von 570.000/2.000 = 285/Std. – Auf die Bezugsgröße Fertigungslöhne werden die übrigen Gemeinkosten von 850.000 – 570.000 = 280.000 bezogen. Es ergibt sich ein Zuschlagsatz von 280.000 / 400.000 = 70%.

Zur Verrechnung der innerbetrieblichen Leistung:

Da es sich um eine zu aktivierende Leistung handelt, werden die Kosten in Form von Abschreibungen – verteilt über die 10-jährige Nutzungsdauer verrechnet. Basis für die Abschreibungsberechnung bilden die Herstellkosten der Leistung:

Herstellkosten:	Fertigungslöhne	4.000
	Fertigungsgemeinkosten (70%)	2.800
	Hilfslöhne	6.000
	Hilfsmaterial	14.000
	20 Maschinenstunden (285/Std.)	5.700
	Herstellkosten	32.500

Die anzusetzende Abschreibung beträgt daher 3.250 / 2 = 1.625, da die Nutzung erst zur Jahresmitte beginnt! Weiters müssen für die nun aktivierte innerbetriebliche Leistung kalkulatorische Zinsen in der Höhe von 32.500 × 0,06 / 2 = 975 angesetzt werden.

Der Zuschlagsatz der Materialstelle ergibt sich entsprechend mit 6,96%. Es ist zu beachten, dass die leistende Kostenstelle F 1 bereits in der betrachteten Periode von den gesamten Herstellkosten der innerbetrieblichen Leistung entlastet werden muss!

In der Kostenstelle F 1 verbleiben an Einzelkosten (also Fertigungslöhnen) 396.000, die entsprechenden Gemeinkosten betragen 277.200 (= 280.000 – 2.800), also wieder 70% der neuen Basis von 396.000. Auf Maschinenstunden bezogene Gemeinkosten verbleiben 1.980 × 285 = 564.300 (= 570.000 – 5.700).

Beispiel 4 (B: S. 58):

	Hauptkostenstelle I	Hauptkostenstelle II	Hilfskostenstelle I	Hilfskostenstelle II
Fertigungslöhne	1,000.000	2,500.000		
Hilfslöhne	100.000	300.000	500.000	300.000
Hilfsmaterial	200.000	250.000	300.000	150.000
sonstige Gemeinkosten	5,000.000	7,000.000	1,000.000	700.000
I. Σ primäre Gemeinkosten	5,300.000	7,550.000	1,800.000	1,150.000
1. Simultaner Ansatz:				
Umlage Hilfsstelle I				
Stelleneinzelkosten:				
Hilfslöhne	150.000	200.000	– 500.000	150.000
Hilfsmaterial	150.000	100.000	– 300.000	50.000
Stellengemeinkosten (x)	463.187	617.582	– 1,543.956	463.187
Umlage Hilfsstelle II				
Stellengemeinkosten (y)	543.956	725.275	543.956	– 1,813.187
II. Σ Gemeinkosten	6,607.143	9,192.857	0	0
Bezugsgröße	1,000.000	2,500.000		
Zuschlagsatz	660,714%	367,714%		

Zwischen den beiden Hilfskostenstellen liegt gegenseitiger Leistungsaustausch vor. Die Zuschlagsätze können daher nur mit einem simultanen Ansatz exakt ermittelt werden.

Zur Lösung des simultanen Ansatzes:

	Hilfskosten-stelle I	Hilfskosten-stelle I
I. Σ primäre Gemeinkosten	1,800.000	1,150.000
Umlage		
Stelleneinzelkosten der		
Hilfskostenstelle I:		
Hilfslöhne	– 500.000	150.000
Hilfsmaterial	– 300.000	50.000
Stellengemeinkosten der		
Hilfskostenstelle I	– 500.000 x	150.000 x
Stellengemeinkosten der		
Hilfskostenstelle II	3.000 y	– 10.000 y
Σ Gemeinkosten	0	0

Bringt man diesen Ansatz in Gleichungsform, so ergeben sich folgende Gleichungen:

$$1{,}000.000 - 500.000\ x + 3.000\ y = 0$$
$$1{,}350.000 + 150.000\ x - 10.000\ y = 0$$

Als Lösung erhält man für x = 3,0879 und für y = 181,319. Die Lösung ist so zu interpretieren, dass jede Geldeinheit an Hilfslohn in der Hilfsstelle I zusätzlich 3,0879 Geldeinheiten an Gemeinkosten verursacht (Zuschlagsatz = 308,79%) bzw. dass eine Maschinenstunde der Hilfsstelle II 181,319 Geldeinheiten kostet (Zuschlagsatz = 181,319/Stunde).

Beispiel 5 (B: S. 59):

Zum simultanen Ansatz:

	Energiestelle	Hausverwaltung
I. Σ primäre Gemeinkosten	180.000	80.000
Umlage Energiestelle:		
Stelleneinzelkosten	– 60.000	2.500
Stellengemeinkosten	– 4.000 x	200 x
Umlage Hausverwaltung:		
Stellengemeinkosten	+ 100 y	– 4.000 y
Σ Gemeinkosten	0	0

Aus dieser Darstellung ergeben sich 2 Gleichungen:

$$180.000 - 60.000 - 4.000\ x + 100\ y = 0$$
$$80.000 + 2.500 + 200\ x - 4.000\ y = 0$$

x = 30,5538/EH

$y = 22{,}153/m^3$

Alternativ könnte die Grundgebühr von 20.000 auch als Stelleneinzelkosten umgelegt werden. Der simultane Ansatz hätte dann folgende Gestalt:

$$
\begin{array}{l}
180.000 - 80.000 - 4.000\,x + 100\,y = 0 \\
\underline{80.000 + 3.500 + 200\,x - 4.000\,y = 0}
\end{array}
$$

x = 25,5538/EH

y bleibt gleich

Bei der Verrechnung der innerbetrieblichen Leistung der Fertigungsstelle A ist zu berücksichtigen, dass die Kosten für die Büroeinrichtung aktiviert werden müssen und über die Nutzungsdauer von 20 Jahren in Form von Abschreibungskosten verrechnet werden. Basis für die Abschreibungen bilden die Herstellkosten. Die Herstellkosten der Büroeinrichtung betragen:

Hilfsmaterial	20.000
Fertigungslöhne	10.000
Fertigungsgemeinkosten	52.477
Herstellkosten	82.477

Die entsprechenden Abschreibungskosten betragen daher 82.477 / 40 = 2.062.

Danach kann die Berechnung des Zuschlagsatzes der Materialkostenstelle erfolgen.

Als letztes Problem stellt sich die Ermittlung der Bezugsgröße für die Verwaltungs- und Vertriebskostenstelle – nämlich die gesamten Herstellkosten.

Fertigungsmaterial	2,000.000
Materialgemeinkosten	540.533
Fertigungslöhne (A)	990.000
Fertigungsgemeinkosten (A)	5,195.230
Fertigungslöhne (B)	2,000.000
Fertigungsgemeinkosten (B)	7,487.984
Herstellkosten	18,213.747

Jene 10.000 an Fertigungslöhnen in A, die für die innerbetriebliche Leistung anfielen, dürfen nicht mehr berücksichtigt werden, um eine Doppelverrechnung zu vermeiden.

	Material-stelle	Fertigungs-stelle A	Fertigungs stelle B	Energie-stelle	Haus-verwaltung	Verwaltung und Vertrieb
Fertigungsmaterial	2.000.000					
Fertigungslöhne		1.000.000	2.000.000			
Hilfsmaterial		100.000	200.000			
Hilfslöhne		100.000	200.000			
kalk. Abschreibungen	250.000	2,000.000	3,000.000	100.000	40.000	200.000
sonstige Kosten	250.000	3,000.000	4,000.000	80.000	40.000	300.000
I. Σ primäre Gemeinkosten	500.000	5,200.000	7,400.000	180.000	80.000	500.000
1. Simultaner Ansatz:						
Umlage Energiestelle:						
Stelleneinzelkosten	12.500	15.000	20.000	– 60.000	2.500	10.000
Stellengemeinkosten (x)	21.387	30.554	45.831	– 122.215	6.111	18.332
Umlage Hausverwaltung:						
Stellengemeinkosten (y)	6.646	22.153	22.153	2.215	– 88.611	35.444
II. Σ Gemeinkosten	540.533	5,267.707	7,487.984	0	0	563.776
2. Umlage						
Fertigungsstelle A						
– enthaltene Stelleneinzelkosten der innerbetrieblichen Leistungen:						
Hilfsmaterial		– 20.000				
Σ Gemeinkosten		5,247.707				
Bezugsgröße		1,000.000				
Zuschlagsatz		524,77%				
Stellengemeinkosten		– 52.477				2.062
III. Σ Gemeinkosten	540.533	5,195.230	7,487.984			565.838
Bezugsgröße	2,000.000	990.000	2,000.000			18,213.747
Zuschlagsatz	27,03%	524,77%	374,4%			3,11%

Beispiel 6 (B: S. 60):

Bei der Verrechnung der innerbetrieblichen Leistungen können in diesem Fall vorerst nur jene der Hausverwaltungsstelle abgerechnet werden, da dies die einzige Kostenstelle ist, die keine innerbetrieblichen Leistungen in Anspruch nimmt. Die Kosten der Hausverwaltung werden nach dem Umlageverfahren verteilt. Verteilungsschlüssel sind die m^2. Die Zuschlagsätze für die Hilfsstellen Zentralwerkstätte und KFZ können nur mittels eines simultanen Ansatzes ermittelt werden:

	Zentralwerkstatt	KFZ-Stelle
II. Σ Gemeinkosten	25.400	28.400
Umlage Zentralwerkstatt:		
Stelleneinzelkosten:		
Hilfsmaterial	– 10.000	2.000
Hilfslöhne	– 8.000	1.000
Stellengemeinkosten	– 8.000 x	+ 1.000 x
Umlage KFZ-Stelle:		
Stellengemeinkosten	+ 2.000 y	– 9.500 y
III. Σ Gemeinkosten	0	0

Daraus ergeben sich folgende Gleichungen:

$$7.400 - 8.000\ x + 2.000\ y = 0$$
$$31.400 + 1.000\ x - 9.500\ y = 0$$

x = 1,7986 GE/GE Hilfslohn
y = 3,49459 GE/km für andere Kostenstellen

Nach der Umlage der beiden Hilfskostenstellen muss die innerbetriebliche Leistung der Fertigungsstelle II abgerechnet werden. Hierbei ist zu beachten, dass die Gemeinkosten von Fertigungsstelle II auf 2 Bezugsgrößen bezogen werden müssen. Danach können die übrigen Kostenstellen abgerechnet werden. Die Bezugsgröße der Verwaltungs- und Vertriebskostenstenstelle sind die Herstellkosten.

Berechnung der Herstellkosten:

Fertigungsmaterial	18.000
Materialgemeinkosten	4.000
Fertigungslöhne I	15.000
Fertigungsgemeinkosten I	46.635
Fertigungslöhne II	16.000
Fertigungsgemeinkosten II	17.019
Maschinenstunden (96 Std.)	18.380
Herstellkosten	135.034

	Material-stelle	Fertigungs-stelle I	Fertigungs-stelle II	Zentral-werkstatt	KFZ-Stelle	Haus-verwaltung	Verwaltung und Vertrieb
Fertigungsmaterial	18.000						
Fertigungslöhne		15.000	18.000				
Gehälter						2.000	20.000
Hilfsmaterial		1.000	3.000	10.000	8.000	3.000	
Hilfslöhne	1.000	4.000	5.000	8.000	15.000	4.000	1.000
sonstige Gemeinkosten	3.000	15.000	17.000	6.000	4.000	5.000	10.000
I. Σ primäre Gemein-kosten	4.000	20.000	25.000	24.000	27.000	14.000	31.000
1. Umlage Hausverwaltung							
Bezugsgröße						$10.000/m^2$	
Zuschlagsatz						$1,4/m^2$	
Stellengemeinkosten		2.800	4.200	1.400	1.400	– 14.000	4.200
II. Σ Gemeinkosten	4.000	22.800	29.200	25.400	28.400	0	35.200
2. Simultaner Ansatz:							
Umlage Zentralwerkstatt							
Stelleneinzelkosten:							
Hilfsmaterial		3.000	3.000	– 10.000	2.000		2.000
Hilfslöhne		4.000	2.000	– 8.000	1.000		1.000
Stellengemeinkosten		7.195	3.597	– 14.390	1.799		1.799
Umlage KFZ-Stelle:							
Stellengemeinkosten		1.747	3.495	6.989	– 33.198		20.967

	Material-stelle	Fertigungs-stelle I	Fertigungs-stelle II	Zentral-werkstatt	KFZ-Stelle	Haus-verwaltung	Verwaltung und Vertrieb
III. Σ Gemeinkosten	4.000	38.742	41.292	0	0		60.966
3. Umlage							
Fertigungsstelle II							
– enthaltene Stellen-einzelkosten der innerbetrieblichen Leistungen:							
Hilfsmaterial		1.000	– 1.000				
Hilfslöhne		2.000	– 2.000				
IV. Σ Gemeinkosten			38.292				
Bezugsgröße			(18.000) bzw. 100 h)				
Zuschlagsatz			(106,37% bzw. 191,46/h)				
Fertigungslöhne		2.000	(– 2.000)				
Stellengemeinkosten		2.127	– 2.127				
		766	– 766				
V. Σ Gemeinkosten	4.000	46.635	35.399				
Bezugsgröße	18.000	15.000	16.000 bzw. 96 h				60.966
Zuschlagsatz	22,2%	310,9%	106,37% bzw. 191,46/h				135.034 45,15%

Beispiel 7 (B: S. 61):

a) Endkosten

aa) Zum simultanen Ansatz

	Haupt-kosten-stelle A	Hilfs-kosten-stelle 1	Hilfs-kosten-stelle 2	andere Kosten-stellen
I. Σ Primäre Gemeinkosten	20.300	20.680	12.700	
Umlage Hilfskosten stelle 1:				
Stelleneinzelkosten:				
Hilfsmaterial	1.000	– 3.800	800	2.000
Stellengemeinkosten:				
Stundensatz	40 x	– 550 x	60 x	450 x
Umlage Hilfskosten-stelle 2:				
Stelleneinzelkosten:				
Hilfslöhne	100	80	– 1.680	1.500
Stellengemeinkosten:	100 y	80 y	– 1.680 y	1.500 y
II. Σ Gemeinkosten	23.499	0	0	30.181

Aus der Summation für Hilfskostenstelle 1 und 2 ergibt sich jeweils eine Gleichung.

$$16.960 - 550\,x + 80\,y = 0$$
$$11.820 + 60\,x - 1.680\,y = 0$$

$$x = 32{,}02611$$
$$y = 8{,}1795$$

ab) Zur innerbetrieblichen Leistung der Hauptkostenstelle A an die Verwaltungs- und Vertriebsstelle

Der Fertigungslohngemeinkostenzuschlagsatz für Hauptkostenstelle A beträgt (23.499 – 800) / 3.000 × 100 = 756,63%.

Die innerbetriebliche Leistung beträgt

Hilfsmaterial	800
Fertigungslöhne	500
FLGK Hauptkostenstelle A	3.783,17
	5.083,17

und wird auf die empfangende Stelle gebucht. Die Endkosten der Hauptkostenstelle A betragen somit

Einzelkosten (3.000 – 500)	2.500
Gemeinkosten (23.499 – 800 – 3.783,17)	18.915,83
Endkosten	21.415,83

Aus 18.915,83 / 2.500 × 100 wird natürlich derselbe Fertigungslohngemeinkostenzuschlagsatz von 756,63% wie oben erhalten. Die Endkosten (nach innerbetrieblicher Leistungsverrechnung) der beiden Hilfskostenstellen betragen Null.

b) Wir haben die Hilfslöhne der Hilfskostenstelle 2 als Stelleneinzelkosten, soweit umlegbar, direkt abgezogen. Der Rest (2.000 – 1.680) stellt Stellengemeinkosten dar und muss entsprechend der Abrechnungsbasis umgelegt werden.

Da die Hilfslöhne in Hilfskostenstelle 2 zugleich Abrechnungsbasis sind, besteht auch die Möglichkeit, von einer Umlage vorab als Stelleneinzelkosten abzusehen. Der simultane Ansatz ändert sich dann wie folgt:

$16.880 - 550\,x + \quad 80\,y = 0$
$13.500 + \quad 60\,x - 1.680\,y = 0$

Als Ergebnis wird für x derselbe Wert erhalten, und für y ein um genau 1 GE höherer Wert, also statt 8,1795 nun 9,1795. Die Umlage der Stelleneinzelkosten und der Stellengemeinkosten erfolgt also gleichzeitig.

c) Das Hilfsmaterial in Hilfskostenstelle 1 ist keine Abrechnungsbasis.

Beispiel 8 (B: S. 62):

a) Simultaner Ansatz für innerbetriebliche Leistungsverrechnung:

HS 1: $23.000 - 2.300\,x + \quad 30\,y = 0$
HS 2: $43.000 + \quad 300\,x - 800\,y = 0$

daraus folgt: $y = 57{,}78$ GE/LE
$x = 10{,}75$ GE/m^2

b) Fertigungsstelle B

Fertigungslohn	5.000
Nichtleistungslohn	5.500
Hilfsmaterial	15.000
sonstige Kosten	70.000
primäre Gemeinkosten	90.500
Umlage HS 1 (700 x)	7.528
Umlage HS 2 (300 y)	17.335
	115.363
Umlage B	
– enthaltene Stelleneinzelkosten d. Innerbetr. Leistung	
Hilfsmaterial	– 5.000
Stellengemeinkosten	110.363
Bezugsgröße	(5.000)
Zuschlagsatz	2.207%
Umlage FL	(– 1.000)
Umlage StGK	– 22.072
Gemeinkosten	88.291
Bezugsgröße	(4.000)
Zuschlagsatz	2.207%

c) Verwaltungs- und Vertriebsstelle

Hilfsmaterial	6.000
Sonstige Kosten	60.000
Umlage HS 1 (300 x)	3.226
Umlage HS 2 (70 y)	4.045
kalk. Abschreibung (Umlage B!)	1.404
Gemeinkosten	74.675

kalkulatorische Abschreibung für Leistung von Fertigungsstelle B: (1.000 + 5.000 + 22.072) / (10 × 2) = 1.404

andere Kostenstelle:

Umlage HS 1 (1.000 x)	10.754
Umlage HS 2 (400 y)	23.113
Gemeinkosten	33.867

d) Stufenumlageverfahren

	FS B	HS 1	HS2	V+V	andere Kosten-stellen
FL	5.000				
NLL	5.500				
HM	15.000	9.000	13.000	6.000	
sonst. K.	70.000	14.000	30.000	60.000	
	90.500	23.000	43.000	66.000	
1.te Iteration					
(23.000 / 2.300 = 10)					
Umlage HS 1	7.000	– 23.000	3.000	3.000	10.000
(46.000 / 800 = 57,5)			46.000		
Umlage HS 2	17.250	1.725	– 46.000	4.025	23.000
	114.750	1.725	0	73.025	33.000
2.te Iteration					
(1.725 / 2.300 = 0,75)					
Umlage HS 1	525	– 1.725	225	225	750
(225 / 800 = 0,28125)			225		
Umlage HS 2	84,38	8,44	– 225	19,69	112,50
	115.359,38	8,44	0	73.269,69	33.862,50

wird als genau genug betrachtet und abgebrochen

(vgl. exakt	*115.363*	*0*	*0*	*73.271*	*33.867)*
	– Umlage B			*+ Umlage B*	

5. Die Platzkostenrechnung

Beispiel 1 (B: S. 63):

Berechnung der kalkulatorischen Abschreibungen:

Maschine A: 200.000 × 1,2 / 10 = 24.000
Maschine B: 360.000 / 6 = 60.000

Berechnung der kalkulatorischen Zinsen:

Maschine A: 0,05 × 200.000 × 1,2 × 6 / 10 = 7.200
Maschine B: 0,05 × 360.000 = 18.000

Folgende Kosten sind den beiden Kostenplätzen (Maschine A bzw. B) direkt zuzuordnen:

	Maschine A	Maschine B
Energie	20.000	15.000
Betriebsstoffe	8.000	10.000
Reparatur und Instandhaltung	12.000	5.000
Hilfslöhne	8.000	10.000
kalk. Abschreibung	24.000	60.000
kalk. Zinsen	7.200	18.000
	79.200	118.000

Der Stundensatz für Maschine A ergibt sich aus:

79.200 / 6.000 + 200.000 / 10.000 – 33,2/Std.

Der Stundensatz für Maschine B ergibt sich aus:

118.000 / 4.000 + 200.000 / 10.000 = 49,5/Std.

Beispiel 2 (B: S. 64):

Berechnung der kalkulatorischen Abschreibungen:

Maschine A: 20.000 × 1 80 / (160 × 6) = 3.750
Maschine B: 30.000 / 3 = 10.000

Berechnung der kalkulatorischen Zinsen:

Maschine A. 20.000 × 180/160 × 2 / 6 × 0,1 = 750
Maschine B: 30.000 × 0,1 = 3.000

Zurechnung der Kosten auf Kostenplätze bzw. auf die Kostenstelle:

	Maschine A	Maschine B	Kostenstelle F
Fertigungslöhne			20.000
Hilfslöhne	3.000	5.000	2.000
Nichtleistungslöhne	1.500	2.500	11.000
Hilfsmaterial			4.000
Energie	2.000	1.000	2.000
kalk. Abschreibung	3.750	10.000	–
kalk. Zinsen	750	3.000	
sonstige kalk. Kosten			6.000
Σ Gemeinkosten	11.000	21.500	25.000
Bezugsgröße	400 Std.	200 Std.	600 Std. bzw. 20.000
Zuschlagsatz	27,5/Std.	107,5/Std.	21,67/Std. bzw. 60%
Zuschlagsatz für nicht zuzuordnende Gemeinkosten	21,67/Std.	21,67/Std.	
endgültiger Zuschlagsatz	49,17/Std.	129,17/Std.	

Zur Berechnung der Zuschlagsätze in der Spalte „Kostenstelle F":

Folgende Gemeinkosten werden auf die Bezugsgröße Fertigungslöhne bezogen:

Nichtleistungslöhne (laut BAB 50% der Leistungslöhne) entfallend auf Fertigungslöhne	10.000
Hilfsmaterial	2.000
Σ Gemeinkosten	12.000
Bezugsgröße	20.000
Zuschlagsatz	60%

In der Spalte „Kostenstelle X" verbleiben noch 25.000 – 12.000 = 13.000 der Gemeinkosten, die auf die gesamten 600 Maschinenstunden bezogen werden, da sie offensichtlich nicht eindeutig einer der beiden Maschinen zugeordnet werden können. Daraus ergibt sich ein Zuschlagsatz von 21,67/Std. Um zu endgültigen Maschinenstundensätzen zu kommen, müssen die 21,67/Std. jeweils zum vorläufigen Stundensatz der Maschine A und B addiert werden.

B. Die Kostenträgerrechnung

1. Die Zuschlagskalkulation

Beispiel 1 (B: S. 64):

	Materialstelle	Reparaturstelle	Fertigungsstelle A	Fertigungsstelle B	Verwaltung und Vertrieb
Fertigungsmaterial	800.000				
Betriebsstoffe		100.000	10.000	20.000	
Fertigungslöhne			300.000	200.000	
Hilfslöhne		60.000			
Gehälter (mit ges. Sozialaufwand)	10.000	4.000	8.000	6.000	60.000
ges. Sozialaufwand zu Löhnen		12.000	60.000	40.000	
sonstige Löhne	2.000	4.000	16.000	14.000	28.000
I. Σ primäre Gemeinkosten	12.000	180.000	94.000	80.000	88.000
1. Umlage Reparaturstelle					
Bezugsgröße		7.200 Std.			
Zuschlagsatz		25/Std.			
Stellengemeinkosten	10.000	– 180.000	100.000	70.000	
II. Σ Gemeinkosten (GK)	22.000	0	194.000	150.000	88.000
Bezugsgröße (BG)	800.000		300.000	10.000 Std.	1.666.000
Zuschlagsatz (ZS)	2,75%		64,67%	15/Std.	5,28%

a) Als Bezugsgröße für die Reparaturkostenstelle sind 7.200 Maschinenstunden zu wählen. Es ergibt sich ein Stundensatz von 25/Std. Anhand der in Anspruch genommenen Stunden werden die Kosten auf die Hauptkostenstellen verrechnet.

b) Für die Materialkostenstelle wird das Fertigungsmaterial als Bezugsgröße gewählt, für die Verwaltungs- und Vertriebsstelle die gesamten Herstellkosten. Berechnung der Herstellkosten:

Fertigungsmaterial	800.000
Materialgemeinkosten	22.000
Fertigungslöhne A	300.000
Fertigungsgemeinkosten A	194.000
Fertigungslöhne B	200.000
Fertigungsgemeinkosten B	150.000
Herstellkosten	1,666.000

c) Kalkulation des Bruttoverkaufspreises für Produkt K:

Fertigungsmaterial (FM)	400
Materialgemeinkosten (MGK) 2,75%	11
Fertigungslöhne A (FL A)	250
Fertigungslohngemeinkosten A (FLGK A) 64,67%	161,7
Fertigungslöhne B (FL B)	200
Fertigungsgemeinkosten B (FGK B):	
Maschinenstunden (20 Mstd. à 15)	300
Herstellkosten (HK)	1.322,7
Verwaltung und Vertrieb (V+V) 5,28% v. HK	69,8
Selbstkosten (SK)	1.392,5
10% Gewinnaufschlag	139,3
Nettoverkaufspreis ohne Erlösschmälerung (NVPoE)	1.531,8
3% Skonto (in Hundert)	47,4
	1.579,2
20% Rabatt (in Hundert)	394,8
Nettoverkaufspreis (NVP)	1.974
20% MWSt (von Hundert)	394,8
Bruttoverkaufspreis (BVP)	2.368,8

Beispiel 2 (B: S. 65):

a), b)

	Hilfsstelle Heizung	Hilfsstelle Reparatur	Material-kostenstelle	Fertigungs-stelle	Verwaltung und Vertrieb
Fertigungsmaterial			600.000		
Hilfsmaterial	5.000	25.000		8.000	2.000
Fertigungslöhne				900.000	
Hilfslöhne	30.000	80.000	25.000	50.000	15.000
Gehälter (mit Sozialaufwand)	25.000	30.000	60.000	160.000	75.000
ges. Sozialaufwand zu Fertigungslöhnen				180.000	
ges. Sozialaufwand zu Hilfslöhnen	6.000	16.000	5.000	10.000	3.000
sonstige Gemeinkosten	214.000	119.000	90.000	602.000	185.000

	Hilfsstelle Heizung	Hilfsstelle Reparatur	Material-kostenstelle	Fertigungs-stelle	Verwaltung und Vertrieb
I. Σ primäre Gemeinkosten	280.000	270.000	180.000	1,010.000	280.000
1. Simultaner Ansatz:					
Umlage Heizung: Stellengemeinkosten	– 325.208	46.458	69.688	162.604	46.458
Umlage Reparatur: Stellengemeinkosten	45.208	– 316.458	90.417	180.833	
II. Σ Gemeinkosten	0	0	340.105	1,353.437	326.458
Bezugsgröße			600.000	900.000 bzw. 10.000 Std.	2,253.437
Zuschlagsatz			56,68%	75,19% bzw. 67,67/Std.	14,49%

Zum simultanen Ansatz:

	Hilfsstelle Heizung	Hilfsstelle Reparatur
I. Σ primäre Gemeinkosten	280.000	270.000
Umlage Heizung: Stellengemeinkosten	– 14 x	+ 2 x
Umlage Reparatur: Stellengemeinkosten	+ y	– 7 y
II. Σ Gemeinkosten	0	0

Aus obigem Ansatz ergeben sich folgende Gleichungen:

$$280.000 - 14\,x + \;y = 0$$
$$270.000 + \;2x - 7y = 0$$

$$y = 45.208{,}3$$
$$x = 23.229{,}17$$

Nach Durchführung der innerbetrieblichen Leistungsverrechnung können die Zuschlagsätze für die Hauptkostenstellen bestimmt werden. Zuschlagsbasis für die Verwaltungs- und Vertriebskostenstelle sind die Fertigungslöhne:

FL	900.000
FGK	1.353.437
FK	2.253.437

c) Der erzielbare Gewinn ist die Differenz zwischen dem Nettoverkaufspreis ohne Sondereinzelkosten des Vertriebes und den Selbstkosten, ebenfalls ohne die Sondereinzelkosten des Vertriebes.

Ermittlung der Selbstkosten:

FM	200	MK = 313,37	HK
MGK	113,37		
FL	100	FK = 445,89	
FLGK	75,19		
Mstd.	270,7		
HK	759,26		
V+V (14,49% der FK)	64,61		
SK	823,87		

Ermittlung des Nettoverkaufspreises ohne Erlösschmälerungen und ohne Sondereinzelkosten des Vertriebes:

Variante 1		oder	Variante 2
BVP	1.500	BVP	1.500
– 20% Rabatt (v. H.)	– 300	– 20% MWSt (a. H.)	– 250
	1.200	NVP	1.250
– 3% Skonto (v. H.)	– 36	– 20% Rabatt (v. H.)	– 250
	1.164		1.000
– 20% MWSt (a. H.)	– 194	– 3% Skonto (v. H.)	– 30
NVPoE	970	NVPoE	970

Der realisierbare Gewinn pro Produkt P beträgt daher NVPoE – SK = 970 – 823,87 = 146,13.

Variante 1 entspricht dem Ablauf des Umsatzprozesses und der Ermittlung der abzuführenden Mehrwertsteuer. Variante 2 führt nur rechnerisch zum gleichen NVPoE – die Zwischenergebnisse (MWSt) sind jedoch unbrauchbar. Wir gehen daher im Folgenden von Variante 1 aus.

C. Teilkostenrechnungen

1. Die Istkostenrechnung zu variablen Kosten (Grenzkostenrechnung)

a) Die Kostenarten-, Kostenstellen- und Kostenträgerrechnung mit Grenzkosten und die Trennung der Kosten in fixe und variable Bestandteile

Beispiel 1 (B: S. 89):

a) Berechnung der kalkulatorischen Abschreibungen für die einzelnen Jahre

aa) Abzuschreibender Betrag
8.000.000 – 2.000.000 = 6.000.000 GE
Nutzungsdauer: 6 Jahre
Die kalkulatorischen Abschreibungen betragen 1.000.000 GE über 6 Jahre und stellen Fixkosten dar.

ab) Abzuschreibender Betrag wie unter aa)
6.000.000 GE
7.500 Betriebsstunden (6 × 1.250)
Abschreibungsbetrag je Betriebsstunde
6.000.000 / 7.500 = 800

Die kalkulatorischen Abschreibungen betragen somit
800.000 im 1. Jahr
1.200.000 im 2. Jahr
1.200.000 im 3. Jahr
1.200.000 im 4. Jahr
1.600.000 im 5. Jahr
1.600.000 im 6. Jahr

Diese Abschreibungen sind variabel, da ja der Restwert der Anlage tatsächlich am Markt je Betriebsstunde um 800 sinkt, vorausgesetzt, die Anlage kann nicht regeneriert werden. Wäre die Anlage oder Anlagenteile instandhaltbar (regenerierbar), so wäre der Marktrestwert der Anlage nur vom Baujahr, dem Erhaltungszustand (als Funktion der Wirkung der Instandhaltung) und dem technischen Fortschritt (genauer eigentlich: dem Kostenvorteil oder Erlösvorteil, den eine alternativ beschaffbare Anlage bieten würde) abhängig.

b) Variable Kosten des Zusatzauftrages

ba) Es sind keine zusätzlichen Abschreibungen in der Kostenrechnung zu verrechnen. Lediglich zusätzliche – variable – Instandhaltungskosten sind zu berücksichtigen. Es ist jedoch zu beachten, dass ein Zusatzauftrag bei der gegebenen Betriebsgröße bedeutende Anpassungskosten mit sich bringt, wie z. B. Arbeitskosten für eine zweite Schicht und möglicherweise sogar einen Ersatz der Anlage vor dem Ende des 6. Nutzungsjahres bewirkt. In diesem Falle sind auch die vorgezogenen Finanzierungskosten der Ersatzinvestition für die Kalkulation des Zusatzauftrages zu berücksichtigen.

Variable Kosten der Instandhaltung und des Betriebes für 500 Betriebsstunden

$$(7.000 - 1.000) / 300 \times 500 + 200 - 500 = 110.000$$

bb) 500 zusätzliche Betriebsstunden können mit dem vorhandenen Leistungspotential von 10.000 Betriebsstunden noch bewältigt werden. Da die Anlage jetzt annahmegemäß nicht durch Instandhaltungsmaßnahmen regenerierbar ist, schlagen diese Betriebsstunden voll auf den Marktrestwert durch. Es sind daher 500 × 800 = 400.000 zusätzlich an variablen Abschreibungen zu verrechnen. Die Instandhaltung dient jetzt nicht der Regeneration der Anlage, sondern der Sicherung eines störungsfreien Betriebes auf einem gewünschten Qualitätsniveau und ist daher anzusetzen.

Variable Kosten des Zusatzauftrages:

$$400.000 + 110.000 = 510.000$$

c) Der abzuschreibende Betrag bemisst sich aus der Differenz zwischen Anschaffungswert (inkl. Nebenkosten) und Marktrestwert am Ende der ND.

Da der Anschaffungswert nicht durch die Nutzung verändert wird, kann sich diese nur auf den Marktrestwert am Ende der Nutzung auswirken. Ist der Marktrestwert aber nur von der Kalenderzeit abhängig (Baujahr) und vom Erhaltungszustand (Wirkung der Instandhaltung), wie z. B. bei Kraftfahrzeugen, ist die Abschreibung nicht mit der Nutzung korreliert und daher zu den Fixkosten zu zählen. Sehr wohl entstehen aber leistungsabhängige sprungfixe Kosten (Instandhaltungskosten), die als variable Durchschnittskosten berechnet, wie variable Kosten zu behandeln sind.

Ist der Restwert ausschließlich von der Nutzung abhängig, wie z. B. von Betriebsstunden bei nicht instandhaltbaren Anlagen oder Anlagenteilen, so ist die Differenz von Anschaffungswert und Marktrestwert proportional zu den die Nutzungsdauer beschreibenden Betriebsstunden und gleichzeitig auch vollständig variabel. Allerdings besteht auch hier die Möglichkeit, dass die gesamten Abschreibungen fix sind, wenn z. B. infolge technischer Überholung die Anlage auszutauschen ist und der Marktrestwert daher nutzungsunabhängig den Wert Null annimmt.

Insgesamt lässt sich sagen, dass ein Einfluss der Nutzung auf den Restwert bei instandhaltbaren Anlagen selten gegeben ist. Die Nutzungsdauer wird überwiegend durch den technischen Fortschritt bestimmt bzw. durch den Kostenvorteil, den eine neue Anlage gegebenenfalls aufweist.

Jedenfalls ist es ein Irrtum anzunehmen, dass Abschreibungen allein dadurch variable Kosten werden, wenn der abzuschreibende Betrag durch einen Leistungsmaßstab dividiert wird. Die Abschreibungen werden dann nur proportional zur Nutzung verrechnet, fallen aber nicht als variable Kosten an! Wir nennen derartige Abschreibungen zur Unterscheidung von echten variablen Abschreibungen proportionalisierte Abschreibungen!

Beispiel 2 (B: S. 90):

a) Die direkt von den gefahrenen km-abhängigen Kosten für Treibstoffe, Verschleißteile (Instandhaltung, Reifen) und ev. je km auszubezahlenden Lohnbestandteilen, stellen variable Durchschnittskosten dar und sind mit 4/km richtig anzusetzen. Alle aus Jahreskontrakten ableitbaren Kosten in der Angabe stellen (Perioden-)Fixkosten dar, da sie mit der km-Leistung nicht variieren. Sie sind mit 300.000/Jahr ebenfalls bereits richtig angesetzt.

Ein Problem bereitet jedoch die Zurechnung der Abschreibungen.

aa) Nettogewinn bei zeitabhängiger Abschreibung:

NVP_{OE} je km 12
var. Kosten je km 4
periodenfixe Kosten pro Jahr 300.000
Abschreibungsquote: 2.000.000 / 5 = 400.000/Jahr

Nettogewinn:

19X3: 75.000 × (12 – 4) – 300.000 – 400.000 =	– 100.000
19X4: 100.000 × (12 – 4) – 300.000 – 400.000 =	100.000
19X5: 100.000	100.000
19X6: 100.000	100.000
19X7: 100.000 × (12 – 4) – 300.000 – 400.000	100.000
	300.000

ab) Nettogewinn bei nutzungsabhängiger (proportionaler) Abschreibung:

NVP_{OE} je km 12
var. Kosten je km 4
periodenfixe Kosten pro Jahr 300.000
Abschreibungsquote: 2.000.000 / 400.000 = 5/km

Nettogewinn:

19X3: 75.000 × (12 – 4 – 5) – 300.000 =	– 75.000
19X4: 100.000 × (12 – 4 – 5) – 300.000 =	0
19X5: 0	0
19X6: 0	0
19X7: 100.000 × (12 – 4 – 5) – 300.000 =	0
	– 75.000

Die Ergebnisse differieren augenscheinlich sehr stark und sind geeignet, konträre Entscheidungen herbeizuführen. Es darf jedoch nicht übersehen werden, dass die tatsächliche Fahrleistung von 475.000 km die erwartete von 400.000 km übertrifft. Es wurden also unter ab) 75.000 × 5 = 375.000 zuviel an Abschreibungen verrechnet. Saldiert man dies mit dem hier ausgewiesenen Verlust von 75.000, kommt man zum gleichen Ergebnis wie unter aa) (300.000). Richtigerweise hätte von Beginn an mit einer Abschreibung von 2.000.000 / 475.000 = 4,2105 je km gerechnet werden müssen. Derartige Fehler in der

Einschätzung der Lage passieren tatsächlich sehr oft. Erstens weiß niemand in den Jahren nach der Anschaffung noch genau, wie der Betrag von 5/km für die Abschreibung berechnet wurde und zweitens wurden die Anschaffungskosten ja nur proportionalisiert, sie sind ja nicht tatsächlich variabel. Sie fallen natürlich nicht je km an, sondern sie werden nur je km verrechnet! Das ist aber ein großer Unterschied. Ähnliche Fehleinschätzungen können auch unter den Prämissen von aa) passieren, wenn z. B. die Nutzungsdauer um ein oder mehrere Jahre verlängert wird, ohne dass die Abschreibungsquote angepasst wird.

b) Bei zeitabhängiger Abschreibung sind die Abschreibungskosten fix, bei nutzungsabhängigen Abschreibungen sind sie ebenfalls als fix anzusehen, da die Nutzung den abzuschreibenden Gesamtbetrag nicht ändert. Der Eintauschpreis hängt hier ausschließlich vom Baujahr, und nicht von den tatsächlich gefahrenen Kilometern ab.

Es ergeben sich somit folgende Deckungsbeiträge pro Jahr (Jahresdeckungsbeitrag 1) zur Abdeckung der fixen Kosten:

Jahresdeckungsbeiträge 1 (12 – 4) × Jahreskilometerleistung:

19X3:	600.000
19X4:	800.000
19X5:	800.000
19X6:	800.000
19X7:	800.000
Summe	3.800.000

Zieht man von diesen Jahresdeckungsbeiträgen die periodenfixen Kosten von 300.000 pro Jahr ab, erhält man die Jahresdeckungsbeiträge II zur Abdeckung der nicht periodengebundenen Fixkosten:

Jahresdeckungsbeiträge II:

19X3:	300.000
19X4:	500.000
19X5:	500.000
19X6:	500.000
19X7:	500.000
Summe	2.300.000

Diese Jahresdeckungsbeiträge können nun gegen den zu amortisierenden Betrag von 2.000.000 gegengerechnet werden. Man erkennt, dass der Amortisationszeitpunkt nach 4,4 Jahren (ohne Finanzierungskosten) erreicht wird.

Bei einer km-bezogenen Betrachtung könnte man wie folgt vorgehen:

Vorrangig sind die periodisch fixen Kosten abzudecken, d. h. pro Jahr sind km-Deckungsbeiträge im Ausmaß von

$$300.000 / (12 - 4) = 37.500 \text{ km}$$

dafür zu verwenden. Erst was darüber an gefahrenen km anfällt, amortisiert den Abschreibungsbetrag. Wir müssten daher wissen, wie viele km pro Jahr gefahren werden. Genau weiß man dies erst ex post. Für den zu amortisierenden Abschreibungsbetrag von 2.000.000 müssen insgesamt jedenfalls

$$2.000.000 / (12 - 4) = 250.000 \text{ km}$$

gefahren werden. Pro Jahr gesehen sind also durchschnittlich 37.500 + 250.000 / 5 = 87.500 km notwendig, um „break even" zu erreichen. Der „break even point" von 37.500 km gibt an, ab welcher Jahresleistung wenigstens die periodenfixen Kosten durch die Erlöse (hier Kosteneinsparungen) gedeckt sind und jener von 87.500 km, wie hoch die durchschnittliche Jahresfahrleistung fünf Jahre hindurch sein muss, damit die gesamten Fixkosten gedeckt werden können! Beachten Sie auch, dass in den hier angestellten Überlegungen eine proportionalisierte Abschreibung nach ab) nicht unterzubringen wäre!

Die kumulativen Ergebnisse einer Vollkostenrechnung (hier vor allem nach ab) können erst nach Bereinigung der prognoseabhängigen Schätzfehler bei der Ermittlung des Abschreibungsausmaßes mit jenen der DB-Rechnung übereinstimmen.

c) Variabilität von Kosten und Kalkulation von Zusatzaufträgen

Direkt von den gefahrenen Kilometern hängt der Treibstoffverbrauch ab und in Sprüngen der Verbrauch von Verschleißteilen und Wartungsmaterial wie Reifen, Bremsbeläge, Öl, Auspuffanlagen etc., bis hin zu Reparaturen am Fahrgestell, Motor und Karosserie. Diese kilometerabhängigen sprungfixen Kosten sind das leistungsabhängige Pendant zu den periodenfixen Kosten. Sie sind daher schwer Perioden verursachungsgerecht zuzurechnen, genauso wie periodenfixe Kosten nur schwer Kilometern genau zuzurechnen sind. Wir wählen daher den Weg, die leistungsabhängigen sprungfixen Kosten auf km umzulegen und als variable Kosten zu behandeln. Genaugenommen liegt nun auch hier eine Proportionalisierung von Fixkosten vor. Da es sich jedoch dabei um leistungsabhängig sprungfixe Kosten handelt, ist der Fehler, der bei diesem „Gewaltsam-variabel-Machen" gegeben ist, nicht sehr groß. Er besteht nur darin, dass statt der exakt leistungsabhängigen variablen Kosten die durchschnittlichen variablen Kosten angesetzt werden. Mit zeitabhängigen fixen Kosten – den erwähnten Periodenfixkosten – dürfen wir dies natürlich in der Deckungsbeitragsrechnung nicht machen. Nebenbei bemerkt sei, dass auch die so offensichtlich variablen Treibstoffkosten Durchschnittskosten über verschiedene Fahrgeschwindigkeiten, Belastungen usw. darstellen.

Treibstoffkosten und Instandhaltungskosten zur Verschleißhemmung (Wartung, Inspektion) oder zur Verschleißbeseitigung (Regeneration) können also als Durchschnittswert je km verursachungsgerecht kalkulatorisch je km erfasst werden, da sie offensichtlich nur durch die Fahrleistung verursacht werden. Gleiches gilt für Lohnbestandteile, die je gefahrenen km oder je Tour ausbezahlt werden.

Ausschließlich von der Zeit (Jahresintervall) und nicht von der Zahl der zu fahrenden km hängen Versicherungskosten, KFZ-Steuer, Jahresüberprüfungskosten und Grundlohn des Fahrers ab. Sie sind durch Kontrakte oder Vorschreibungen gekennzeichnet, die sich auf eine Zeitperiode beziehen und nicht auf gefahrene Kilometer. Sie sind daher für eine Entscheidung über den Zusatzauftrag irrelevant.

In die Kalkulation des Zusatzauftrages gehen daher zunächst variable Kosten in der Höhe von

$$4 \times 1.000 = 4.000$$

ein, sowie zusätzlich auftragsfixe Kosten (Beschaffung von Bewilligungen, Maut- und Benutzungsgebühren, auftragsabhängige Arbeitskosten, die nicht in den variablen Kosten berücksichtigt sind oder den periodenfixen Kosten zuzurechnen sind).

Sind für den Auftrag zusätzliche Ausrüstungen zu beschaffen, ist zu überlegen, ob sie auch weitergenutzt werden können, km-abhängig verschleißen, Ablaufzeiten haben etc. und sind entsprechend den fixen oder den variablen Kosten zuzurechnen.

Beispiel 3 (B: S. 91):

Ermittlung der Zuschlagsätze für Fertigungsstelle C:

Auf FL bezogene GK:	
750.000 × 0,6	= 450.000
Bezugsgröße	3,000.000
Zuschlagsatz	
(zu vollen bzw. variablen Kosten)	15%

Auf Maschinenstunden bezogene Gemeinkosten:

zu Vollkosten:	
750.000 × 0,4 + 2.000.000	= 2,300.000
Bezugsgröße	30.000
Zuschlagsatz	76,7/Std.
zu variablen Kosten:	
750.000 × 0,4 =	300.000
Bezugsgröße	30.000
Zuschlagsatz	10/Std.

Ermittlung der Herstellkosten zu Vollkosten:

FM	3,000.000
MGK (6,6%)	200.000
FL A	2,000.000
FLGK A (240%)	4,800.000
Mstd. B (215/Std.)	8,600.000
FL C	3,000.000
FLGK C (15%)	450.000
Mstd. C (76,7/Std.)	2,300.000
HK	24,350.000

Da in der Verwaltungs- und Vertriebsstelle keine variablen Gemeinkosten anfallen, erübrigt sich die Ermittlung der variablen Herstellkosten.

a)

	Materialstelle		Fertigungsstelle A		Fertigungsstelle B		Fertigungsstelle C		Verwaltung und Vertrieb	
	voll	var.	voll	var.	voll	var.	voll	var.	voll	var.
FM	3,000.000	3,000.000								
FL			2,000.000	2,000.000	2,000.000	2,000.000	3,000.000	3,000.000		
GK	200.000	–	4,800.000	800.000	6,600.000	600.000	2,750.000	750.000	680.000	
Σ GK	200.000	0	4,800.000	800.000	8,600.000	2,600.000	2,750.000	750.000	680.000	
BG	3,000.000		2,000.000	2,000.000	40.000	40.000	3,000.000 bzw. 30.000 h	3,000.000 bzw. 30.000 h	24,350.000	
ZS	6,6%	0%	240%	40%	215/h	65/h	15% bzw. 76,7/h	15% bzw. 10/h	2,79%	

b) Nettogewinn = Differenz zwischen Nettoverkaufspreis ohne Erlösschmälerungen und volle Selbstkosten.

Selbstkosten	
FM	300
MGK	20
FL A	100
FLGK A	240
6 Mstd. B	1.290
FL C	200
FLGK C	30
10 Mstd. C	766,67
HK	2.946,67
V+V	82,19
SK	3.028,86
NVP	5.000
– 20% Rabatt	1.000
	4.000
– 2% Skonto	80
NVPoE	3.920
NVPE	3.920
– SK	– 3.028,86
Nettogewinn	891,14

c) Deckungsbeitrag (DB) = Differenz zwischen Nettoverkaufspreis ohne Erlösschmälerungen und variable Selbstkosten.

FM	300
MGK	–
FL A	100
FLGK A	40
6 Mstd. B	390
FL C	200
FLGK C	30
10 MStd. C	100
var. SK	1.160
NVPoE	3.920
– var. SK	– 1.160
DB	2.760

Beispiel 4 (B: S. 91):

a)

	Materialstelle		Fertigungsstelle I		Fertigungsstelle II		Verwaltung und Vertrieb	
	voll	var.	voll	var.	voll	var.	voll	var.
FM	2.000.000	2.000.000						
FL			3.000.000	2.400.000	4,000.000	3,200.000		
HL	300.000	240.000	1,000.000	800.000	500.000	400.000		
NLL, ges. Soz.	150.000	120.000	2,000.000	1,600.000	2,250.000	1,800.000		
Gehälter inkl. ges. Soz.			400.000	–	150.000	–	1,000.000	–
HM			600.000	540.000	1,000.000	900.000	300.000	270.000
Energie	200.000	140.000	800.000	560.000	600.000	420.000	100.000	70.000
kalk. Abschr.	200.000	–	2,000.000	250.000	700.000	–	1,500.000	–
kalk. Zinsen	100.000	–	700.000	–	400.000	–	800.000	–
so. GK	400.000	80.000	3,000.000	600.000	1,000.000	200.000	700.000	140.000
Σ GK	1,350.000	580.000	10,500.000	4,350.000	10,600.000	6,920.000	4,400.000	480.000
BG	2,000.000	2,000.000	3,000.000 bzw. 10.000 Std.	2,400.000 bzw. 10.000 Std.	20.000 Std.	20.000 Std.	27,450.000	16,250.000
ZS	67,5%	29%	113,3% bzw. 710/Std.	100% bzw. 195/Std.	530/Std.	346/Std.	16%	2,95%

Die Fertigungslöhne in Fertigungsstelle II werden hier in den Maschinenstundensatz eingerechnet, da in der Kostenträgerrechnung keine direkte Zurechnung auf den Kostenträger „Produkt P" vorgesehen ist. Genau genommen handelt es sich also dabei um Hilfslöhne.

b) Ermittlung der Selbstkosten des Produktes P:

	Vollkosten	variable Kosten
FM	100	100
MGK	67,5	29
FL I	300	240
FLGK I	340	240
Mstd. I	1.420	390
Fertigungsstd. II (FSt. II)	2.120	1.384
HK	4.347,5	2.383
V+V	695,6	70
SK	5.043,1	2.453

Ermittlung des Nettoverkaufspreises ohne Erlösschmälerungen:

BVP	7.000
– 20% Rabatt	1.400
	5.600
– 2% Skonto	112
	5.488
– 20% MWSt	915
NVPoE	4.573
NVPoE	4.573
– SK	– 5.043
Nettogewinn	– 470
NVPoE	4.573
– var. SK	– 2.453
DB	2.120

Beispiel 5 (B: S. 94):

a) Basen für die Zuschlagsatzermittlung müssen die Entstehung der (variablen) Kosten in diesem Zeitraum möglichst gut erklären und am Kostenträger messbar sein. Dies ist nicht immer gleich gut möglich. Sehr oft muss man sich nach vorhandenen Aufzeichnungen richten. Der Angabe ist zu entnehmen, dass für die Materialstelle und Fertigungsstelle I wohl mit den Einzelkosten, also Fertigungsmaterial und Fertigungslöhnen, das Auslangen gefunden werden muss, während in Fertigungsstelle II auf Maschinenstunden zurückzugreifen ist, weil keine Einzelkosten in der Fertigungsstelle II geführt werden. Für die Verwaltungs- und Vertriebsstelle kommt nur eine aggregierte Basis in Frage – die Herstellkosten oder die Fertigungskosten. Welche dieser Größen geeigneter ist, kann nur durch sorgfältige statistische Analysen (betriebsökonometrischer Art) festgestellt werden. Wir entscheiden uns für die Herstellkosten ohne aktivierungspflichtige innerbetriebliche Leistung.

	Materialstelle	Fertigungsstelle I	Fertigungsstelle II	Verwaltung und Vertrieb
Fertigungsmaterial	3.000			
Fertigungslöhne		8.000		
variable Gemeinkosten	200	3.500	4.000	2.000
fixe Gemeinkosten	1.500	12.000	20.000	17.000
I. Σ primäre Gemeinkosten	1.700	15.500	24.000	19.000
– Stelleneinzelkosten für innerbetriebliche Leistung		– 200		
II. Σ Gemeinkosten	1.700	15.300	24.000	19.000
Umlage Stellengemein kosten der innerbetrieblichen Leistung:				
Bezugsgröße		8.000		
Zuschlagsatz		191,25%		
– Stellengemeinkosten für innerbetriebliche Leistung		– 956,25		
III. Σ Gemeinkosten	1.700	14.343,75	24.000	19.000
Bezugsgröße	3.000	7.500	30.000 h	50.543,75*
Zuschlagsatz	56,67%	191,25%	800/h	37,59%
Endkosten	4.700	21.843,75	24.000	19.000

*) Herstellkosten:

Fertigungsmaterial	3.000	
Fertigungsmaterial GK	1.700	
Fertigungslöhne I	7.500	ohne Kosten der inner-
Fertigungslohn GK	14.343,75	betrieblichen Leistung
GK Fertigungsstelle II	24.000	
	50.543,75	

b) Bezüglich der innerbetrieblichen Leistung sind das Hilfsmaterial für die Leistung als variabel (wenngleich es auch nicht proportional zur Basis anfällt) und die Fertigungslöhne weitgehend als fix anzusehen (abgesehen von eventuellen Überstundenzahlungen oder Prämien), wenn je Zeiteinheit bezahlt wird. Bei Akkordentlohnung steigt der variable Bestandteil.

Für die die Leistung empfangende Stelle wird künftig die Kostenart kalkulatorische Abschreibungen Fixkosten darstellen.

c) BAB zu variablen Kosten:

	Material-stelle	Fertigungs-stelle I	Fertigungs-stelle II	Verwaltung und Vertrieb
Fertigungsmaterial Fertigungslöhne variable Gemeinkosten	<u>3.000</u> 200	 <u>2.400</u> 3.500	 4.000	 2.000
I. Σ primäre Gemeinkosten – Stelleneinzelkosten für innerbetriebliche Leistung	200	3.500 – 200	4.000	2.000
II. Σ variable Gemeinkosten Umlage Stellengemeinkosten der innerbetrieblichen Leistung: Bezugsgröße Zuschlagsatz – Stellengemeinkosten für innerbetriebliche Leistung	200	3.300 2.400 137,5% – 206,25	4.000	2.000
III. Σ variable Gemeinkosten Bezugsgröße variabler Zuschlagsatz	200 3.000 6,67%	3.093,75 2.250 137,5%	4.000 30.000 h 133,33/h	2.000 12.543,75* 15,94%

*) Herstellkosten:

Fertigungsmaterial	3.000	
Fertigungsmaterial GK	200	
Fertigungslöhne I	2.250	ohne Kosten der inner-
Fertigungslohn GK	3.093,75	betrieblichen Leistung
GK Fertigungsstelle II	4.000	
	12.543,75	

b) Die Einsatzmöglichkeiten der Grenzkostenrechnung für die Preispolitik und betriebliche Entscheidungen (Einstufige Deckungsbeitragsrechnung)

Beispiel 1 (B: S. 95):

	Material-stelle		Fertigungs-stelle I		Fertigungs-stelle II		Verwaltung und Vertrieb	
	voll	var.	voll	var.	voll	var.	voll	var.
FM	<u>1.000</u>	<u>1.000</u>						
FL			<u>3.000</u>	<u>1.500</u>	500			
kalk. Abschr.			1.000	–	5.500	–		
so. GK	500	–	5.200	1.200	3.000	2.000	2.000	–
Σ GK	500	–	6.200	1.200	9.000	2.000	2.000	
BG	1.000		3.000	1.500	1.000 Std.	1.000 Std.	19.700	
ZS	50%	0%	206,7%	80%	9/Std.	2/Std.	10,15%	

Zur Variabilität der Abschreibungskosten der Anlage X:

Da die Intensität der Nutzung keinen Einfluss auf den Restwert und auf den Ersatzzeitpunkt hat, sind die proportionalisierten Abschreibungen hier fix zu setzen!

a) Berechnung der variablen Selbstkosten des Produktes P:

FM	10
MGK	–
FL I	50
FLGK I	40
5 Mstd. in Fst. II	10
var. SK	110

Berechnung des Nettoverkaufspreises:

BVP	200
– 20% Rabatt	40
	160
– 2% Skonto	3,2
	156,8
– 20% MWSt	26,1
NVPoE	130,7
– var. SK	110
DB	20,7

In einer Situation der Unterbeschäftigung sind die variablen Stückkosten eines Kostenträgers dessen theoretische Preisuntergrenze. Da der Zusatzauftrag einen positiven Deckungsbeitrag aufweist, ist er grundsätzlich zu akzeptieren.

b) Durch den gesamten Zusatzauftrag würden Deckungsbeiträge von 20,7 × 200 = 4.140 erzielt. Da jedoch zusätzliche Fixkosten von 5.200 entstehen, ist P unter diesen Bedingungen nicht zu produzieren.

c) Bei einem Absatz von 1.000 Stück P würde ein Deckungsbeitrag von 20.700 erzielt. Die zusätzlichen Fixkosten würden weiterhin 5.200 betragen. Der Zusatzauftrag ist unter diesen Bedingungen anzunehmen.

d) Bei welcher Stückzahl sind die Deckungsbeiträge gleich den zusätzlichen Fixkosten (Break Even Point)?

$$20{,}7 \times X = 5.200$$
$$X = 251{,}21$$

Der Zusatzauftrag muss mindestens 252 Stück umfassen, damit er für die obige Unternehmung interessant wird.

Beispiel 2 (B: S. 96):

Die Produktion des Produktes A ist dann einzustellen, wenn die abbaubaren Fixkosten minus Stillegungs- bzw. Wiederingangsetzungskosten höher sind als die entgangenen Deckungsbeiträge.

Variable Selbstkosten von A:

FM	2
MGK	0,02
FL	4,17
FGK	3,75
HK = SK	9,94

Die Fertigungslöhne würden wegen der zweimonatigen Kündigungsfrist grundsätzlich zu $^2/_6$ fix sein. Durch die Möglichkeit, die Arbeitskräfte zu 50% anderweitig einzusetzen, werden die Lohnkosten in dieser Höhe auch während der ersten 2 Monate variabel (bei Stilllegung würde man sich nämlich die entsprechenden Lohnkosten in anderer Abteilung sparen). Die Fertigungslöhne werden daher zu $^1/_6$ als fix angenommen.

NVP	14
– var. SK	9,94
DB	4,06

Durch die Einstellung der Produktion würden DB von 4,06 × 1.000 × 6 = 24.360 verloren gehen.

Die Fixkostenersparnis bei Einstellung der Produktion abzüglich der Stillegungs- und Wiederingangsetzungskosten beträgt 14.000 – 2.000 – 4.000 = 8.000. Die Produktion soll daher aufrechterhalten werden.

Beispiel 3 (B: S. 96):

a) Die Unternehmung ist überbeschäftigt. In diesem Fall ist jenes Produkt zu forcieren, das den höchsten Deckungsbeitrag pro Engpasseinheit aufweist.

NVPoE von A: 3.000 × 0,9 × 0,97 / 1,2 = 2.182,5
NVPoE von B: 5.000 × 0,9 × 0,97 / 1,2 = 3.637,5

	A	B
NVPoE	2.182,5	3.637,5
– var. SK	1.500	2.000
DB	682,5	1.637,5
Engpasseinheiten	2	4
DB/Engpasseinheit	341,25	409,38

Produkt B ist zu forcieren und im maximalen Ausmaß (800 Stück) zu produzieren. Mit der verbleibenden Kapazität von 4.000 – 800 × 4 = 800 sollten 800/2 = 400 Stück A produziert werden.

b) In den 1.000 zusätzlichen Stunden könnten 1.000 / 2 = 500 Stück A zusätzlich produziert werden. Es würde ein DB von 1.000 × 341,25 = 341.250 erzielt. Da die zusätzlich entstehenden Fixkosten nur 250.000 betragen, soll die Erweiterungsinvestition durchgcführt werden.

Beispiel 4 (B: S. 97):

In einer Situation der Überbeschäftigung ist die Preisuntergrenze für ein neues Produkt determiniert durch die variablen Selbstkosten zuzüglich des Grenzerfolges des Engpasses mal der Anzahl der benötigten Engpasseinheiten pro Stück.

Ermittlung der variablen Selbstkosten von „Super":

FM	3.000
MGK	30
FL	400
FGK	600
4 Mstd. à 50	200
var. SK	4.230

Damit das Produkt „Super" für die Unternehmung interessant wird, muss es einen DB/Engpasseinheit von mindestens 400 bringen (= Grenzerfolg). Es muss daher ein Nettoverkaufspreis ohne Erlösschmälerungen von mindestens 4.230 + 400 × 4 = 5.830 erzielt werden.

Für den entsprechenden Bruttoverkaufspreis erhält man:

NVPoE	5.830
2% Skonto	119
	5.949
20% Rabatt	1.487,2
	7.436,2
20% MWSt	1.487,2
BVP	8.923,4

Das Produkt soll daher nur dann eingeführt werden, wenn sich ein Bruttoverkaufspreis von mindestens 8.923,4 erzielen lässt.

Beispiel 5 (B: S. 97):

Variable Selbstkosten von Z:

FM	100
MGK	10
FL	60
FLGK	120
4 Mstd.	1.200
var. SK	1.490

Der kleinste Deckungsbeitrag je Engpasseinheit des derzeit produzierten Produktionsprogrammes (= Grenzerfolg) beträgt 20 (= Produkt D). Das Problem liegt jetzt aber darin, dass selbst bei völliger Verdrängung von Produkt D nur 1.000 Engpasseinheiten frei werden. Der Zusatzauftrag nimmt jedoch 2.000 Stunden in Anspruch. Es muss daher auch das zweitschlechteste Produkt (Produkt C) teilweise verdrängt werden, um weitere 1.000 Engpassstunden frei zu machen. Der Grenzerfolg, der einer Engpasseinheit in diesem Fall zuzurechnen ist, beträgt daher (1.000 × 20 + 1.000 × 30) / 2.000 = 25.

Die theoretische Preisuntergrenze für Z ist daher 1.490 + 25 × 4 = 1.590.

Beispiel 6 (B: S. 98):

a)

	A	B	C
FM	100	300	200
FL I	150	125	150
FLGK I	120	100	120
Mstd. I	180	240	60
Mstd. II	50	20	30
var. HK	600	785	560
V+V	24	31	22
var. SK	624	816	582
NVPoE	3.233	2.263	2.500
DB	2.609	1.447	1.918
Engpasseinheiten	6	8	2
DB/Engpass	435	181	959

Da der Deckungsbeitrag/Engpasseinheit des Produktes C am höchsten ist, sollte der Zusatzauftrag jedenfalls angenommen werden.

b) Durch 400 Stück C werden 800 Maschinenstunden beansprucht. Derzeit sind 6.000 – (300 × 6 + 500 × 8) = 200 Maschinenstunden an freier Kapazität vorhanden. Der Grenzerfolg hinsichtlich des Zusatzauftrages ergibt sich daher aus:

600 × 181 / 800 = 136

Preisuntergrenze C = 582 + 136 × 2 = 854

Beispiel 7 (B: S. 99):

a) Bei gegebenem Produktionsprogramm sind noch freie Kapazitäten von 10.000 – (800 × 1 + 1.000 × 3 + 1.000 × 5) = 1.200 Stunden vorhanden. 200 Stück Z können daher gefertigt werden, ohne das bisherige Produktionsprogramm einzuschränken (Situation der Unterbeschäftigung). Die theoretische Preisuntergrenze für Z ergibt sich daher aus dessen variablen Selbstkosten und einem Deckungsbeitrag, der die Umstellungskosten abdeckt.

Preisuntergrenze = 250 + 10.000 / 200 = 300

b) In diesem Fall werden für den Zusatzauftrag 2.000 Stunden pro Monat benötigt. Es müssen 800 Stunden durch Einschränkung des derzeitigen Produktionsprogramms gewonnen werden.

	A	B	C
DB/Stück	500	900	2.300
Engpasseinheiten	1	3	5
DB/Engpasseinheit	500	300	460

Der Grenzerfolg beträgt 300.

Preisuntergrenze: 250 + 2 × 800 × 300 / 2.000 + 10.000 / 12.000 = 491

c) Preisuntergrenze: 250 + 2 × 800 × 300 / 2.000 + 10.000 / 12.000 + + 300.000 / 1.000 = 791

Beispiel 8 (B: S. 99):

Ermittlung der variablen Selbstkosten der Produkte:

10.000 × 1,1 + 7.000 × 1 + 2.000 × 1,4 = 20.800
variable Gesamtkosten = 41.600
variable Selbstkosten/Flasche Gold = 41.600 / 20.800 = 2
variable Selbstkosten/Flasche Märzen = 2 × 1,1 = 2,2
variable Selbstkosten/Flasche Malz = 2 × 1,4 = 2,8

	Märzen	Gold	Malz
NVP	3,33	4,17	5
– var. SK	2,2	2	2,8
DB	1,13	2,17	2,2
Engpasseinheiten	1/100	1/100	1/100
DB/Engpasseinheit	113	217	220

a) Eine Flasche Exportbier benötigt $^1/_{120}$ Engpasseinheiten. Der Grenzerfolg beträgt 113. Die Preisuntergrenze ergibt sich aus den variablen Selbstkosten plus Grenzerfolg mal benötigte Engpasseinheiten. Die unbekannte Größe sind hierbei die variablen Selbstkosten.

var. SK + 113 × $^1/_{120}$ = 3,75
var. SK = 2,81

Die Äquivalenzzahl erhält man durch Division durch die Stückkosten jenes Produktes mit der Äquivalenzzahl 1.

Äquivalenzzahl = 2,81 / 2 = 1,41

b) Durch Exportbier benötigte Kapazität:

3.000 / 120 = 25 Stunden

Während der restlichen 10 Stunden kann Märzenbier abgefüllt werden. Dadurch wird ein Deckungsbeitrag von 113 × 10 = 1.130 erzielt.

Die verbleibenden Fixkosten von 6.300 – 1.130 = 5170 müssen von der Exportbierproduktion gedeckt werden. Eine Flasche Exportbier muss daher einen Deckungsbeitrag von mindestens 5.170 / 3.000 = 1,72 erzielen.

Bei gegebenem Preis können nun wieder die variablen Selbstkosten ermittelt werden, die das Produkt Exportbier maximal aufweisen darf, um in das Produktionsprogramm aufgenommen zu werden.

var. SK + 1,72 = 3,75
var. SK = 2,03

Äquivalenzzahl = 2,03 / 2 = 1,015

Beispiel 9 (B: S. 100):

a) Berechnung der Zuschlagsätze:

	Materialstelle		Fertigungsstelle I		Fertigungsstelle II		Verwaltung und Vertrieb	
	voll	var.	voll	var.	voll	var.	voll	var.
FM	100.000	100.000						
FL			400.000	400.000	300.000	300.000		
so. Ko.	30.000	2.000	680.000	80.000	600.000	90.000	348.600	
Σ GK	30.000	2.000	680.000	80.000	900.000	390.000	348.600	48.600
BG	100.000	100.000	400.000	400.000	6.000 h	6.000 h	2,110.000	972.000
ZS	30%	2%	170%	20%	150/h	65/h	16,5%	5%

b) Kalkulation der variablen Selbstkosten von A:

FM	50
MGK	1
FL I	100
FLGK I	20
3 Mstd.	195
HK	366
V+V	18
var. SK	384

NVPoE A: 800 × 0,9 × 0,97 / 1,2 = 582

NVPoE	582
– var. SK	384
DB	198

Da ein positiver DB erzielt wird, sollte der Markt in der Situation der Unterbeschäftigung beliefert werden.

c) Kalkulation der variablen Selbstkosten von B:

FM	30
MGK	0,6
FL I	80
FLGK I	16
2 Mstd.	130
HK	256,6
V+V	12,83
var. SK	269,43

Produkt B erzielt daher einen DB von 500 – 269,43 = 230,57. Insgesamt würde durch die Werbeaktion ein zusätzlicher DB von 230,57 × 500 = 115.285 erzielt. Da die Kosten der Aktion 200.000 betragen, ist sie nicht sinnvoll.

d) Es ist festzustellen, bei welchem Produkt der Deckungsbeitrag pro Engpasseinheit minimal ist:

	A	B	C
DB	198	230,57	1.200
Engpasseinheiten	3	2	2
DB/Engpasseinheit	66	115,28	600

Der Grenzerfolg ist 66.

e) Kalkulation der variablen Selbstkosten von Z:

FM	120
MGK	2,4
FL I	150
FLGK I	30
4 Mstd.	260
HK	562,4
V+V	28
var. SK	590,4

500 Stück Z erfordern 2.000 Maschinenstunden. Durch die Verdrängung des schlechtesten Produktes (= A) wird eine Kapazität von 400 × 3 = 1.200 Stunden frei. Es muss daher noch ein Teil der Produktion von B verdrängt werden.

Durch die Verdrängung der Produktion von A bzw. eines Teiles von B gehen Deckungsbeiträge von 66 × 1.200 + 115,28 × 800 = 171.424 verloren.

Der Zusatzauftrag muss daher bei dieser Variante einen zumindest ebenso hohen Deckungsbeitrag bringen, um für die Unternehmung interessant zu sein. Wird das derzeitige Produktionsprogramm nicht eingeschränkt, sondern eine Erweiterungsinvestition durchgeführt (zusätzliche Fixkosten), so müssen die

Deckungsbeiträge des Zusatzauftrages mindestens die zusätzlichen Fixkosten von 150.000 abdecken. Da 150.000 < 171.424, ist die Variante Erweiterungsinvestition günstiger. Die entsprechende Preisuntergrenze ergibt sich aus 590,4 + 150.000 / 500 = 890,4.

Der Bruttoverkaufspreis ergibt sich aus:

NVPoE	890,4
3% Skonto	27,5
	917,9
20% Rabatt	229,5
	1.147,4
20% MWSt	229,5
BVP	1.376,9

Beispiel 10 (B: S. 101):

a) Für die Gewinnmaximierung ist der DB/Engpassstunde zu maximieren, für die Umsatzmaximierung der NVPoE/Engpassstunde.

	A	B	C
NVPoE	3.000	1.800	3.087
– variable Selbstkosten	600	800	300
DB	2.400	1.000	2.787
Engpasseinheiten	1	0,5	6
DB/Engpasseinheit	2.400	2.000	464,5
NVPoE/Engpasseinheit	3.000	3.600	514,5

b) Für eine Verdoppelung von B werden 200 Stunden benötigt. 180 Stunden würden durch eine vorübergehende Einstellung von C (geringster DB/ Engpasseinheit) frei und 20 Stunden durch Verdrängung von ebensoviel Stück A.

Zusätzlicher DB (2.000 × 200)	400.000
– entgangener DB Produkt C (464,5 × 180)	– 83.610
Produkt A (2.400 × 20)	– 48.000
– Werbekosten	– 200.000
Zusätzlicher Gewinn (vor Steuern)	68.390

Diese Rechnung berücksichtigt allerdings nicht, dass oft wichtige andere Gründe einer so drastischen Veränderung des Produktionsprogrammes entgegenstehen können.

c) Eine doppelte Kapazität bei gegebenen Absatzzahlen bedeutet Unterbeschäftigung. Solange dieser Zustand herrscht, ist das Produkt mit dem größten absoluten DB, also Produkt C, für die Gewinnmaximierung zu forcieren; für die Umsatzmaximierung das Produkt mit dem größten NVPoE, also ebenfalls Produkt C.

In dem Augenblick, in dem aber der Engpass auch bei erweiterter Kapazität auftritt, ändert sich die Vorteilhaftigkeit schlagartig, und die optimale Lösung springt auf jene, wie unter a) erarbeitet, zurück.

Wenn man sich also der Kapazitätsgrenze nähert, sind bereits differenzierte Überlegungen über das Forcieren von Produkten anzustellen, da diese Maßnahmen gewöhnlich von längerer Dauer sind.

Beispiel 11 (B: S. 102):

a) Der Deckungsbeitrag bzw. der Deckungsbeitrag je Engpasseinheit, wenn ein Engpass vorliegt.

Überprüfung, ob ein Engpass vorliegt:

$$2 \times 1.000 + 4 \times 2.000 + 3 \times 500 = 11.500,$$

d. h., Produkt Z würde somit gerade die bestehende Überkapazität füllen und darüber hinaus noch 2.000 Stunden benötigen.

b) Wahl des gewinnmaximierenden Produktionsprogramms:

Da nach Aufnahme von Z ein Engpass vorliegt, ist der DB/Engpasseinheit maßgebliches Auswahlkriterium.

	A	B	C	Z
NVP	3.500	4.500	10.000	8.000
variable Selbstkosten	800	780	2.100	1.800
DB	2.700	3.720	7.900	6.200
Produktionskoeffizient	2	4	3	2,5
DB/Engpasseinheit	1.350	930	2.633	2.480
abgesetzte Stück	1.000	2.000	500	1.000

Die Kapazitätsrestriktion ist wegen 2.000 + 8.000 + 1.500 + 2.500 = 14.000 > 12.000 nicht erfüllt, das Programm ist unzulässig. Da B den geringsten DB/Engpasseinheit hat, wird es von Z (teilweise) verdrängt und im Ausmaß von 2.000 / 4 = 500 Stück weniger erzeugt.

Das gewinnmaximale Produktionsprogramm lautet daher:

	A	B	C	Z
Erzeugte Anzahl	1.000	1.500	500	1.000
benötigte Kapazität	2.000	6.000	1.500	2.500

Mit diesem Programm ist die Kapazität voll ausgelastet.

c) Neben Daten der Kostenrechnung sind noch Markt- und Produktdaten relevant, wie z. B. komplementäre Güter im Produktionsprogramm, Reaktion der Kunden, Reaktion anderer Marktteilnehmer, Innovationsgrad des Produktes usw.

2. Mehrstufige Deckungsbeitragsrechnung (Einzelkostenrechnung)

Beispiel 1 (B: S. 104):

a)

		A	B
	NVP	300	400
Erlös-schmälerungen	∅ Rabatte ∅ Skonti	– 30 – 5,4	– 20 – 7,6
	NVPoE	264,6	372,4
variable Kosten/Stück	Fertigungsmaterial Stücklizenzen Energie/Stück Unechte GK	– 10 – 1 – 0,6 – 3	– 12 – 1,4 – 3
Ergebnis Ebene 1	Deckungsbeitrag/Stk.	250	356
	Abgesetzt Menge/Jahr	20.000	10.000
	Deckungsbeitrag/Produkt	5,000.000	3,560.000
leistungssprung-fixe und periodenfixe Kosten	Werkzeugkosten Entsorgungsbeitrag Energie Arbeitskosten	– 30.000 – 9.600 – 1,000.000	– 26.000 – 40.000 – 9.600 – 800.000
Ergebnis Ebene 2	Deckungsbeitrag/Produkt und Abrechnungsperiode	3,960.400	2,684.400
	Jahresdeckungsbeitrag beider Produktarten	6,644.800	
leistungsunabhängige und periodenfixe Kosten	Arbeitskosten in der Montage Entwicklungs- und Qualitätssicherungskosten Öffentlichkeitsarbeit/Werbung Mieten Gehälter	– 700.000 – 800.000 – 1,000.000 – 100.000 – 1,200.000	
Ergebnis Ebene 3	Jahresdeckungsbeitrag zur Deckung von Perioden–gemeinkosten und Erzielung eines Gewinnes	2,844.800	

b) Es werden in die Gestaltung unter a) folgende Entscheidungsebenen und damit Kalkulationsobjekte einbezogen: Stück, Produktart, Periode.

Kalkulationsobjektorientierte Bewertungen:

ad Erlösschmälerung:

Eine konsequente Zuordnung nach dem Einzelkostenprinzip würde bereits in der ersten Zeile eine Differenzierung nach jeweils Erlös mit und ohne Rabatt, mit und ohne Skonto verlangen, also je Produkt vier Spalten erfordern! Rabatte und Skonti wären dann ihrer Natur als Akquisitionskosten und Finanzierungskosten einwandfrei als Einzelkosten zuzurechnen. Wir haben statt dessen aus Gründen der Vereinfachung Rabatte und Skonti im Durchschnittsausmaß pro Stück berücksichtigt.

ad variable Kosten:

Hier werden die variablen Einzelkosten und unechten Gemeinkosten je Stück zusammengefasst. Dabei sind die Energiekosten je Stück, obschon auf Mengen beruhend, ebenfalls nur Durchschnittswerte, wenn innerhalb einer Abrechnungsperiode mit unterschiedlicher Intensität und damit wahrscheinlich auch unterschiedlichem Energieaufwand pro Einheit produziert worden wäre. Konsequenterweise wäre für eine strikte Einzelkostenrechnung hier ebenfalls spaltenweise nach Produktionsintensität zu differenzieren. Bei energiesensiblen Produkten könnte man dadurch sehen, wie sich die Grenzkosten der Anpassung an die Nachfrage entwickeln und ob eine Produktion mit höchstem Energieeinsatz bei den herrschenden Preisen vertretbar ist.

Unter unechten Gemeinkosten könnten z. B. variable Instandhaltungen (Regeneration von Verschleißteilen) und Hilfsmaterial, das prinzipiell pro Stück erfassbar wäre, aber nicht erfasst wird (z. B. Lacke, Klebstoffe, oder allgemein Teile, die in Stücklisten nicht explizit aufscheinen) enthalten sein.

ad leistungssprungfixe und periodenfixe Kosten:

Die Werkzeuge haben hier eine Standzeit von 10.000 Stück und werden dann bei der Lieferfirma gegen neue oder regenerierte Werkzeuge zu einem gegebenen Preis eingetauscht. Geschieht die Werkzeugaufbereitung in einer betriebseigenen Hilfsstelle, so wären unter diesem Ansatz nur Materialkosten verbucht. Die Arbeitskosten würden unter periodenfixe Kosten des gesamten Betriebes aufscheinen.

ad leistungsunabhängige und periodenfixe Kosten:

Die Ermittlung der Kosten auf dieser Kalkulationsebene ist nicht ohne weiteres nachvollziehbar. Zwischen Zurechnungskriterien, Verursachungsprinzip und Zugehörigkeit zur Abrechnungsperiode treten Widersprüche auf.

Wenn auch Entwicklung und Qualitätssicherung von der Aufgabenstellung her gesehen zusammenhängen mögen, so betrifft die Entwicklung eigentlich künftige Perioden und zudem ist ungewiss, wie viele künftige Perioden. Ähnliche Probleme ergeben sich auch für Werbung und Öffentlichkeitsarbeit.

In beiden Fällen wird man pragmatisch entscheiden müssen und sich fragen, ob die gesetzten Aktivitäten auf einem Niveau standen, das sich jährlich vergleichbar wiederholt oder ob es größere Anstrengungen waren, die Investitionen in die Zukunft darstellen und auf dieser Stufe nur anteilsmäßig als Periodengemeinkosten zu berücksichtigen und daher nicht auf dieser Ebene in dieser Höhe zu verrechnen wären. (Beispiele für solche Abwägungen sind z. B. Entwicklung eines neuen Produktes oder kontinuierliche Verbesserungen an bestehenden Produkten, Einführungswerbung zur Bekanntmachung eines neuen Produktes und Imagekampagne oder laufende Absatzwerbung und Erinnerungswerbung).

Kostenartenorientierte Bewertung:

ad Arbeitskosten:

Die Behandlung der Arbeitskosten kann in diesem Zusammenhang Probleme aufwerfen, wenn man nicht strikt zwischen periodenfixen und leistungsabhängigen Anteilen an den Arbeitskosten und dem Anteil der Periodengemeinkosten an den Arbeitskosten unterscheidet. Periodenfixe Anteile sind gekennzeichnet durch die dem Kontraktzeitraum direkt zurechenbaren Zahlungen (siehe II. A. 1.). Kalkulatorische Quantifizierungen der Abfertigungen und Pensionszusagen stellen hingegen Periodengemeinkosten dar und sind in der auf Abrechnungsperioden von einem Jahr ausgerichteten Deckungsbeitragsrechnung nicht zuzuordnen bzw. nicht anzusetzen. Arbeitskosten, die während der Kündigungsfrist anfallen, sind ebenfalls nicht dem Kalkulationsobjekt „Jahr“ zuzurechnen, sondern einer längeren Periodenrechnung.

Mit dieser Trennung gelingt es einwandfrei, periodenfixe Arbeitskosten bezogen auf das Kalkulationsobjekt „Jahr“ zu identifizieren, indem nicht periodenfixe Anteile der nächsten Stufe, die mehrere Jahre umfassen muss, zugerechnet werden. Die eine Ebene betrifft den zumindest jährlich zu entscheidenden operativen Einsatz in der Produktion, die andere die mehrjährige dispositive Entscheidung über das Ausmaß der personellen Kapazität.

ad Abschreibungen:

Abschreibungen sind hier leistungsunabhängig und als Periodengemeinkosten nicht zu verrechnen.

Allgemeiner Kommentar zum Gebrauch von Deckungsbeitragsrechnungen:

Die letztlich ausgewiesenen Jahresdeckungsbeiträge müssen nun zur Abdeckung der (noch) nicht als Einzelkosten erfassten Periodengemeinkosten (gedanklich) rückgestellt werden.

In der Praxis werden allerdings oft die Periodengemeinkosten für ein Jahr ermittelt – was nichts anderes ist als ein Rückfall in Vollkostenrechnungsprinzipien – und dem restlichen Deckungsbeitrag gegenübergestellt. Konsequenter und aus methodischer Sicht einwandfreier ist es jedoch, wenn die Jahresdeckungsbeiträge in einem Zahlungsstrom integriert werden, der auch alle wegen der Periodisierung auf ein Jahr nicht verrechenbaren Einzelkosten mit ihrer wahrscheinlichen Fälligkeit umfasst. Dieser Zahlungsstrom stellt dann den ökonomischen Spielraum der Unternehmung dar, und dient als Ausgangspunkt für weitere betriebliche Planungen.

Beispiel 2 (B: S. 105):

a)

Geldeinheiten in TS	Betriebsstätte I Al	A2	Betriebsstätte II B	C
BVP	12	9,6	14	3
– MWSt	– 2	– 1,6	– 2,333	– 0,5
NVP	10	8	11,667	2,5
– var. Kosten/Stück	– 1,812	– 0,9	– 2	– 0,45
DB/Stk.	8,188	7,1	9,667	2,05
X abgesetzte Menge	X 2.000	X 7.000	X 3.000	X 20.000
DB/Monat	16.376	49.700	29.000	41.000
– Werkzeugkosten/Monat	– 4.000	– 11.800	– 5.000	– 3.500
	12.376	37.900	24.000	37.500
DB der Produktlinie je Monat	50.276		61.500	
– Instandhaltung	– 2.000		– 3.000	
– Arbeitskosten i. d. Fert.	– 10.000		– 8.000	
DB der Fertigungsstätten	38.276		50.500	
Deckungsbeitrag der Unternehmung (Restdeckungsbeitrag)		88.776		

Der Restdeckungsbeitrag dient zur Abdeckung von allen weiteren Kosten wie kalkulatorischen Vermögenskosten, etwaigen Mieten, Versicherungen, Patent- und Lizenzgebühren etc. und Arbeitskosten, die keiner der beiden Betriebsstätten allein zurechenbar sind, und/oder die nicht einem Monat, sondern nur Quartalen oder dem ganzen Jahr oder offenen Perioden zugerechnet werden können.

In den variablen Stückkosten könnten Materialkosten, Energiekosten, Stücklizenzen u. ä. enthalten sein.

b) Deckungsbeitragsmaximale Rangfolge

	Al	A2	B	C
DB/h	5.458,67	7.100	3.866,67	4.100

Da gemäß der Angabe bei der Fertigung von A ein Engpass zu berücksichtigen ist, sind für die Reihung der Varianten All und A2 die DB/h maßgebend und für B und C der DB/Stück

	ohne Engpass für Produktlinien B und C	mit Engpass auch für Produktlinien B und C
Rangfolge:	B (9.666,67 DB/Stück)	A2 (7.100 DB/h)
	A2 (7.100 DB/h)	A1 (5.458,67 DB/h)
	Al (5.458,67 DB/h)	C (4.100 DB/h)
	C (2.050 DB/Stück)	B (3.866,67 DB/h)

Zur Deckungsbeitragsmaximierung sind die Produkte in obiger Reihenfolge bis zu ihrer jeweiligen. Absatzgrenze zu maximieren. Achtung: mit Erreichen der Kapazitätsgrenze in Betriebsstätte II ändert sich das Ergebnis schlagartig!

c) Umsatzmaximale Reihenfolge

	Al	A2	B	C
Umsatz/h	6.666,67	8.000	4.666,67	5.000

	ohne Engpass für Produktlinien B und C	mit Engpass auch für Produktlinien B und C
Rangfolge:	B (11.666,67 U/Stück)	A2 (8.000 U/h)
	A2 (8.000 U/h)	A1 (6.666,67 U/h)
	Al (6.666,67 U/h)	C (5.000 U/h)
	C (2.500 U/Stück)	B (4.666,67 U/h)

Achtung: das Ergebnis kann verzerrt sein, wenn für die einzelnen Produkte unterschiedliche Rabatte gewährt werden und unterschiedliche Skonti in Rechnung gestellt werden!

d) Kalkulatorische Abschreibungen werden nur für 1 Jahr erfasst und können für diese Periode dem Jahresdeckungsbeitrag gegenübergestellt werden. Kann angenommen werden, dass Abschreibungen bezüglich einer so kurzen Periode wie einem Monat variabel gestaltbar sind, müssen sie auf dieser Stufe ebenfalls noch als Einzelkosten berücksichtigt werden.

Beispiel 3 (B: S. 105):

a) Deckungsbeitragsrechnung:

Es herrscht Unterbeschäftigung

$$4 \times 100 + 2 \times 30 + 6 \times 40 = 700 < 1.000$$

Maßgeblich für Entscheidungen ist daher der Deckungsbeitrag je Stück (DB/Stück = NVPoE – var. Kosten)

Produkte	A	B	C
DB/Stück	2.300	500	2.700

Der Jahresgewinn vor Steuern beträgt, wenn weiter keine Kosten mehr anfallen (z. B. mehrjährige Kosten):

(100 × 2.300 + 30 × 500 + 40 × 2.700 – 100.000) × 12 – 2.400.000 = 636.000

Produkt C wäre besonders zu forcieren.

Kein Produkt ist aufzulassen.

Vollkostenrechnung:

Hier werden ex ante die Fixkosten auf die Produkte mittels eines Schlüssels zugeordnet. Häufig wird ein (so genannter) verursachungsgerechter Schlüssel – z. B. Stunden/Stk. – verwendet.

100.000 + 2.400.000/12 gibt Fixkosten von 300.000 je Monat und von 300/Stunde bei einer geplanten Auslastung von 100% (1.000 h/Monat). Da die Auslastung selten ex ante bekannt ist, wird häufig mit der geplanten Auslastung gerechnet.

Produkte	A	B	C	
NVPoE/Stück	2.400	800	2.800	
k_f/Stück (bei geplanter Auslastung)	1.200	600	1.800	
k/Stück (k_v+k_f)	1.300	900	1.900	
Gewinn/Stück	1.100	– 100	900	
Stück × Gewinn/Stück = Gewinn/Monat lt. Vollkostenrechnung	110.000	– 3.000	+ 36.000	= 143.000

Der Gewinn laut Vollkosten ist eine fiktive Größe. Es ist nicht ersichtlich, dass infolge der Unterauslastung 1.000 – 700 = 300 h à 300 S/h somit 300 × 300 = 90.000 an Fixkosten noch nicht verrechnet wurden. Der tatsächliche Gewinn beträgt daher nur 53.000 pro Monat (oder 636.000 pro Jahr) und nicht 143.000, wie durch die Vollkostenrechnung suggeriert wird! Dieses Ergebnis haben wir bereits mit der DB-Rechnung einfacher und schneller erhalten.

Verrechnet man die Fixkosten entsprechend der tatsächlichen Auslastung mit 300.000 / 700 = 428,57 S/h erhält man sofort den tatsächlichen Gewinn pro Periode:

Produkte	A	B	C	
NVPoE/Stück	2.400	800	2.800	
k_f/Stück	1.714,29	857,14	2.571,43	
k/Stück (k_v+k_f)	1.814,29	1.157,14	2.671,43	
Gewinn/Stück	585,71	– 357,14	128,57	
Stück × Gewinn/Stück = Gewinn/Monat lt. Vollkostenrechnung	58.571,43	– 10.714,29	5.142,86	= 53.000

Es ist allerdings oft unmöglich (ex ante) und immer äußerst aufwendig (ex post), die Fixkosten richtig entsprechend der Auslastung zu verrechnen. Die Vollkostenrechnung je Stück scheint aber auf eine Schwachstelle, nämlich

Produkt B, deutlich hinzuweisen. Produkt B hat einen Verlust zu Vollkosten ausgewiesen, und es scheint offensichtlich zu sein, dass der Periodengewinn maximiert wird, wenn die Produktion von B sofort aufgelassen wird. Der Verlust in der Stückkostenrechnung für Produkt B wird bei Berücksichtigung der Auslastung übrigens noch deutlicher, es erhebt sich daher die Frage

Soll Produkt B aufgelöst werden?

Produkt B weist zu Vollkosten einen Verlust von 100 (bzw. 357,14) auf.

Aus der DB-Rechnung ist unmittelbar ersichtlich, dass man bei Auflassen von B auf 30 × 500 = 15.000 Deckungsbeitrag je Monat zu verzichten hätte. Dadurch würde der monatliche Gewinn sofort auf 38.000 sinken, weil die periodenfixen Kosten eines Monats durch die Auflassung von B nicht berührt werden. Wie aus der Angabe erinnerlich, sind sie auch durch die Produktion des reduzierten Produktionsprogrammes im gleichen Umfang gebunden! Der Periodengewinn würde ab dem nächsten Monat nur steigen, wenn bei Einstellung von B alleine auch sofort monatliche Fixkosten > 15.000 kostenwirksam abgebaut werden könnten. Für den Fall, dass zumindest jahresfixe Kosten > 12 × 15.000 = 180.000 bei Auflassung von B kostenwirksam eingespart werden könnten, aber keine monatsfixen Kosten, wäre B jedenfalls bis Jahresende zu produzieren, aber jetzt schon die Entscheidungen vorzubereiten bzw. zu treffen, die für die Einstellung von B notwendig sind und die den Abbau der jahresfixen Kosten gewährleisten. Etwaige Stilllegungskosten müssen aus dem Stilllegungsgewinn (nachhaltig wirksame Fixkostenersparnis über die Bindungsdauer der Fixkosten abzüglich den entgangenen Deckungsbeiträgen für diesen Zeitraum) getragen werden.

Erwägt man hingegen nur eine vorübergehende Stilllegung von B, z. B. für ein halbes Jahr, sind neben den entgangenen Deckungsbeiträgen und den in diesem Intervall vermeidbaren Fixkosten auch Stilllegungskosten und Wiederingangsetzungskosten für die Wiederaufnahme der Produktion zu berücksichtigen.

Entschiede man auf Basis der Vollkostenrechnung, so wäre B aufzulassen. Aus der Vollkostenrechnung folgte zunächst eine „(Schein-)Elimination" des Verlustes von 3.000 (= 30 × 100) und damit ein rechnerischer Gewinnausweis von 146.000. Dem stünden jetzt aber nicht nur mehr 300, sondern 300 + 60 = 360 noch nicht verrechnete Stunden à 300 S/h 108.000 gegenüber!

146.000	– 108.000	= 38.000 tatsächlicher Periodenerfolg
vorgespiegelter Gewinn aus Stückkostenrechnung zu Vollkosten	nicht verrechnete Stunden	Ergebnis aus DB-Rechnung

Eine Entscheidung über eine vorübergehende Einstellung von B wäre mit einer Vollkostenrechnung kaum zu behandeln!

b) Die effektive Kapazität wird vom bestehenden Produktionsprogramm voll genutzt. Es ist somit eine Engpasssituation gegeben. Entscheidungskriterium ist daher der Deckungsbeitrag je Engpasseinheit.

Produkte	A	B	C
DB/Stück	2.300	500	2.700
Stunden	4	2	6
DB/h	575	250	450

Das attraktivste Produkt ist A (höchster DB/Engpasseinheit) gefolgt von C und B. Der kleinste Deckungsbeitrag je Engpasseinheit des produzierten Programmes heißt Grenzerfolg der Unternehmung. Der Grenzerfolg beträgt somit 250 und stammt von Produkt B.

Der Verlust aus der Verwendung der Kapazität für B gegenüber A bzw. C bei jeweils alternativer Verwendung des Engpasses für Produkt A bzw. Produkt C beträgt 325 (575 – 250) bzw. 200 (450 – 250) (Opportunitätskosten).

Läßt sich A weiter forcieren, so ist dies rechnerisch günstig und zunächst auf Kosten von B durchzuführen. Kann nach Verwendung der von B belegten Kapazität der Absatz von A weiter gesteigert werden, ist es auch vorteilhaft – wieder rein vom rechnerischen Ergebnis her gesehen – die Kapazität für C dafür heranzuziehen. Allerdings ist zu beachten, dass nicht nur die monetären Erfolge allein wichtig sind. Eine Reduktion des Programmes auf ein Produkt alleine könnte sehr nachhaltige negative Wirkungen haben, die so nicht erfassbar sind!

Erwägt man die Produktion eines neuen Produktes und müsste dafür das bestehende Produktionsprogramm eingeschränkt werden, ist die Kenntnis des Grenzerfolges wichtig. Ein neues Produkt müsste mindestens den Grenzerfolg erreichen können.

Zu Vollkosten ist diese Fragestellung nicht realistisch behandelbar.

c) Der DB/Engpasseinheit für B beträgt nun 500 / 0,5 = 1.000 und ist damit der höchste im Programm. Es ist also dem Produktmanager von B zuzustimmen, wenn er die freigewordene Kapazität für sich beansprucht. Der Grenzerfolg der Unternehmung resultiert nun aus Produkt C und beträgt 450.

D. Sonderformen der Kostenträgerrechnung

Beispiel 1 (B: S. 125):

In jeder Kostenstelle werden die verschiedenen Kostenträger auf einen „Einheitskostenträger" umgerechnet, indem die ursprünglichen Erzeugungsmengen mit den entsprechenden Äquivalenzzahlen multipliziert werden. Dadurch kann eine rechnerische Erzeugungsmenge bestimmt werden. Diese ergibt sich in den einzelnen Kostenstellen (hier als fiktive Menge des Stoffes A):

Spinnerei:	$1.000 \times 1 + 800 \times 1,2 + 600 \times 1,5 = 2.860$
Weberei:	$900 \times 1 + 900 \times 1,2 + 700 \times 1,5 = 3.030$
Färberei:	$1.000 \times 1 + 1.000 \times 1,2 + 800 \times 1,5 = 3.400$
Imprägnierung:	$1.000 \times 1 + 1.000 \times 1,2 + 800 \times 1,5 = 3.400$
Verwaltung u. Vertrieb:	$1.000 \times 1 + 1.000 \times 1,2 + 800 \times 1,5 = 3.400$

	Spinnerei	Weberei	Färberei	Imprägnierung	Verwaltung und Vertrieb
Gesamtkosten	5.720	9.090	5.100	6.800	7.500
rechnerische Erzeugungsmenge	2.860	3.030	3.400	3.400	3.400
Kosten/Stück	2	3	5	2	2,2

Der Einheitskostenträger verursacht daher Kosten von 2 + 3 + 1,5 + 2 + 2,2 = 10,7.

Die Stückkosten der einzelnen Kostenträger erhält man nun durch Multiplikation mit den entsprechenden Äquivalenzzahlen:

Stoff A: $10,7 \times 1 = 10,7$
Stoff B: $10,7 \times 1,2 = 12,84$
Stoff C: $10,7 \times 1,5 = 16,05$

Beispiel 2 (B: S. 126):

	Kostenstelle X		
	A	B	C
Löhne und Lohnnebenkosten	3.000	2.000	6.000
Energie	500	1.000	1.500
kalkulatorische Abschreibung	500	3.000	1.000
kalkulatorische Zinsen	200	800	500
sonstige Gemeinkosten der Kostenstelle X (verteilt nach Maschinenstunden)	2.100	2.400	1.500
Σ Kosten	6.300	9.200	10.500
Erzeugungsmenge	1.000	1.200	800
Kosten/Stück	6,3	7,67	13,13

a) Ein Stück des Produktes verursacht Kosten von 27,10.
b) Wurde das Produkt nur auf Maschine A und B bearbeitet, so ergeben sich Stückkosten von 13,97.

E. Die Plankostenrechnung

Beispiel 1 (B: S. 144):

Berechnung der Gesamtabweichung (Istkosten minus Sollkosten):

Die Istkosten ergeben sich durch Multiplikation von Istmengen mit Istpreisen:

Rohstoff B: 1.500 kg × 3	4.500
Rohstoff C: 950 kg × 2,5	2.375
Istkosten	6.875

Die Sollkosten ergeben sich aus den Planpreisen multipliziert mit jenen Rohstoffmengen, die für 2.000 produzierte Einheiten bei Planmischung angefallen wären:

Rohstoff A: 800 kg × 2	1.600
Rohstoff B: 1.600 kg × 3	4.800
Sollkosten 1	6.400

Istkosten	6.875
– Sollkosten	6.400
Gesamtabweichung	475

Insgesamt ergibt sich daher eine Kostenüberschreitung von 475. Diese Gesamtabweichung hat 2 Ursachen:

Erstens weicht die Istmischung von der Planmischung ab (Mischungsabweichung), und zweitens wurden bei der Realisation der Istmischung andere Rohstoffmengen verbraucht als für diesen Fall geplant (Verbrauchsabweichung).

Für 2.000 Produktionseinheiten – hergestellt aus Rohstoffmischung 2 – hätten folgende Kosten anfallen dürfen:

Rohstoff B: 1.400 × 3	4.200
Rohstoff C: 1.000 × 2,5	2.500
Sollkosten 2	6.700

Sollkosten 2	6.700
– Sollkosten 1	6.400
Mischungsabweichung	300

Istkosten	6.875
– Sollkosten 2	6.700
Verbrauchsabweichung	175

Die Verbrauchsabweichung kann weiter nach Rohstoffen differenziert werden:

(1.500 – 1.400) × 3 =	300	Verbrauchsabweichung für Rohstoff B
(950 – 1.000) × 2,5 =	– 125	Verbrauchsabweichung für Rohstoff C
	175	Gesamtverbrauchsabweichung

Beispiel 2 (B: S. 144)

Istkosten: 180.000 + 65.000	245.000
- Sollkosten: (1 × 80 + 0,6 × 60) × 2.000	232.000
Gesamtabweichung	13.000

Auf Grund des Einsatzes der teureren Arbeitskräfte der Gruppe 1 während 200 Stunden entsteht eine Abweichung von 200 × (80 – 60) = 4.000.

Weiters ist zu berücksichtigen, dass eine Abweichung von 800 wegen Verzögerungen in der Materialzufuhr entstand.

Die Restabweichung für Gruppe 1 beträgt:

Istkosten	180.000
– Sollkosten: (2.000 + 200) × 80	176.000
– Abweichung infolge Verzögerung in der Materialzufuhr: 10 × 80	800
	3.200

und kann als Intensitätsabweichung interpretiert werden.

Gruppe 2:

Istkosten	65.000
– Sollkosten: (2.000 × 0,6 – 200) × 60	60.000
Intensitätsabweichung	5.000

Beispiel 3 (B: S. 144)

a)

Sollkosten: 50.000 + 90% von 80.000	122.000
– verrechnete Plankosten: 90% von 130.000	117.000
Beschäftigungsabweichung (BA)	5.000

Will man jene Beschäftigungsabweichung abspalten, die kalenderzeitbedingt ist, so ergibt sich:

Sollkosten: 50.000 + 97,5% von 80.000	128.000
– verrechnete Plankosten: 97,5% von 130.000	126.750
kalenderzeitbedingte BA	1.250

Die Beschäftigungsabweichung im engeren Sinn ergibt sich aus 5.000 – 1.250 = 3.750.

Die Beschäftigungsgrade ergeben sich aus

180 / 200 × 100 bzw. aus 195 / 200 × 100 mit 90% bzw. 97,5%.

b) Liegt der Istbeschäftigungsgrad über dem Planbeschäftigungsgrad, so wird die Beschäftigungsabweichung negativ.

Beispiel 4 (B: S. 145):

Die Istbeschäftigung kann mit den Planmaschinenstunden der Istproduktion (Variante 1) oder mit den tatsächlich angefallenen Maschinenstunden (Variante 2) gemessen werden. Grundsätzlich wird es sinnvoll sein, die Istbeschäftigung mit der ersten Methode (retrograd) festzulegen, da mit der zweiten Methode (direkt) Unwirtschaftlichkeiten der Kostenkontrolle entzogen werden können. Nur wenn die Kosten kaum von der Produktionszeit abhängen, kann die zweite Variante gewählt werden.

In diesem Beispiel ergeben sich für die beiden Varianten folgende Istbeschäftigungsgrade:

Planmaschinenstunden der Istproduktion

3000 × 1 + 4.000 × 1,2 = 7.800

Istbeschäftigungsgrad 1 = 7.800 / 10.000 × 100 = 78% retrograd ermittelt

Istbeschäftigungsgrad 2 = 8.200 / 10.000 × 100 = 82% direkt gemessen

Abweichung bei retrograder Bezugsgrößenmessung:

Istkosten	3,500.000
– Sollkosten: 1.800.000 + 2.030.000 × 0,78	3,383.400
Verbrauchsabweichung	116.600

Abweichung bei direkter Bezugsgrößenmessung:

Istkosten	3,500.000
– Sollkosten: 1.800.000 + 2.030.000 × 0,82	3,464.600
Verbrauchsabweichung	35.400

Da infolge der Differenz zwischen retrograd ermittelter und direkt gemessener Bezugsgröße auf eine Abweichung in der Intensität geschlossen werden kann (für den gegebenen Output wurden 8.200 – 7.800 = 400 Stunden zu lange gebraucht), kann eine Intensitätsabweichung ermittelt und von der Verbrauchsabweichung abgespalten werden.

Sollkosten bei direkter Bezugsgrößenmessung	3,464.600
– Sollkosten bei retrograder Bezugsgrößenmessung	3,383.400
Intensitätsabweichung	81.200

globale Verbrauchsabweichung	116.600
– Intensitätsabweichung	81.200
Verbrauchsabweichung im engeren Sinne	35.400

Eine weitere Möglichkeit, die Intensitätsabweichung zu quantifizieren (Differenz der verrechneten Plankosten), führt zu einem abweichenden Resultat. Wir diskutieren diese Variante nicht, weil die Intensitätsabweichung dann Fixkostenanteile beinhaltet, was nicht plausibel erscheint.

Beispiel 5 (B: S. 145):

Plankosten pro Stück A produziert in Stelle Y:

$$0{,}3 \times 120 + 10 \times 80 / 100 = 44$$

Gesamtabweichung:

Istkosten: 125 × 116 + 43 × 75	17.725
– (gesamte) Sollkosten 1: 300 × 44	13.200
Gesamtabweichung	4.525

Abspaltung der Verfahrensabweichung:

Plankosten pro Stück A produziert in Kostenstelle X:

$$0{,}4 \times 116 + 11 \times 75 / 100 = 54{,}65$$

Sollkosten 2: 300 × 54,65	16.395
– Sollkosten 1	13.200
Verfahrensabweichung	3.195

Abspaltung der Rüstkostenabweichung:

Istrüstkosten: 43 × 75	3.225
– Sollrüstkosten 1: 3 × 11 × 75	2.475
gesamte Rüstkostenabweichung	750

Die Rüstkostenabweichung kann zerlegt werden in eine Seriengrößen- und in eine Intensitätsabweichung: Die tatsächlich realisierte Seriengröße beträgt 300/4 = 75, die geplante Seriengröße betrug 100. Auf Grund der kleineren Seriengröße wurde ein zusätzlicher Rüstvorgang notwendig. Die dadurch entstandene Abweichung beträgt:

Sollrüstkosten 2: 4 × 11 × 75	3.300
– Sollrüstkosten 1	2.475
Seriengrößenabweichung	825

Weiters ist geplant, für einen Rüstvorgang 11 Stunden aufzuwenden. Tatsächlich wurde jedoch nicht während 4 × 11 = 44 Stunden, sondern während 43 Stunden gerüstet. Die entsprechende Abweichung beträgt:

Istrüstkosten: 43 × 75	3.225
– Sollrüstkosten 2	3.300
Intensitätsabweichung bezüglich der Rüstkosten	– 75

Die noch verbleibende Abweichung

Gesamtabweichung	4.525
– Verfahrensabweichung	3.195
2 Rüstkostenabweichung: 825 – 75	750
	580

ist als Intensitätsabweichung zu interpretieren.

Zur Kontrolle kann dieser Wert auch wie folgt errechnet werden:

Istkosten (ohne Rüstkosten): 125 × 116	14.500
– Sollkosten (ohne Rüstkosten): 300 × 0,4 × 116	13.920
Intensitätsabweichung bezüglich der maschinenzeitabhängigen Kosten	580

Literatur

Agthe, K.,	Kostenplanung und Kostenkontrolle im Industriebetrieb, Baden-Baden 1963
Böhm, H.H., Wille, F.,	Deckungsbeitragsrechnung, Grenzpreisrechnung und Optimierung, 5. Aufl., München 1974
Chmielewicz, K., u. a.	Handwörterbuch des Rechnungswesens, 3. Aufl., Stuttgart 1993
Coenenberg, A.G.,	Kostenrechnung und Kostenanalyse, 4. Aufl., Landsberg 1999
Deakin, E.B., Maher, M.W.,	Cost Accounting, 2. Aufl., Homewood 1987
Ewert, R., Wagenhofer, A.,	Interne Unternehmensrechnung, 4. Aufl., Berlin–Heidelberg–New York et al. 2000
Haberstock, L.,	Kostenrechnung I – Einführung, 10. Aufl., Hamburg 1998
Haberstock, L.,	Kostenrechnung II – (Grenz-)Plankostenrechnung, 7. Aufl., Nachdruck Hamburg 1997
Hoitsch, H.-J.,	Kosten- und Erlösrechnung, 3. Aufl., Berlin u. a. 1999
Horngren, Ch.T., Foster, G.,	Cost Accounting, 8. Aufl., Englewood Cliffs 1994
Hummel, S., Männel, W.,	Kostenrechnung 1 und 2, 4. Aufl., Nachdruck Wiesbaden 1999
Illetschko, L.L.,	Praktische Kostenrechnung, 5. Aufl., Wien 1968
Käfer, K.,	Standardkostenrechnung, 2. Aufl., Stuttgart 1964
Kaplan, R.S., Atkinson, A.A.,	Advanced Management Accounting, 2nd ed., Englewood Cliffs 1989
Kemmetmüller, W. (Hrsg.),	Fallstudien zur Kostenrechnung, Wien 1985
Kilger, W.,	Flexible Plankostenrechnung und Deckungsbeitragsrechnung, 10. Aufl., bearbeitet durch K. Vikas, Wiesbaden 1993
Kilger, W.,	Einführung in die Kostenrechnung, 3. Aufl., Wiesbaden 1987
Kloock, J., Siegen, G., Schildbach, Th.,	Kosten- und Leistungsrechnung, 8. Aufl., Düsseldorf 1999

Kosiol, E.,	Kostenrechnung der Unternehmung, 2. Aufl., Wiesbaden 1979
Mandl, D.,	Kostenrechnungs-Handbuch, 3. Aufl., Wien 1984
Mellerowicz, K.,	Kosten und Kostenrechnung, 5. Aufl., Band I, Berlin 1973, Band II/1, Berlin 1974, Band II/2, Berlin 1980
Müller, H.,	Prozeßkonforme Grenzplankostenrechnung, 2. Aufl., Wiesbaden 1996
Nowak, P.,	Kostenrechnungssysteme in der Industrie, 2. Aufl., Köln und Opladen 1961
Plinke, W.,	Industrielle Kostenrechnung, 5. Aufl., Berlin u. a. 2000
Riebel, P.,	Einzelkosten- und Deckungsbeitragsrechnung, 7. Aufl., Wiesbaden 1994
Rummel, K.,	Einheitliche Kostenrechnung, 3. Aufl., Düsseldorf 1949
Scheer, A.W. (Hrsg),	Grenzplankostenrechnung. Stand und aktuelle Probleme, 2. Aufl., Wiesbaden 1991
Schmalenbach, E.,	Kostenrechnung und Preispolitik, 8. Aufl., Köln und Opladen 1963
Schönfeld, H.M.,	Kostenrechnung, 8. Aufl., Stuttgart 1995
Schweitzer, M., Küpper, H.-U.,	Systeme der Kosten- und Erlösrechnung, 7. Aufl., München 1998
Schweitzer, M., Troßmann, E.,	Break-even-Analysen, Stuttgart 1986
Seicht, G.,	Moderne Kosten- und Leistungsrechnung, 10. Aufl., Wien 1999
Stepan, A., Fischer, E.O.,	Betriebswirtschaftliche Optimierung, 7. Aufl., München–Wien 2001
Vikas, K.,	Controlling im Dienstleistungsbereich mit Grenzplankostenrechnung, 3. Aufl., Wiesbaden 1997
Vikas, K.,	Neue Konzepte für das Kostenmanagement, 3. Aufl., Wiesbaden 1996
Weber, J.,	Logistikkostenrechnung, 2. Aufl., Berlin u. a. 2001
Zimmermann, G.,	Grundzüge der Kostenrechnung, 7. Aufl., Stuttgart u. a. 1997

Stichwortverzeichnis